职业院校"十四五"规划餐饮类专业特色教材

全国餐饮职业教育教学指导委员会重点课题"基于烹饪专业人才培养目标的中高职课程体系与教材开发研究"成果系列教材

餐饮职业教育创新技能型人才培养新形态一体化系列教材

总主编 ◎杨铭铎

中国饮食文化概论

主　编　张先锋　高　颖

副主编　吕　倩　解　筑　陈胜振　张水生

编　者　（按姓氏笔画排序）

冯建银　吕　倩　许旭峰　杨　格

张水生　张先锋　陈胜振　陈清清

邰怡菘　高　颖　解　筑

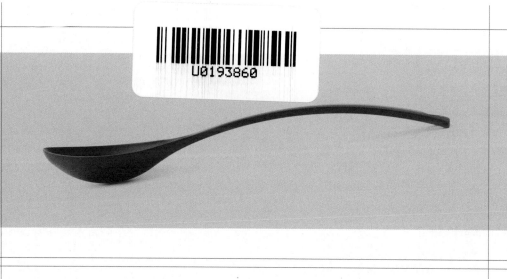

华中科技大学出版社
http://www.hustp.com
中国·武汉

内 容 简 介

本书是全国餐饮职业教育教学指导委员会重点课题"基于烹饪专业人才培养目标的中高职课程体系与教材开发研究"成果系列教材、餐饮职业教育"十四五"规划创新技能型人才培养新形态一体化系列教材之一。

本书除绪言外包括八个项目,分别是中国饮食文化概述、中国饮食文化的演进、中国饮食烹饪文化、中国饮食民俗、中国筵宴文化、中国茶文化、中国酒文化、中国筷子文化。

本书适用于烹饪类、旅游类、食品类等相关专业,也可以作为餐饮文化爱好者的阅读书籍。

图书在版编目(CIP)数据

中国饮食文化概论/张先锋,高颖主编.—武汉:华中科技大学出版社,2022.7(2023.8重印)
ISBN 978-7-5680-8492-5

Ⅰ.①中…　Ⅱ.①张…　②高…　Ⅲ.①饮食-文化-中国　Ⅳ.①TS971.2

中国版本图书馆 CIP 数据核字(2022)第 115644 号

中国饮食文化概论　　　　　　　　　　　　　　　　　　　　　张先锋　高　颖　主编
Zhongguo Yinshi Wenhua Gailun

策划编辑:汪飒婷
责任编辑:毛晶晶　马梦雪
封面设计:廖亚萍
责任校对:王亚钦
责任监印:周治超
出版发行:华中科技大学出版社(中国·武汉)　　　电话:(027)81321913
　　　　　武汉市东湖新技术开发区华工科技园　　　邮编:430223
录　　排:华中科技大学惠友文印中心
印　　刷:武汉开心印印刷有限公司
开　　本:889mm×1194mm　1/16
印　　张:10.75
字　　数:316千字
版　　次:2023 年 8 月第 1 版第 2 次印刷
定　　价:39.80 元

全国餐饮职业教育教学指导委员会重点课题

"基于烹饪专业人才培养目标的中高职课程体系与教材开发研究"成果系列教材

餐饮职业教育创新技能型人才培养新形态一体化系列教材

丛 书 编 审 委 员 会

主 任

姜俊贤　全国餐饮职业教育教学指导委员会主任委员、中国烹饪协会会长

执行主任

杨铭铎　教育部职业教育专家组成员、全国餐饮职业教育教学指导委员会副主任委员、中国烹饪协会特邀副会长

副 主 任

乔　杰　全国餐饮职业教育教学指导委员会副主任委员、中国烹饪协会副会长

黄维兵　全国餐饮职业教育教学指导委员会副主任委员、中国烹饪协会副会长、四川旅游学院原党委书记

贺士榕　全国餐饮职业教育教学指导委员会副主任委员、中国烹饪协会餐饮教育委员会执行副主席、北京市劲松职业高中原校长

王新驰　全国餐饮职业教育教学指导委员会副主任委员、扬州大学旅游烹饪学院原院长

卢　一　中国烹饪协会餐饮教育委员会主席、四川旅游学院校长

张大海　全国餐饮职业教育教学指导委员会秘书长、中国烹饪协会副秘书长

郝维钢　中国烹饪协会餐饮教育委员会副主席、原天津青年职业学院党委书记

石长波　中国烹饪协会餐饮教育委员会副主席、哈尔滨商业大学旅游烹饪学院院长

于干千　中国烹饪协会餐饮教育委员会副主席、普洱学院原副院长

陈　健　中国烹饪协会餐饮教育委员会副主席、顺德职业技术学院酒店与旅游管理学院院长

赵学礼　中国烹饪协会餐饮教育委员会副主席、西安商贸旅游技师学院院长

吕雪梅　中国烹饪协会餐饮教育委员会副主席、青岛烹饪职业学校校长

符向军　中国烹饪协会餐饮教育委员会副主席、海南省商业学校原校长

薛计勇　中国烹饪协会餐饮教育委员会副主席、中华职业学校副校长

王　劲　常州旅游商贸高等职业技术学校副校长

王文英　太原慈善职业技术学校校长助理

王永强　东营市东营区职业中等专业学校副校长

王吉林　山东省城市服务技师学院院长助理

王建明　青岛酒店管理职业技术学院烹饪学院院长

王辉亚　武汉商学院烹饪与食品工程学院党委书记

邓　谦　珠海市第一中等职业学校副校长

冯玉珠　河北师范大学学前教育学院（旅游系）原副院长

师　力　西安桃李旅游烹饪专修学院副院长

吕新河　南京旅游职业学院烹饪与营养学院院长

朱　玉　大连市烹饪中等职业技术专业学校副校长

庄敏琦　厦门工商旅游学校校长、党委书记

刘玉强　辽宁现代服务职业技术学院院长

闫喜霜　北京联合大学餐饮科学研究所所长

孙孟建　黑龙江旅游职业技术学院院长

李　俊　武汉职业技术学院旅游与航空服务学院院长

李　想　四川旅游学院烹饪学院院长

李顺发　郑州商业技师学院副院长

张令文　河南科技学院食品学院副院长

张桂芳　上海市商贸旅游学校副教授

张德成　杭州市西湖职业高级中学校长

陆燕春　广西商业技师学院院长

陈　勇　重庆市商务高级技工学校副校长

陈全宝　长沙财经学校校长

陈运生　新疆职业大学教务处处长

林苏钦　上海旅游高等专科学校酒店与烹饪学院副院长

周立刚　山东银座旅游集团总经理

周洪星　浙江农业商贸职业学院副院长

赵　娟　山西旅游职业学院副院长

赵汝其　佛山市顺德区梁銶琚职业技术学校副校长

侯邦云　云南优邦实业有限公司董事长、云南能源职业技术学院现代服务学院院长

姜　旗　兰州市商业学校校长

聂海英　重庆市旅游学校校长

贾贵龙　深圳航空有限责任公司配餐部经理

诸　杰　天津职业大学旅游管理学院院长

谢　军　长沙商贸旅游职业技术学院湘菜学院院长

潘文艳　吉林工商学院旅游学院院长

网络增值服务
使用说明

欢迎使用华中科技大学出版社教学资源网

1 教师使用流程

（1）登录网址：http://yixue.hustp.com （注册时请选择教师用户）

> 注册 ＞ 登录 ＞ 完善个人信息 ＞ 等待审核

（2）审核通过后，您可以在网站使用以下功能：

浏览教学资源　　建立课程　　管理学生　　布置作业　查询学生学习记录等

教师

2 学员使用流程

（建议学员在PC端完成注册、登录、完善个人信息的操作）

（1）PC端操作步骤

　　① 登录网址：http://yixue.hustp.com （注册时请选择普通用户）

> 注册 ＞ 登录 ＞ 完善个人信息

　　② **查看课程资源：** （如有学习码，请在个人中心-学习码验证中先验证，再进行操作）

选择课程

首页课程 ＞ 课程详情页 ＞ 查看课程资源

（2）手机端扫码操作步骤

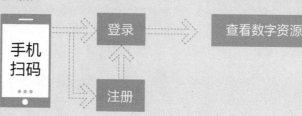

开展餐饮教学研究　加快餐饮人才培养

　　餐饮业是第三产业重要组成部分。改革开放 40 多年来,随着人们生活水平的提高,作为传统服务性行业,餐饮业对刺激消费需求、推动经济增长发挥了重要作用,在扩大内需、繁荣市场、吸纳就业和提高人民生活质量等方面都做出了积极贡献。就经济贡献而言,2018年,全国餐饮收入 42716 亿元,首次超过 4 万亿元,同比增长 9.5％,餐饮市场增幅高于社会消费品零售总额增幅 0.5 个百分点;全国餐饮收入占社会消费品零售总额的比重持续上升,由上年的 10.8％增至 11.2％;对社会消费品零售总额增长贡献率为 20.9％,比上年大幅上涨 9.6 个百分点;强劲拉动社会消费品零售,零售总额增长了 1.9 个百分点。中国共产党第十九次全国代表大会(简称党的十九大)吹响了全面建成小康社会的号角,作为人民基本需求的饮食生活,餐饮业的发展好坏,不仅关系到能否在扩内需、促消费、稳增长、惠民生方面发挥市场主体的重要作用,而且关系到能否满足人民对美好生活的向往、实现小康社会的目标。

　　一个产业的发展,离不开人才支撑。科教兴国、人才强国是我国发展的关键战略。餐饮业的发展同样需要科教兴业、人才强业。经过 60 多年特别是改革开放 40 多年来的大发展,目前烹饪教育在办学层次上形成了中职、高职、本科、硕士、博士五个办学层次;在办学类型上形成了烹饪职业技术教育、烹饪职业技术师范教育、烹饪学科教育三个办学类型;在学校设置上形成了中等职业学校、高等职业学校、高等师范学校、普通高等学校的办学格局。

　　我从全聚德董事长的岗位到担任中国烹饪协会会长、全国餐饮职业教育教学指导委员会主任委员后,更加关注烹饪教育。在到烹饪院校考察时发现,中职、高职、本科师范的相关专业都开设了烹饪技术课,然而在烹饪教育内容上没有明显区别,层次界限模糊,中职、高职、本科烹饪课程设置重复,拉不开档次。各层次烹饪院校人才培养目标到底有哪些区别?在一次全国餐饮职业教育教学指导委员会和中国烹饪协会餐饮教育委员会的会议上,我向在我国从事餐饮烹饪教育时间很久的资深烹饪教育专家杨铭铎教授提出了这一问题。为此,杨铭铎教授研究之后写出了《不同层次烹饪专业培养目标分析》《我国现代烹饪教育体系的构建》,这两篇论文回答了我的问题。这两篇论文分别刊登在《美食研究》和《中国职业技术教育》上,并收录在中国烹饪协会主编的《中国餐饮产业发展报告》之中。我欣喜地看到,杨铭铎教授从烹饪专业属性、学科建设、课程结构、中高职衔接、课程体系、课程开发、校企合作、教师队伍建设等方面进行研究并提出了建设性意见,对烹饪教育发展具有重要指导意义。

　　杨铭铎教授不仅在理论上探讨烹饪教育问题,而且在实践上积极探索。2018 年,在全国餐饮职业教育教学指导委员会立项的重点课题"基于烹饪专业人才培养目标的中高职课程体系与教材开发研究"(CYHZWZD201810)正式启动。该课题的特点是:以培养目标为切入点,明晰烹饪专业人才培养规格;以职业技能为结合点,确保烹饪人才与社会职业有效对接;以课程体系为关键点,通过课程结构与课程标准精准实现培养目标;以教材开发为落脚点,开发教学过程与生产过程对接的、中高职衔接的两套烹饪专业课程系列教材。课题的创新点在于:研究与编写相结合,中职与高职相同步,学生用教材与教师用参考书相联系,资深餐饮专家领衔任总主编与全国排名前列的大学出版社相协作。编写出的中职、高职系列烹饪专业教材,解决了烹饪专业文化基础课程与职业技能课程脱节,专业理论课程设置重复,烹饪技能课交叉,职业技能倒挂,教材内容拉不开层次等问题,是国务院《国家职业教育改革实施方案》提出的完善教育教学相关标准中的"持续更新并推进专业教学标准、课程标准建设和在职业院校落地实施"这一要求在烹饪职业教育专业的具体举措。基于此,我代表中国烹饪协会、全国餐饮职业教育教学指导委员会向全国烹饪院校和餐饮行业推荐这两套烹饪专业教材。

　　习近平总书记在党的十九大报告中将"两个一百年"奋斗目标调整表述为:到建党一百年时,全面建成小康社会;到新中国成立一百年时,全面建成社会主义现代化强国。经济社会的发展,必然带来餐饮业的繁荣,迫切需要培养更多更优的餐饮烹饪人才,要求餐饮烹饪教育工作者提出更接地气的教研和科研成果。杨铭铎教授的研究成果,为中国烹饪技术教育研究开了个好头。让我们餐饮烹饪教育工作者与餐饮企业家携起手来,为培养千千万万优秀的烹饪人才、推动餐饮业又好又快地发展,为把我国建成富强、民主、文明、和谐、美丽的社会主义现代化强国增添力量。

全国餐饮职业教育教学指导委员会主任委员

中国烹饪协会会长

《国家中长期教育改革和发展规划纲要(2010—2020年)》及《国务院办公厅关于深化产教融合的若干意见》(国办发〔2017〕95号)等文件指出：职业教育到2020年要形成适应经济发展方式的转变和产业结构调整的要求,体现终身教育理念,中等和高等职业教育协调发展的现代教育体系,满足经济社会对高素质劳动者和技能型人才的需要。2019年1月,国务院印发的《国家职业教育改革实施方案》更是明确提出了提高中等职业教育发展水平、推进高等职业教育高质量发展的要求及完善高层次应用型人才培养体系的要求。为了适应"互联网＋职业教育"发展需求,运用现代信息技术改进教学方式方法,对教学教材的信息化建设,应配套开发信息化资源。

随着社会经济的迅速发展和国际化交流的逐渐深入,烹饪行业面临新的挑战和机遇,这就对新时代烹饪职业教育提出了新的要求。为了促进教育链、人才链与产业链、创新链有机衔接,加强技术技能积累,以增强学生核心素养、技术技能水平和可持续发展能力为重点,对接最新行业、职业标准和岗位规范,优化专业课程结构,适应信息技术发展和产业升级情况,更新教学内容,在基于全国餐饮职业教育教学指导委员会2018年度重点科研项目"基于烹饪专业人才培养目标的中高职课程体系与教材开发研究"(CYHZWZD201810)的基础上,华中科技大学出版社在全国餐饮职业教育教学指导委员会副主任委员杨铭铎教授的指导下,在认真、广泛调研和专家推荐的基础上,组织了全国90余所烹饪专业院校及单位,遴选了近300位经验丰富的教师和行业、企业优秀人才,共同编写了本套教材。

本套教材力争契合烹饪专业人才培养的灵活性、适应性和针对性,符合岗位对烹饪专业人才知识、技能、能力和素质的需求。

本套教材有以下编写特点：

1. 权威指导,基于科研。本套教材以全国餐饮职业教育教学指导委员会的重点科研项目为基础,由国内餐饮职业教育教学和实践经验丰富的专家指导,将研究成果适度、合理落实到教材中。

2. 理实一体,强化技能。遵循以工作过程为导向的原则,明确工作任务,并在此基础上将与技能和工作任务集成的理论知识加以融合,使得学生在实际工作环境中,能将知识和技能协调配合。

3. 贴近岗位,注重实践。按照现代烹饪岗位的能力要求,对接现代烹饪行业和企业的职业技能标准,将学历证书和若干职业技能等级证书("1＋X"证书)考试内容相结合,融入新技术、新工艺、新规范、新要求,培养职业素养、专业知识和职业技能,提高学生应对实际工作的能力。

4.编排新颖,版式灵活。注重教材表现形式的新颖性,文字叙述符合行业习惯,表达力求通俗、易懂,版面编排力求图文并茂、版式灵活,以激发学生的学习兴趣。

5.纸质数字,融合发展。在新形势媒体融合发展的背景下,将传统纸质教材和华中科技大学出版社数字资源平台融合,开发信息化资源,打造成一套纸数融合一体化教材。

本套教材得到了全国餐饮职业教育教学指导委员会和各院校、企业的大力支持和高度关注,它将为新时期餐饮职业教育做出应有的贡献,具有推动烹饪职业教育教学改革的实践价值。我们衷心希望本套教材能在相关课程的教学中发挥积极作用,并得到广大读者的青睐。我们也相信本套教材在使用过程中,通过教学实践的检验和实际问题的解决,能不断得到改进、完善和提高。

前言

  中华传统文化历史悠久,博大精深,是中华民族发展的结晶。而中国饮食文化作为中华传统文化宝库中十分重要的组成部分,具有鲜明的民族特色。

  由于气候、地形、当地习俗等差异,各地在饮食方面都有着相应的文化特征,这些特征展现了各民族的文化底蕴与劳动人民的智慧成果,以及数千年来食馔烹饪的发展历程,是五十六个民族饮食习俗的积累,其所蕴含的文化精神,可以用"历史悠久、博大精深、积淀深厚"来表达。随着时代的发展,中国饮食文化的内涵与外延在当今中国餐饮市场的激烈竞争中,已逐渐成为不可缺少的重要资源。无论是在菜肴、筵席的创新应用方面,还是在餐饮品牌的策划创意,乃至餐饮文化产业的开发运营方面,都显示出了它的重要价值与不可替代的地位。

  "中国饮食文化"是烹饪专业的一门必修基础课程。它运用文化发展史和社会发展史的基本原理,对饮食现象所涉及的基本知识和文化进行系统的介绍,在中华传统文化和科学的历史观指导下,客观分析中华文明长河中的饮食文明,包括中国饮食烹饪文化、中国茶文化、中国筵宴文化、中国饮食文化进化史以及中华饮食礼仪、中国传统节日风俗习惯与传统食品等,以培养学生的专业文化素养和理论水平,为中国饮食文化传承奠定基础。

  本教材以职业能力培养为核心,从职业岗位能力需求分析入手,结合学生特点,采用"项目—任务"式的编写体例,将原有以饮食文化发展体系编排的教学内容进行解构,重新序化,并适当地增加与岗位任职实践相关的内容,搭建"项目目标—学习任务—相关知识"教材内容体系,以任务为导向,以知识理论为基础,充分体现职业教育的特有教育方式,同时深挖教材资源,巧妙引入课程思政元素,将专业教材隐性的思政元素显性化,使学生在学习专业知识的同时,完成社会主义核心价值观和马克思主义世界观的塑造,为学生知识、能力、素质的协调发展创造条件,实现知识传授和价值引领的统一,守正而创新。

  本教材主编由张先锋(西安商贸旅游技师学院)、高颖(海南省商业学校)担任,副主编由吕倩(西安商贸旅游技师学院)、解筑(贵阳市女子职业学校)、陈胜振(海南省商业学校)、张水生(海南省经济技术学校)担任,参编人员还有厦门工商旅游学校的许旭峰、贵州省旅游学校的陈清清、海南经贸职业技术学院的邰怡菘、澳门科技大学社会和文化研究所的杨格和西安商贸旅游技师学院的冯建银。本教材内容包括中国饮食文化概述、中国饮食文化的演进、中国饮食烹饪文化、中国饮食民俗、中国筵宴文化、中国茶文化、中国酒文化和中国筷子文化，共八个项目二十五个任务。

编写分工如下：张先锋编写项目一和项目四；高颖、陈胜振、杨格编写项目二；陈清清编写项目三；邰怡菘、张水生编写项目五；吕倩、冯建银编写项目六；吕倩、许旭峰编写项目七；解筑编写项目八；全书统稿等工作由张先锋完成。本教材的编写得到了杨铭铎教授等相关专家，华中科技大学出版社汪飒婷编辑的大力支持，在此一并表示感谢！

由于编写时间和编者水平有限，书中不足之处在所难免，恳请各位读者批评指正。

编者

绪 言

"民以食为天""食者民之本也"。"吃"在中国是一个非常特殊而有意思的字眼，人们见面的第一句话常常是："吃了吗?"人的一生，一日三餐要吃；小孩出生，要吃；周岁过生日，要吃；婚姻嫁娶，要吃；老来过寿，要吃；去世了，还要吃。四时节令要吃，迎来送往要吃，甚至找个由头也要吃，似乎什么事都能与吃联系在一起。吃，其作用在中国已远远超出了基本的果腹功能，不仅成为人们交流感情、拉近心理距离、敦亲睦邻的人际交往手段，而且从吃食的制作过程中衍生出"治大国若烹小鲜""不食嗟来之食"等修身、治国、安邦的思想精髓和价值观念；从中式烹饪所遵循的"以人为本""五味调和""奇正互变"等基本原则中，折射出儒家中庸哲学的"中和""协调"思想追求和辩证唯物的世界观。人们在食物的生产、加工、分配、享用的过程中加入了太多的基于物质而又超越物质的精神元素。吃的形式蕴藏着一种丰富的心理和文化意义以及人们对事物的认识和理解，被赋予了更厚重的社会功用，形成了独特的中国饮食文化。在中国，饮食成为一种几乎超越其他一切物质形态和精神形态的文化现象，反映在中国人日常生活中的各个方面。中国饮食文化源远流长，博大精深。

同学们，请跟随本书，让我们一起去品味中国饮食文化的"味道"!

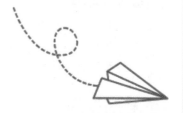

中国饮食文化概述

项目描述

　　饮食文化是一个国家和民族物质文明和精神文明发展的重要标志,是一个民族文化本质特征的集中体现。中国饮食文化源远流长,独具特色,是中华文化的基本元素。通过对本项目的学习,掌握相关的饮食文化概念,理解、感受中国饮食文化思想的丰厚、精深。

项目目标

　　1.掌握相关的饮食文化概念,理解相互之间的关系。
　　2.理解饮食文化的层次结构、类型与特征。
　　3.理解中国饮食文化思想的深刻内涵。

任务一　烹饪与饮食、饮食文化

任务描述

　　"烹饪""饮食""文化""烹饪文化""饮食文化"等概念,是学习"中国饮食文化概论"课程必须理解的基本概念。通过对本任务的学习,理解并掌握相关概念的内涵,以及彼此间的关系;认识、理解饮食文化的层次结构、类型与特征,为本课程的学习打好基础。

任务目标

　　1.理解并掌握烹饪、饮食、文化、烹饪文化、饮食文化的概念与内涵。
　　2.理解烹饪与烹调、烹饪与饮食、烹饪文化与饮食文化的关系。
　　3.理解饮食文化的层次结构、类型与特征。

任务实施

　　饮食是人类赖以生存和发展的前提条件。在人类社会发展的漫长岁月里,人们围绕饮食活动不断拓展的生产、生活领域实践,成为人类进步的重要推动力量,并在饮食实践中产生了烹饪。

一、烹饪、饮食与文化的概念

(一)烹饪的概念

饮食产生烹饪。"烹饪"一词最早见于《周易》,原文为"以木巽(xùn)火,亨(pēng)饪也"。"鼎"

是先秦时的炊(烹煮)、食(盛放)共用器,也被作为祭祀的礼器和象征权力与地位的国之宝器。其形似香炉,有圆有方,圆鼎多三足,方鼎多四足,初为陶质,夏商周三代多为青铜质,后世也有采用铁、铜、玉等材质的。"木"指燃料,如柴草之类。"巽"为八卦之一,原意为风,此处指顺风点火。"亨"古通"烹",煮也(《周礼·天官》云:"割亨煎和之事",汉代郑玄注:"亨,煮也")。"饪",大熟也(《说文解字》)、熟也(《广雅》),既指食物生熟的程度,又是古代熟食的通称。"以木巽火,亨饪也"的意思:将食物原料放置于炊具中,加水和调料,顺风点燃柴草煮熟食物。由此可知,《周易》中所记载的"烹饪",其概念已经包含了食物原料、调料、炊具、燃料以及烹制方法等相关要素,反映出奴隶社会时期先民的社会生活状况及人们对烹饪的认识程度。

外叔鼎

　　但由于当时厨务分工还不明显,厨师除了烹菜、做饭之外,还要从事酿酒、制酱、屠宰、储藏等工作,因此,"烹饪"一词,在当时实际是食品加工制作技术的泛称。

　　此外,中国历史上还出现过一些与"烹饪"词义相近的词汇。例如,大约在唐代,出现了"料理"一词,宋代出现了"烹调"一词。宋元以后,"料理"一词逐渐淡出我国表述餐饮和烹调的语境,而被保留于日语中。"烹饪""烹调"二词并存使用至今,且随着烹饪工艺的不断发展和人们对烹饪认知程度的不断加深,其概念的内涵也在不断变化。时至今日,现代"烹饪"的概念有广义与狭义之分。广义的烹饪概念表述如下:人类为了满足生理和心理需要,借助一定的设施设备,对可食性原料采用适当的加工方法,使之成为食用成品的制作过程。广义的烹饪几乎包括所有食品的加工过程,如主食(馒头、包子、米饭、面条、饼类等)、副食(冷、热菜肴)、饮料(酒、茶、咖啡等)等的制作过程,既可以是手工加工的,也可以是机械加工的。狭义的烹饪则指以手工加工为主的饮食的制作过程。人们通常所说的烹饪一般指狭义的烹饪。"烹饪"一词在实际应用中也逐渐成为制作各类菜肴的技术与工艺的专用名词。

　　烹饪与烹调的关系如下。广义的烹饪与烹调,从逻辑学上讲是从属的关系,烹饪是属概念,烹调是种概念,烹调从属于烹饪。按照系统论的观点,烹饪是一个母系统,其一般包括面食制作系统、菜肴制作系统、饮料制作系统等,而烹调则是其中的一个子系统——菜肴制作系统。烹饪是指食品加工制作过程,烹调则单指菜肴制作过程。

(二)饮食的概念

　　"饮"是会意字,在甲骨文里,它是一个人伸手扶着酒坛(酉)张口吐舌向坛子舔饮的形状。隶书写作"歙"。今之"饮"字形约见于战国初年的金文,是"歙"字的同义异体字。"饮"本义指喝(《诗经·郑风·女曰鸡鸣》:"宜言饮酒,与子偕老"),也专指喝酒(《尚书·酒诰》:"越庶国,饮惟祀"),还引申为饮料等可喝的东西(《礼记·玉藻》:"君未覆手,不敢飧",孔颖达疏:"飧谓用饮浇饭于器中也")。"食"也是会意字,在甲骨文里,其古字形下部像一个盛满食物的器皿,上部像盖,一说上部像口,会张口就食之意,整个字表示吃"饭食",后又逐渐泛化为可以吃的"食物"。

　　"饮食"一词在中国典籍中出现的时间很早,且内涵非常清晰。《尚书·酒诰》中有"尔乃饮食醉饱",这里的"饮食"指喝东西和吃东西;《诗经·小雅·楚茨》中有"苾芬孝祀,神嗜饮食",这里的"饮食"指喝的饮品和吃的食品。

　　由饮食的内涵及人类社会发展的进程来看,饮食最初是人们出于生存需要的本能性活动,是人类维持生命活动的基础,表现出强烈而单纯的物质色彩。后来,随着社会的发展和人们饮食追求的提高,政治、经济、文化等诸多因素融入饮食活动中,饮食的内涵变得越来越丰富。饮食由单纯的消费层面逐渐扩展到饮食原料的获取与生产、饮食品的加工制作、饮食品的享用与消费(娱神祭祀、人

"饮"字的含义及演变

"食"字的含义及演变

类自我享用)、饮食社交活动等诸多方面。饮食的物质意义日渐弱化,社会文化意义逐渐加强。一般来讲,狭义的饮食是指人们长期围绕饮食品消费过程所从事的食事活动的总和。广义的饮食是指人们长期围绕饮食品生产与消费过程所从事的食事活动的总和。

饮食与烹饪的关系如下。广义的饮食与烹饪,从逻辑学上讲是从属关系,即饮食是属概念,烹饪是种概念,烹饪从属于饮食。按照系统论的观点,饮食是一个母系统,一般包括饮食品生产系统、饮食品消费系统等多个系统,而烹饪则是其中的一个子系统——饮食品生产系统。狭义的饮食与烹饪之间则相互联系,互相作用。一般来说,烹饪是生产性的,其核心是饮食品的制作;饮食是消费性的,其核心是饮食品的享用。烹饪与饮食的关系如同建筑与居住、纺织与衣着的关系。

（三）文化的概念

"文化"一词在中国古代文献中,是"文"与"化"的复合,单字常见于先秦典籍中。"文"是象形字,最早见于甲骨文,其像一个站立着的人,胸前刺有美丽的花纹图案,义指"文(纹)身",引申为花纹、纹理,后又引申为文字、文饰、文武、天文等。"化"是会意字,最早见于商代甲骨文,古字形由一个头朝上的"人"和一个头朝下的"人"组成,本义是变化,后引申为通过教育使风俗、人心发生变化,即教化,又引申指风俗、风化,也指自然界从无到有、创造化育世间万物,即造化。《周易》云:"观乎人文,以化成天下",最早将"文"与"化"联系起来。西汉刘向《说苑·指武》中最早出现"文化"一词,"凡武之兴,为不服也。文化不改,然后加诛";《文选·补亡诗》云:"文化内辑,武功外悠"。由此可知,在古汉语系统中,"文化"的本义就是"以文教化",教化中国古代的诗文礼乐、政治制度、道德礼俗等内容,是封建王朝所施的文治和教化的总称,属精神领域的范畴。

现代人所谓的"文化"概念,多指19世纪以后自西方传入的"文化"概念。西方"文化"一词,源于拉丁文"cultura",有耕种、居住、训练、注意等多重含义,被译为英文、法文后,又引申出培育、化育之意。随着时间的流逝,"文化"逐渐成为一个内涵丰富、外延宽广的多维概念,成为众多学科探究、阐发、争鸣的对象。学者们从各自学科的角度,给出了多种界定与解释,尽管相互之间有差异,但从宏观角度来看,共同的认识如下:文化是人类社会历史的精神与物质的复合体,其可以分为狭义文化与广义文化两种。狭义文化是指社会意识形态(如思想、道德、风尚、宗教、文学艺术、科学技术等)以及与之相适应的组织和制度在内的精神产品。广义文化是指人类社会在历史发展过程中所创造的一切物质财富和精神财富的总和。

二、饮食文化的概念与特征

(一)饮食文化的概念

饮食活动不仅是一种物质实践,也是一种文化现象。从人类进化发展的历程来看,饮食是人类生存的第一需要,人们发明、制造工具,依靠工具获取或生产食物原料,制造烹饪器具、加工饮食产品,并逐渐建立起与之相适应的饮食方式、制度规范,形成一定的意识形态、饮食风俗,从而形成饮食文化。

饮食文化普遍而又特殊地存在着。说它特殊,是说因为自然地域、民族社会等因素的差异,人们所采用的食物原料、加工方式不同,所产生的饮食风味、文化风格也不同;说它普遍,是说饮食不分人种、地位、国家和民族,是人们的共同需求,同时,饮食涉及政治、经济、哲学、文化艺术等多个领域,因此,我们可以说饮食文化是人类在饮食方面的创造行为及其成果,是关于饮食的生产与消费的科学、技术、习俗和艺术等的文化综合体。凡涉及人类饮食的思想、意识、观念、哲学、宗教、艺术等都在饮食文化的范畴之内。因此,饮食文化可以表述为:狭义的饮食文化是指人们在长期的饮食品消费过程中所创造和积累的物质财富和精神财富的总和,是关于人类在什么条件下吃、吃什么、怎么吃、为什么吃,吃了以后怎么样的学问,它涉及饮食品种、饮食器具、饮食习俗、饮食服务、饮食管理、饮食审美等方面。

狭义的饮食文化概念与烹饪文化概念相对应。烹饪文化是指人们在长期的饮食品(主要是菜点)生产加工过程中所创造和积累的物质财富和精神财富的总和,是关于人类的饮食是什么、怎么做以及为什么做的学问,它包括饮食品生产过程中所涉及的饮食原料、加工工具、烹饪能源、烹饪工艺等内容。烹饪文化是在生产加工饮食品的过程中产生的,是一种生产文化;狭义的饮食文化是在消费饮食品的过程中产生的,是一种消费文化。

但从人类的饮食行为来看,饮食品的生产与消费必须合而为一,没有烹饪生产,饮食消费即是无米之炊;没有饮食消费,烹饪生产就失去了意义。因此,将饮食品的生产与消费结合起来,就形成广义的饮食文化概念。广义的饮食文化是指人们在长期的饮食品生产与消费过程中所创造和积累的物质财富和精神财富的总和,即人们食生产和食生活的方式、过程、功能等组合而成的全部食事的总和。

(二)饮食文化的层次、类型与特征

❶ 饮食文化的层次　饮食文化的内涵丰富而繁杂,它是由若干要素相互组合、相互作用而形成的多层次结构系统。对这些要素进行相应的分类归纳,有助于我们更好地理解和认识饮食文化的内在结构,由此,我们可以将饮食文化划分为饮食物质文化、饮食制度文化、饮食行为文化、饮食精神观念文化四个层次。

(1)饮食物质文化。

饮食物质文化是指饮食实践过程中所涉及的一切物质性的要素,如饮食原料(包括原料开发、培育、种植、养殖等)、烹饪灶具(包括制作)、饮食产品(包括加工制作、保鲜存储)以及餐饮用具(包括制作)等,包含了饮食原料文化、饮食生产工具文化、饮食产品文化、饮食器具文化等方面的内容。

(2)饮食制度文化。

饮食制度文化是指人们在饮食实践过程中制订的相关规定、制度等要素,如一日两餐或三餐的进食制度、分餐制与合餐制、各种宴会制度,中国古代与"礼"相结合的"乡饮酒礼""公食大夫礼",以及现今颁布实施的《中国营养改善行动计划》《中华人民共和国食品安全法》《中华人民共和国消费者

权益保护法》中涉及饮食方面的各项规定制度等。

（3）饮食行为文化。

饮食行为文化是指人们在长期的饮食实践过程中形成的行为原则、标准、模式等，如饮食品制作过程中的刀工、火候、调味，装盘的标准、要求，各种烹调方法的操作技艺要领，以及饮食民俗中的饮食习惯、风俗、传统等，主要包括饮食加工技艺文化、饮食风俗文化、饮食生产管理和销售文化、饮食消费文化等方面的内容。

四川省成都市出土的庖厨画像砖

（4）饮食精神观念文化。

饮食精神观念文化是指人们在饮食实践过程中由对待饮食的态度、看法，而逐渐形成的群体特有的价值追求、审美情趣、思维方式等。它是在满足人们最基本的饱腹生存需求基础上，通过饮食品所反映出的人生愿望、情趣、风尚，以及在饮食过程中形成的与政治、哲学、艺术、宗教、科学等有关的意识形态，如除夕年夜饭所反映的团圆心理，珍馐肴馔带给人们的精神享受，"治大国若烹小鲜"的国家治理观念等，都属于这一层面的饮食文化。它主要包括饮食文学、烹调理论、饮食养生理论、饮食心理文化、饮食意识文化等。

饮食物质文化、饮食制度文化、饮食行为文化、饮食精神观念文化，形成了饮食文化由表及里的有序结构。其中，饮食物质文化是饮食文化的外在表现，表现的是饮食文化的发展程度与实物形态，是饮食行为文化、饮食制度文化、饮食精神观念文化的物质载体；饮食行为文化是饮食物质文化的规范化，与饮食物质文化共同构成饮食文化的外部表象；饮食制度文化是饮食文化的骨架，规范和制约其他三个层面文化的建设；饮食精神观念文化是最深层次的饮食文化，是饮食文化的核心与灵魂，是其他三个层面文化思想内涵的体现。

❷ **饮食文化的类型**　从不同的角度，饮食文化可以划分为不同的类型。

①以不同历史阶段烹饪技艺发展水平来划分，饮食文化可分为旧石器时代晚期火烹饮食文化、陶器时代水烹饮食文化与汽烹饮食文化、铜铁器时代油烹饮食文化、电器时代机械烹饮食文化与自动化烹饮食文化等。

②以地理环境、气候物产等地域、民族、习俗等因素来划分，饮食文化可分为东北地区饮食文化、京津地区饮食文化、黄河下游地区饮食文化、长江下游地区饮食文化、东南地区饮食文化、中北地区饮食文化、黄河中游地区饮食文化、长江中游地区饮食文化、西南地区饮食文化、西北地区饮食文化、青藏高原地区饮食文化等。

③以餐饮品种与餐饮器具不同来划分，饮食文化可分为筵宴文化、小吃文化、快餐文化、药膳文

化、茶文化、酒文化、盐文化、酱文化等；骨石器饮食文化、竹木器饮食文化、箸匙器饮食文化、钟鼎器饮食文化、漆器饮食文化、陶瓷器饮食文化、金银玉牙器饮食文化等。

④以消费层次及消费对象不同来划分，饮食文化可分为果腹层饮食文化、小康层饮食文化、富家层饮食文化、贵族层饮食文化、宫廷层饮食文化；神鬼饮食文化、帝王饮食文化、官绅饮食文化、商贾饮食文化、文士饮食文化、军卒饮食文化、僧道饮食文化、市民饮食文化、耕农饮食文化等。

⑤以民俗风情和社会功能不同来划分，饮食文化可分为居家饮食文化、宴宾饮食文化、寿庆饮食文化、婚嫁饮食文化、丧葬饮食文化、祭奠饮食文化、年节饮食文化、社交饮食文化、民族饮食文化、宗教饮食文化、车船饮食文化、茶肆饮食文化等。

❸ 饮食文化的特征　饮食文化作为文化的重要组成部分，既有一切文化现象的共性，也有其独特的个性。饮食文化的主要特征如下。

（1）时代性。

饮食文化的具体形态会随时代的发展而发生变化。随着生产力水平的不断提高，人类社会的物质生产能力不断增强，进而引起饮食物质文化、饮食行为文化、饮食制度文化、饮食精神观念文化不断变化、丰富。如陶器时代与电器时代相较，无论是在饮食原料、饮食器具、饮食产品方面，还是在饮食结构、饮食制度、饮食观念方面，都发生了巨大的变化。不同历史时代，饮食文化都表现出不同的时代特征。

（2）地域性。

饮食文化的地域性是指由地理环境、气候等自然条件的不同所引起的饮食文化的差异。因地理环境、气候、物产不同，各地饮食文化差异明显。如我国黄河流域、长江流域与珠江流域的居民，其饮食文化就表现出明显的麦畜作饮食文化、稻鱼作饮食文化、芋果作饮食文化差异，在饮食习惯上也表现出东辣西酸、南甜北咸的不同口味。另外，颇具争议的菜系差异，也建立在地域不同的基础上。

（3）民族性。

饮食文化的民族性是指不同民族的饮食文化形态存在着差异。不同民族因长期赖以生存的自然环境、生产力与技术水平、经济生产生活内容、民族发展历史、宗教信仰等方面存在差异，从而逐渐形成了有别于其他民族的文化内涵与饮食文化。饮食文化的民族性主要体现在传统的食物摄取、饮食品烹调技法及食品的风味特色，以及饮食习惯、饮食礼仪、饮食禁忌等方面。

（4）阶层性。

饮食文化的阶层性是指在阶级社会中，不同社会阶层通过饮食品所反映出的饮食物质与精神需求的差异。从历史发展来看，社会上层尤其是那些"食前方丈"的贵族之家，饮食对其而言，早已超越了果腹生存的生物学意义，而成为享受人生、显示特权的工具；而对下层民众而言，人们首先追求的还是生存与温饱，即使在年节、喜庆之日，偶尔有宴请，也不过是实现社会交往需求，以建立和保持基本人际关系，从而使自身的生存与发展多些"安全感"罢了。

（5）融合性。

当一种饮食文化与外来饮食文化相接触时，不是排斥而是吸收融合。这种融合源自人群间的相互接触、交流，相互间接触多了，双方的交流、融合就完成了。融合交流的速度取决于政治、经济、观念形态等因素的影响程度。融合性使饮食文化的内容不断丰富。

（6）传承性。

饮食文化的传承性是指任何一种饮食文化发展至今，都是经过漫长历史岁月的传承、沿袭而来的。人类饮食文化从最初原始的状态发展到今天，变化较大，究其原因，一方面是来自外部的融合、交流，另一方面则来自内部的进化，进化又包括了传承与发展，而发展也是传承基础上的发展。

任务二　中国饮食文化思想基础

任务描述

　　饮食有道,各国皆然,唯中国饮食之道颇殊。早在两千多年前,先民便在中华文化的影响及长期的饮食实践中,逐渐形成、总结出了一系列中国特有的饮食文化思想观念,其指导、滋养着中华民族从远古一路走来,一脉相承,绵绵瓜瓞。通过对本任务的学习,理解中国饮食文化思想及基本内涵,感受中国饮食文化思想的博大精深,努力将这些思想观念运用于工作实践中。

任务目标

　　1.理解天人合一的生态观念的内涵。
　　2.理解食医合一的养生观念的内涵。
　　3.理解五味调和的美食观念的内涵。
　　4.理解养助益充的膳食结构的内涵。

任务实施

　　中国饮食文化思想博大精深,源远流长。两千多年前,中国古人便提出:"食、色,性也"(《孟子·告子上》),"饮食男女,人之大欲存焉"(《礼记·礼运》),以及"民以食为天"的观念。从人类生存与发展的角度看,地理环境、经济发展和历史文化背景等诸多因素的不同,造成各民族饮食资源、饮食制作、饮食消费、饮食器具、饮食方式、饮食习俗和饮食观念等方面的巨大差异。这些差异正是各民族饮食文化思想在饮食活动中的反映,其形成不仅深受自然科学和社会科学的影响,还深受哲学的影响。不同的哲学思想及由此形成的文化精神和思维方式对不同的饮食思想的形成具有重要影响。中国饮食文化辉煌灿烂,主要得益于中国饮食文化思想的肇基久远和内蕴丰厚。

一、天人合一的生态观念

　　"天人合一"是中国古典哲学的根本观念之一,是中国先民对人与自然关系的看法。"天人合一"思想认为,"人"与"天"是合二为一、融为一体的,人是自然不可分割的一部分,天地万物是一个有机的整体。人要满足自己的需要,就必须顺应自然变化,寻求人与自然、社会的和谐统一。天人合一思想指导下的饮食观主张把人的生存与健康放在自然生态环境中去认识,认为人的生命过程即人体与自然界的物质交换过程,人体的新陈代谢是通过饮食进行的,强调"饮食自然",这就决定了人要从自然界获取食物原料、烹制肴馔、营养身体、维持生命,就必须遵循自然界的规律,顺应自然、适应环境,本阴阳、法四时,宏观调控,才能保持健康。

　　(一)食顺四时

　　食顺四时强调人的饮食必须适应四时时序,依四时气候、季节变化而调整饮食。《礼记·内则》就指出:"凡和,春多酸,夏多苦,秋多辛,冬多咸,调以滑甘"。董仲舒的《春秋繁露》中也说:"饮食臭味,每至一时,亦有所胜有所不胜之理,不可不察也。四时不同气,气各有所宜。宜之所在,其物代美。视代美而代养之,同时美者杂食之,是皆其所宜也"。孔子也主张"不时不食"。在食材的选择、配伍中讲求随时而变,如"脍,春用葱,秋用芥。豚,春用韭,秋用蓼。脂用葱,膏用薤。三牲用藙。和用醯,兽用梅"(《礼记·内则》);春气温,宜用麦;夏气热,宜用菽;秋气燥,宜用麻;冬气寒,宜用黍(《饮膳正要》);"冬宜食牛羊,移之于夏,非其时也;夏宜食干腊,移之于冬,非其时也。辅佐之物,夏宜用芥末,冬宜用胡椒"(《随园食单·时节须知》)。此外,民间大量的饮食俗语也反映出这一思想,如"冬吃萝卜夏吃姜,不劳医生开药方""冬不喜瘦,夏不喜肥"等。这种强调适应自然节律、安排饮食的思想意识,是中华饮食文化独有的。

(二)食宜地理

食宜地理强调人的饮食调和必须与地域、气候、物产相适应。《黄帝内经·素问·异法方宜论》中讲,东方之域,"其民食鱼而嗜咸";西方者,"其民华食而脂肥";北方者,"其民乐野处而乳食";南方者,"其民嗜酸而食胕"。说的是因地域物产不同,各地人们形成了不同的饮食嗜好、饮食风味,以及食材选择上的差异。晋代张华《博物志》中也有"东南之人食水产,西北之人食陆畜"的类似记载。清代钱泳在《履园丛话》中说:"同一菜也,而口味各有不同。如北方人嗜浓厚,南方人嗜清淡……清奇浓淡,各有妙处"。各地饮食口味的差异与食材选择的不同,都是食与地理协调的结果。

(三)阴阳平衡

阴阳学说是中国古人用来解释自然界中两种对立和互相消长的物质势力运行变化的学说。阴阳思想认为万物都有阴、阳两个对立面,凡是宁静、寒冷、抑制、内在、物质性的属阴;凡是旺盛、萌动、强壮、外向、功能性的属阳。阴、阳的对立和统一,是万物发展的根源。人是自然的产物,人体也有阴阳,人体的阴阳和自然界的阴阳是息息相通的。中国饮食文化所讲的阴阳平衡,是指在饮食中要从总体上把握,使天地四时的阴阳与人体的阴阳处于平衡状态。人从自然界摄取食材(饮食五味),滋养身体,就必须对阴性食物与阳性食物进行合理的搭配,遵循食材的配伍法则、饮食须知、饮食禁忌,本着"热者寒之,寒者热之"的原则,以春夏秋冬四季、一日四时、东南西北地域论食物阴阳。注意"春夏养阳,秋冬养阴"。同时,还要兼顾机体本身的健康状况、年龄、体质等。只有实现阴阳食物协调供给,才能使机体获得更多、更健康的营养物质,使机体达到真正的阴阳平衡。

二、食医合一的养生观念

食医合一的养生观念强调人的饮食必须有利于养生,以食疗疾,识性饮食,饮食有节,确保正气,以求健康长寿。

早在原始社会采集、渔猎生活时代,中国先民就在寻找食物的过程中发现许多日常食用的动、植物原料,不仅能果腹活命、营养身体,还具有治疗某些疾病的功能,于是,在这种食物即药物、饮食即疗疾的最初认识的基础上,逐渐形成了具有中国特色的"医食同源""食医合一"的传统观念与思想,并在周代出现了食医制度。食医制度在基于人与自然和谐及人体机理协调的背景下,倡导饮食调配、合理进食等饮食养生健身原则与方法,形成了中国特有的饮食养生保健学说。到唐代,"药王"孙思邈在《备急千金要方》中提出:"夫为医者,当须先洞晓病源,知其所犯,以食治之。食疗不愈,然后命药"。他的学生孟诜认为,良药莫过于合理地进食,尤其是老年人,不耐刚烈之药,食疗最为适宜。从此,"食饮必稽于本草"成为中国历史上尊荣富贵之门和饮食养生家们的饮食原则。

神农尝百草图

(一)识性饮食

中国传统养生学认为,人要通过饮食求得健康、长寿,就需要认识食物原料所具有的不同性能和作用。这些性能和作用可以用性味、归经来概括。

性味,即食物的性能。古人常以四气五味、升降沉浮来说明。四气,又称四性,即食物的寒、热、温、凉四种性能。按食物性能程度的不同,可再分为大寒、寒、微寒、凉、平、温、热、大热等不同的食性等级。这是依据食物对人体的整体功能,而不是食物的实际温度来划分的。凡具有清热、泻火、解毒等作用的食物即为寒凉性食物;具有温阳、救逆、散寒等作用的食物即为温热性食物;介于寒凉、温热之间的为平性食物,具有健脾、开胃、补肾、补益身体等作用。

五味是指食物所具有的甘、酸、苦、辛、咸五种不同的味道。这是依据食物对人体的整体作用而不是化学味道来划分的。传统养生学认为,五味各有不同的作用:甘缓、酸收、苦燥、辛散、咸软。即甘具有补益、和中、调和药性和缓急止痛的作用;酸具有收敛、固涩的作用;苦具有清泄火热、泄降气逆、通泄大便、燥湿等作用;辛具有发散、行气、行血的作用;咸具有泻下通便、软坚散结的作用。升降沉浮是指食物对人体作用的不同趋向性。升浮指食物向上、向外的趋向性作用,沉降指食物向下、向里的趋向性作用。辛甘温热者多是升浮性食物,苦酸咸寒凉者多是沉降性食物。

归经,即食物作用的定位,就是把食物的作用与人体的脏腑经络密切联系起来,通过对脏腑的定位观察,说明某种食物对某些脏器所起的滋养、医疗作用,即食物发挥治疗作用的具体部位,治某经或某几经的病,就归这经或这几经。

归经是以脏腑、经络理论为基础,以食物的疗效与所治的具体病证为依据的。确定归经的依据主要有两种:一是以所治病证的脏腑归属确定归经。如能治疗咳嗽、气喘等肺系疾病的食物归入肺经;能治疗心悸怔忡等心系疾病的食物归入心经等。二是以食物的自然属性确定归经。如以五味配五脏来确定食物的归经,则辛入肺,苦入心,甘入脾,咸入肾,酸入肝;以五色配五脏来确定食物的归经,则色白入肺,色赤入心,色黄入脾,色青入肝,色黑入肾等。

凡是食物都可以划分出各自的性味。如小麦,性凉,味甘,有养心、益肾、除热、止渴的功效,归心、脾、肾经。大枣性温,味甘,有补中益气、养血安神、缓和药性的功效,归脾、胃经。白菜性平,味甘、淡,有清热除烦、益胃生津、通利肠胃、健脾利湿等功效,归肺、胃、大肠经。白萝卜性凉,味甘、辛,有生津解渴、下气化痰、化积食、解油腻等功效,归脾、胃、大肠经。

食物的性味、归经理论,在中式烹调实践中得到了广泛的应用。例如,根据人的体质、症状和食物性味归经选择原料,虚寒体质,特别是胃寒、哮喘的病人,常忌食鸭肉、绿豆、竹笋等寒凉性食物;体质偏热者,尤其是发热、伴有急性炎症者,常忌食羊肉、狗肉等热性食物。结合食物性味、归经理论,选择合理的食物搭配,注重"五味入口,各有所走",以及食物性、味与五脏六腑特定的对应关系,都是中国传统食治养生学说的精髓所在。

(二)饮食有节

中国传统饮食养生思想特别强调"食饮有节,起居有常"。主张把握"口不可满"的原则,克制"口之欲五味"的情欲,以达到养生的目的。饮食有节包括以下三个方面。

(1)饮食数量的节制。即不要暴饮暴食,不可过饥过饱。《黄帝内经》就提出,五脏要"满而不实",六腑要"实而不满";"饮食自倍,肠胃乃伤""卒然多食饮则肠满"。《吕氏春秋·尽数》云:"凡食之道,无饥无饱,是之谓五藏之葆。口必甘味,和精端容,将之以神气。"晋代张华《博物志》云:"所食逾少,心逾开;所食逾多,心逾塞,年逾损焉。"唐代孙思邈在《备急千金要方》中说:"饱食过多则结积聚,渴饮过多则成痰。"等等记载,多不胜举。

(2)饮食质量的调节。即食物的种类和搭配要合理,不可偏嗜。中医认为,"饮食五味之入五脏",各有其走向,哪一味偏盛,都会有损于五脏,失去平衡,引发疾病。《黄帝内经·素问》云:"多食咸,则脉凝泣而变色;多食苦,则皮槁而毛拔;多食辛,则筋急而爪枯;多食酸,则肉胝腸而唇揭;多食甘,则骨痛而发落,此五味之所伤也。故心欲苦,肺欲辛,肝欲酸,脾欲甘,肾欲咸,此五味之所合也。"

(3)饮食寒温的调节。这种调节,既有对食物寒、热、温、凉四性的要求,也有四性与四时天气适应性的要求,还有对食物温度的要求。《黄帝内经·素问》云,"水谷之寒热,感则害于六腑",说的是不同的食物如掌握不好,就会损害人的六腑。"春夏养阳,秋冬养阴,以从其根",包含人的饮食要适应四季变化的意思。"食饮者,热无灼灼,寒无沧沧,寒温中适,故气将持,乃不致邪僻也",则是对饮食温度的要求。

三、五味调和的美食观念

五味调和是中国饮食文化的突出特色之一。它强调,中国饮食不仅能满足人们果腹充饥的生理需要,而且能满足人的心理需要,使人的身心需要在五味调和中得到统一。五味调和包含味、性之调和两重含义。"味",即滋味、美味,是指食物的滋味(甘、酸、苦、辛、咸)作用于人的鼻、舌等器官所引起的感觉,包括现代心理学所谓的味感(味觉、滋味)、触感(触觉、质感、适口性)和嗅感(嗅觉、香味、香气、闻香)。"性",即性味归经,指食物的性能(寒、热、温、凉)作用于人体的功能。调,调配、组合;和,中和,有协调、调和、和谐、适中、平衡等多重含义。五味调和的美食观念是指在重视烹饪原料自然之味的基础上,运用阴阳五行性味规律,遵循摄食养生宜忌原则,通过对饮食五味的调制,创制出合乎时序的综合性美味,以达到"久而不弊,熟而不烂,甘而不浓,酸而不酷,咸而不减,辛而不烈,澹而不薄,肥而不腴"(《吕氏春秋·本味》)的"至味"境界。讲求诸味协调,中和共存,既求无过,亦避不及,中而不极,和而不同。五味调和的中和思想源于儒家的中庸之道,五味调和的中和之美是中式饮食之美的最佳境界。

(一)众料组配

传统中式菜肴的原料组配,讲究主料、辅料的组合搭配。"凡一物烹成,必需辅佐"(清代袁枚《随园食单》)。要实现合理组配,首先要使各种原料性味和合,"气味和而服之"。原料性味既不能太热,也不能过寒,否则就要加以调整。其次要遵循各种原料在荤素、数量、质地、味道、颜色、形状等方面的搭配原则。如荤素相配时以鲜味浓厚的肉类为主料,以清淡的蔬菜为辅料;主辅料在量的搭配中讲究突出主料,或平分秋色;在质的搭配中注重同质相配,即软配软、脆配脆、韧配韧、嫩配嫩;在味的搭配中注重浓淡相配、淡淡相配;在色的搭配中讲究同色配、异色配;在形的搭配中讲究同形配、异形配。总之,"要使淡者配淡,浓者配浓,柔者配柔,刚者配刚,方有和合之妙"(清代袁枚《随园食单》)。再次,讲究众多主料、辅料同锅合烹成菜。利用中式圆底铁锅,众料同时或先后入锅,合烹成菜。此外,人们日常膳食中的谷、果、畜、菜等食物也讲究性味平衡,饭菜搭配,主副食结合。

(二)众味调和

中式烹饪在很大程度上是味的艺术。要使众料各味从差异到平衡,就必须"善均五味",掌握"调"的本领。但这里的"调"不是仅限于盐、醋、糖、酱等调料的调,而是指利用主料、辅料,采取涤除、压盖、化解、烘托、改进与融合等味的美化手段与不同的烹调方法,去除恶味,激发美味,使经过精妙组配、综合于一锅的众多食材,在相互浸润、渗透、融合、互补中,成为一种与下锅时的各种原料都不一样的全新美味。一切以味的谐调为尺度,给人以美的物质与精神享受。如上海菜"萝卜鲫鱼汤",其原料本是羊肉、鲫鱼和萝卜,在锅中烹调之后,既没有了羊肉的膻味,也没有了鲫鱼味,更没有了萝卜味,而是融合变革为一种异常鲜美的全新味道。由此也可以看出,各种原料的"和"绝不同于"杂",而是"集多味一品而取其和",是要求在调和众味的过程中,产生一种全新而美妙的至味境界,即源于诸味,而高于诸味。

另外,中式烹调中的"勾芡"工艺也是五味调和的重要手段。勾芡前,锅中原先质地不一、颜色各异、口味尚未完全融合的单一物料,在勾芡后,瞬间便呈现出口味、色泽等统一和谐的艺术效果,起到了统领调和的效应。

五味调和,"和"乃味之美的根本标志。"和"的传统标准主要有本味论、主味论、时令论、适口论、养生论、风味论等。其中,本味论中的"本味",又称"真味""淡味"。其义一指烹饪原料、食物的自然之味;二指烹饪调和而成的美味。讲求在烹饪菜肴时,少用调料,尽力使烹饪原料的自然之味(美的本味),在菜肴中得到充分保留、展现;只对食材中的缺陷(如腥、臊、膻等不良味道),"用五味调和,全力治之",通过烹调,取其长,去其弊,排除不足,形成新的美味。本味之论也得到了历代养生家、本草家的认同。他们认为"若要无诸病,常当节五辛""五味偏多不益人,恐随肺腑成殃咎"(明代高濂《遵生八笺》);"淡食能多补""非弃绝五味,特言欲五味之冲淡耳"(清代冷谦《修龄要旨》);"甘脆肥浓,命曰腐肠之药"(汉代枚乘《七发》),等等。

适口论者则认为,虽然"口之于味也,有同嗜焉"(《孟子·告子上》),美食珍馐对大多数人来讲是共同喜好,因为人们用来感受滋味的器官构成是相同的,但人们对饮食滋味的感受既有共性,也有差异,即使是同一个人,也会因时间、地点、环境、情绪、体质、饥饱程度等情况的不同,而对食物的感受产生差异。由此产生"物无定味,适口者珍"(明代高濂《遵生八笺》)之论。强调食物没有固定的美味标准,只要适合自己的口味,就是最好的。适口者珍的观点,对于创新美食和发展地方风味食品有着自然的促进作用。

四、养助益充的膳食结构

膳食结构是饮食思想观念的体现与具体化。我国具有独特的自然地理环境、物产和悠久的农耕文明发展历程,早在两千多年前的战国至东汉时期,人们就逐渐形成并提出了养助益充的食物结构模式。其最早记述见于《黄帝内经·素问·藏气法时论》:"五谷为养,五果为助,五畜为益,五菜为充。气味合而服之,以补精益气。此五者,有辛酸甘苦咸,各有所利"。从宏观上论述了当时生产力状况下,人体所需的营养物质的来源与构成。养助益充的膳食结构强调在人们的日常生活中,五谷是主食,是人体摄取营养素的主体、根本;五畜、五菜、五果为副食、佐食,在为益、为充、为助的作用下,主、副食品各尽所长、互为补充,辨证施食,为生命机体提供全面而平衡的营养。

(一)五谷为养

"五谷""五畜""五菜""五果"在中国古代,既有具体所指,也是一个概数。在养助益充的膳食结构中应理解为泛指的概数。"五谷"当泛指黍、稷、菽、麦、稻等所有粮食类作物。"养,供养也"(《说文解字》)。"五谷为养"主张并强调人们日常生活所必需的能量和蛋白质,应主要由粮食来供给,并倡导杂食五谷。五谷是中国人的主食,是生命的动力。

(二)五畜为益

"五畜"泛指牛、犬、羊、猪、鸡等荤食或肉食品原料。"益,增也,进也"(《广韵》)。"五畜为益"主张并强调肉食品原料对人体有补益作用。能增补五谷主食营养之不足,是平衡饮食食谱的主要辅食,是名副其实的补益者。孔子曾说过,"肉虽多,不使胜食气",强调的正是"养"(主食)与"益"(肉食)之间的比例关系。现代营养学研究也证实,动物性食物多为高蛋白、高脂肪、高热量食物,而且含有人体所必需的氨基酸,是人体进行正常代谢活动及增强机体免疫力的重要营养物质,是真正的佐"养"之"益"品。

(三)五菜为充

"五菜"泛指葵、韭、藿、薤、葱等各种种植蔬菜与自然生长的野菜,"凡草木之可茹者谓之菜"(李时珍)。"充",有补充之意。"五菜为充"强调在五谷为养、五畜为益、五果为助的同时,必须有菜的辅佐、补充,以"辅佐谷气,疏通壅滞也"。现代营养学研究也证实,蔬菜中含有大量的人体所必需的多种维生素、纤维素和矿物质,有助于维持机体酸碱平衡,维护心血管健康,促进肠胃蠕动、刺激腺体分泌,促进三大营养素的消化,增强机体的抵抗力,还可预防多种疾病,特别是衰退性疾病的发生。

(四)五果为助

"五果"泛指桃、李、杏、栗、枣等果类食物。"助,左(佐)也"(《说文解字》)。"助",有辅佐、帮助之意。"五果为助"强调在五谷、五畜、五菜已为机体提供了主要的能量物质之后,多食五果将对机体保持健康长寿有良好的帮助。现代营养学研究也证明,水果中所含的维生素、矿物质虽与蔬菜相似,但

物无定味,
适口者珍

其所含的糊精、单糖、柠檬酸、苹果酸等物质却为蔬菜所不及。另外,水果一般生食,其营养素不会因高温烹调而损失,多能被人体吸收。水果的作用虽不能被其他食物所取代,但也不可过食。

项目小结

　　本项目主要讲述了烹饪与饮食、饮食文化及中国饮食文化思想基础两大部分的知识内容。饮食文化有广义与狭义之分,与烹饪文化既有联系,又有区别。饮食文化是由若干要素相互组合、相互作用而形成的多层次结构体系,依据不同的标准,可分为不同的类型。中国饮食文化思想基础中天人合一的生态观念主张食顺四时、食宜地理、阴阳平衡;食医合一的养生观念主张识性饮食、饮食有节;五味调和的美食观念主张众料组配、众味调和;养助益充的膳食结构主张五谷为养、五畜为益、五菜为充、五果为助。

课程思政策略

　　　　中华大地疆域辽阔,中华文化源远流长,深深根植于中华文化沃土中的中国饮食文化思想璀璨绚丽,其浓郁的文化特色和丰厚的文化内涵,是中华文化的重要标志,是国家文化软实力的重要组成部分。本项目教学内容中存在大量的课程思政教学素材,教育切入点多样。如在有关烹饪、饮食文化概念的发展演变过程中所体现的中华文明的悠久历史;在中国饮食文化思想基础中天人合一思想所体现的中国人对人与自然的和谐统一关系的认识;在食医合一的养生观念中所体现的独具中国特色的中医文化理论体系;在五味调和的美食观念中所体现的中国人的中和思想;在养助益充的膳食结构中所体现的适合中国人的膳食理念体系,等等,都可以成为教学设计时的思考点,选取其中的典型案例,体现于教学中,使学生感受中华饮食文化的丰厚内蕴,从而激发学生的民族自豪感和文化自信心,提升学生热爱祖国、热爱家乡、热爱专业的思想情感。

同步测试

扫码看答案

　　一、名词解释
　　1.烹饪
　　2.饮食
　　3.饮食文化
　　4.烹饪文化
　　5.性味
　　二、填空题
　　1.饮食文化可分为_____、_____、_____、_____四个层次。
　　2.饮食文化的特征主要有_____、_____、_____、_____、
_____、_____。
　　三、简答题
　　1.简述烹饪与饮食的关系、烹饪文化与饮食文化的关系。
　　2.中国饮食文化思想基础主要体现在哪些方面?

项目二

中国饮食文化的演进

扫码看课件

项目描述

　　中国饮食文化博大精深,本项目以中国历史发展时间为载体,将中国饮食文化的历史发展分为史前时期、夏商周时期、秦汉唐时期、宋元明清时期以及近现代时期五个阶段,由中国饮食文化的萌芽期简述至中国饮食文化的全面复兴时代。从食材食具、技艺器具、思想理论等维度较为全面地展示中国饮食文化演进的过程。

项目目标

　　1.掌握中国饮食文化的时代分期。
　　2.了解中国饮食文化演进过程中各阶段的社会背景。
　　3.熟识中国饮食文化演进过程中各阶段的主要饮食原料。
　　4.熟识中国饮食文化演进过程中各阶段的主要饮食器具。
　　5.掌握中国饮食文化演进过程中各阶段的主要烹饪技术。
　　6.熟识中国饮食文化演进过程中各阶段的主要饮食思想及烹饪著作。
　　7.传承中国饮食文化演进过程中的历史成果。

任务一　史前时期的中国饮食文化

 任务描述

　　中国饮食文化的演进与中华民族的发展同步。在从猿到人的进化过程中,饮食方式也从最初的茹毛饮血变为熟食烹制。

 任务目标

　　1.了解史前时期饮食演进过程。
　　2.知晓人类生食的特点。
　　3.掌握人类熟食的意义。
　　4.掌握史前时期饮食文化成就。

 任务实施

一、茹毛饮血的蒙昧时代

考古学上的中国史前时期,指从发现古人类开始,到发现甲骨文的殷墟时期,也就是商代盘庚迁殷之前的历史时期;历史学上的中国史前时期,指有文献记载之前的历史时期,即西周有共和纪年之前的阶段。中国史前时期按照考古年代可分为旧石器时代、新石器时代以及青铜时代。史前考古学着重从史前文化遗址的地质、器物、古人类、古文化遗存来研究,历史考古学则通过文字、铭刻、古建筑等考察古人类的历史。史前时期是一个没有文字记载的时期,只能通过遗址遗存来探寻。距今两三百万年前,人类从古猿中分化出来,两腿已能直立行走,双手能够进行劳动,连毛带血地生食禽兽,饮食方式同其他动物并无太多区别。

(一)人类饮食文明的萌芽

回溯人类的进化历程,人类从"爬行"的灵长类动物进化为可独立行走的古猿人之初,一切活动都是围绕基本的生存需求展开的。其中获取食物维系生命的饮食活动是最为常见也是最为主要的活动。生活在距今一百多万年前的南方古猿,是人类的直系祖先,能直立行走,善于奔跑,已经会使用简单天然工具进行劳动。《庄子·盗跖》言:"古者禽兽多而人少,于是民皆巢居以避之,昼拾橡栗,暮栖木上,故命之曰有巢氏之民。"此时人类所食多为鲜果、坚果、稚嫩的树枝、树叶以及充满淀粉的根茎、根块和森林中的菌类,偶尔也会采集到鸟卵或爬行动物的卵食用。史前时期人类生活环境艰险,寻求食物的同时还需时刻提防凶猛兽类的袭击。

随着自然环境的变化,植物类食物源开始逐渐减少,人类为获取必要的生存食物,被迫从树上下来,开始在陆地生活。原始人群要不断转换生存空间、扩大栖息地,只能迈步行走,走出森林,翻山越岭,涉渡江河,为生存而整体迁徙。面对强大的自然力,没有坚牙利爪和强健体魄的猿人,必须借助木棒、石块等天然工具,聚合成群,通过团体协作来抵御攻击和猎取食物。他们以砾石为原料,把砾石打成石片,一般不做进一步加工便可成为使用工具,并以此类粗糙的石片刮割兽皮或兽肉。据各地考古资料,史前时期人类采集、捕捉草果鱼虾,狩猎的对象主要是小型动物如兔子、鼠类、鹿、羊等,也有野猪、大象、犀牛等大型哺乳动物。野兽肉是史前时期人类的一种重要食物,猎取较多的是鹿,在野兽肉不足以果腹时也会采拾蚌、螺蛳之类的水生动物,或采集野果充饥。狩猎需要多种复杂技巧才能完成,需要制作猎捕器具,因此狩猎也是远古人类向现代人进化的一项重大创新。从制作劳动器具捕食狩猎起,人类开始有别于动物,逐渐脱离愚昧,渐入文明。

距今大约一万年,人们开始从狩猎、采集生活进入锄农和畜牧生活。以仰韶文化时期为例,当时的仰韶居民已过上定居的农业生活。在多处仰韶文化遗址中人们发现了粟的皮壳,西安半坡遗址中还有藏粟的窖穴。粟是一种较为耐旱的作物,适合在黄土地区生长,可见在仰韶文化时期,黄河流域已较为普遍地种植粟,长江中下游江浙和两湖地区则主要种植水稻。家畜饲养随着农业生产力的提高而获得进一步的发展。在新石器时代晚期——龙山文化时期,遗址中的猪骨数量远多于仰韶文化时期。家畜的品种除了猪、狗之外,牛、羊也开始被驯养,有些地区还出现了鸡和马。

(二)人类生食特点

在人类生食阶段,生食形式虽与兽类生食形式相同,但因为人类会使用工具进行集体捕食且能平均分配食物而与动物有本质区别。古人类最初还保留着动物的特性,因此对待生食并不会有不适应的感觉。《礼记·礼运》言:"昔者先王未有宫室,冬则居营窟,夏则居橧巢。未有火化,食草木之实、鸟兽之肉,饮其血,茹其毛。未有麻丝,衣其羽皮。"此时人类用着十分简陋的工具,过着和野兽差不多的生活。《古史考》言:"太古之初,人吮露精,食草木实,穴居野处。山居则食鸟兽,衣其羽皮,饮血茹毛;近水则食鱼鳖螺蛤。未有火化,腥臊多害肠胃。"由此可见,在史前时期的数百万年时间里,原始人类不会用火,不知何为烹饪,所以"断木为杵,掘地为臼",生食草木果实和飞禽走兽,掬手而饮,身披动物皮毛御寒保暖。数十人群居于洞穴或树干上,利用简陋石器或木棍集体捕猎野兽,饮食方式则是"生吞活剥""茹毛饮血"。这便是史前时期人类的生食阶段。

生食以淀粉、糖类为主的植物果实和生食以脂肪、蛋白质为主的鸟兽肉类相比,没有经过烹制的肉类食物并不是美味佳肴,而是充满腥臊恶臭的动物尸体,但是食用肉类对人类的进化起到了重要

15

作用。恩格斯在《自然辩证法》中谈到关于原始人类食用肉食对脑的影响,脑因此得到了比过去丰富得多的营养物质,脑便一代比一代更迅速、完善地发育起来。时至今日,部分地区仍保留着生食的饮食习惯。

二、火燔熟食的开始

用火将食物制熟而食,即火烹,标志着中国烹饪的诞生。火燔熟食结束了一百多万年来人类"茹毛饮血"的饮食方式。从生食步入熟食的转变是人类发展史上的伟大进步,也是人类饮食文化史的开篇华章。

(一)人类对火的利用

掌握火的使用方法是人类区别于动物的显著标志。人类以火将食物制熟而食,起初并非自觉。人类最早使用的是天然火,即闪电雷击树木起火、枯木自燃火、岩石碰撞击打引火、火山喷发、油类物质燃烧等。在史前时期,天然野火时有发生,面对熊熊燃烧的烈火,原始人类和动物一样充满畏惧并远离逃走。在大火熄灭之后的余烬中,人类在惊恐之余还感受到了一丝丝温暖,就开始去收集一些柴草,尝试着把火种延续下来围火取暖,借此抵御寒冷。有时在大火焚烧后的森林中,原始人类还会发现一些未及时逃脱而被烧死的野兽和烤熟的根茎果实,食用后发现味道强于生食,于是便在自然火燃烧后的灰烬中寻找熟食。多次反复的试验后,原始人类逐渐认识到火的熟食作用,试图运用自然火来烧烤食物。熟食有助于人体更好地吸收食物养分,对促进人体发育十分重要,于是人类在不知不觉中发明了火烹。

考古学家在周口店的北京人洞穴遗址发现了用火的痕迹,洞穴中发掘到厚4~6 m的灰烬层,还埋有被火烧过的石块和骨头。灰烬的底层,多为黑色物质,化验结果显示为草木炭灰。以上遗物遗迹说明,北京人确实已经能控制和利用火。他们会用火取暖、烧熟兽类,然后把火控制到一起,保持长久不灭,用以防止野兽对人类的侵害。在距今170万年前的元谋人和西侯度遗址中,考古学家也发现了用火的痕迹。

远古人类从认识火的作用到学会用火、取火,经历了漫长的历史过程,直到距今五万年前的旧石器时代,人类发现了摩擦取火,于是便有了燧人氏钻木取火的传说。《礼纬·含文嘉》言:"燧人始钻木取火,炮生为熟,令人无腹疾,有异于禽兽。"学会用火,是人类和自然界做斗争所取得的巨大胜利。

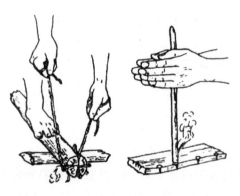

原始取火方法

相传在遥远的地方有一个不分四季和昼夜的国家,其人不死,厌世则升天,名曰燧明国。国中有火树,高大粗壮,屈盘万顷,名叫燧木。有鸟若鹗,用嘴去啄燧木,发出火光。燧人氏从中受到启发,于是就折下燧枝钻木取火,被后人尊称为"燧皇",位列三皇之首。《韩非子·五蠹》言:"上古之世,人民少而禽兽众,人民不胜禽兽虫蛇,有圣人作,构木为巢,以避群害,而民悦之,使王天下,号曰有巢氏。民食果蓏蚌蛤,腥臊恶臭,而伤害腹胃,民多疾病,有圣人作,钻燧取火,以化腥臊,而民说之,使王天下,号之曰燧人氏。"

除燧人氏钻木取火的传说外,还有黄帝或伏羲造火的传说。至今一些地区的人们还保留着钻木取火的技术,如海南黎族人民用一块山麻木削成砧板,在一侧挖出若干个小穴,穴底刻一竖槽,槽下装有艾绒导燃。当用一根细木杆垂直快速在穴孔上钻动时,摩擦部位发热后冒出火星,火星通过竖槽落至艾绒上,引燃艾绒;云南佤族人民则选用硬木在蒿秆上钻火,钻出火星引燃火草。

（二）熟食的意义

恩格斯在《自然辩证法》中指出人类熟食的意义：人类用火熟制食物更加缩短了消化过程，因为它为口提供了可说是半消化的食物。恩格斯认为，可以把用火熟制食物看作人类历史的发端。掌握用火是人类第一次支配自然力，从而最终把人同动物区分开。可以说用火熟制食物是人类第一次能源革命的开端，也是人类生存史上的伟大变革。熟制后的食物更有利于咀嚼，为身体传输的能量更高。肉类熟制后蛋白质的结构变得松散，便于消化道内的酸和酶消化，其营养物质也更容易被身体吸收，肉内的细菌被杀死，也有助于人类保持健康和延长寿命。长久食用熟食使得人类自身的体质和智力得到更为迅速的发展，体质形态也越接近现代人。在整个原始社会时期，熟食过程经历了火烹、石烹、陶烹三个阶段。从最初的将食物直接置于火上燔、烤、炙、煨、"燔黍捭豚"，到焗、炮、煲、焙、燠等方式将食物加工成熟，这些烹饪方法至今依然保留，用火熟制食物让人类从野蛮步入文明。

三、陶烹时代的饮食

陶烹时代属于原始烹饪时期烹饪发展水平的最高阶段，其持续时间大约与新石器时代相始终，虽然陶烹阶段的持续时间与火烹和石烹阶段相比要短，但是却处于原始社会生产力水平的最高时期。陶烹以蒸煮为特色，水火相济，标志着水烹和汽烹的问世。半坡遗址与马家窑遗址的"彩陶"、山东龙山文化的黑陶高柄杯，器薄如蛋壳，均是新石器时代陶器中的杰出作品，饮食器具也开始有了文化和艺术色彩。陶器食具的种类与器型为后世金属食具的种类与器型奠定了基础。考古学者在河北省的磁山文化遗址中发现了大批量的早期农业遗存——粟和饮食生活器具陶鼎，由此可见陶烹是农业生产和定居时代的产物，严格意义上的烹饪至此开始。

（一）陶器的发明

考古研究表明，在距今一万多年前中国人发明了陶器，陶器标志着人类发展史从旧石器时代进入新石器时代，具有划时代的意义。在陶器出现前，人类熟制食物所采用的树枝或石板并不能称为炊具。文化史学界一致认为，陶器是一切炊具的鼻祖。在人类使用陶质炊具后，熟食方法才产生了变革，人类饮食状况得到根本改善。

最初发明的陶器可能源于洞穴中架火燃烧的火塘。经过常年的火烧，泥坑周围的泥土变得异常坚硬，或者在烧制食物时涂抹的泥土经过燃烧形成某种固定的形状，启发人类开始用泥土和水制作各种形状的坯子，然后用火烧制定型。陶器是当时人们日常生活中不可缺少之物，颜色以红色或红褐色为主，有些陶器上还有陶轮修整过的痕迹，说明萌芽状态的陶轮已经出现。在红陶器物上施加黑色、赭红色或白色的彩绘，就是著名的彩陶。彩陶上常见几何纹、涡纹、方格纹等纹路装饰，有的彩陶则绘有人面图案或鱼、鹿、鸟、蛙等动物图案。在史前时期的文化遗址中出土了大量形态不一、风格各异的陶质饮食器具。其中烹饪器具主要有鬲、甑、釜、甗、灶、鼎等；饮食器具有碗、钵、簋、杯、罐、壶、瓶、瓮等。

陶鬲

陶釜

陶甗

陶簋

陶钵

陶瓮

（二）盐的发现

盐是一种天然矿物质，在人类出现以前就存在于自然界中。《中国古代科学技术主要成就表》考证，我国最早的制盐时间与黄帝时代十分接近。《世说新语》记载：凤沙氏煮海水为盐。相传远古时候，在山东半岛南岸胶州湾一带，住着一个原始的部落，部落里有个人名叫凤沙，他聪明能干，臂力过人，善使一条用绳子结的网，能捕获很多的禽兽鱼鳖。有一天凤沙在海边煮鱼吃，他和往常一样提着陶罐从海里打半罐水回来，刚放在火上煮，突然一头大野猪从眼前飞奔而过，凤沙见了岂能放过，拔腿就追，等他扛着猎杀到的野猪回来时，罐里的水已经熬干，罐底留下一层白白的细末。他用手指沾点放到嘴里尝尝，味道又咸又鲜。凤沙用它就着烤熟的野猪肉吃起来，味道好极了。那白白的细末便是从海水中熬出来的盐。

盐不仅是带有咸味的调料，还能用于杀菌消毒、储藏食物，与蛋白质结合后能生成氨基酸钠，带来鲜味，同时盐与胃酸结合可加速分解肉类食物，促进吸收。煮海为盐的技术为原始人类提供了稳定的食盐来源，食盐成为增强人类体质的积极因素。盐的发现是人类饮食史上又一次飞跃，在此之前，人类只懂"烹"而不会"调"。盐的发现与食用让人类饮食进入烹调领域，全面摆脱蒙昧走向文明。

（三）水烹与汽烹的发明

水烹，顾名思义是以水作为传热介质，在陶罐中进行煮、熬、焖、煨等。考古发现的陶制釜、鼎、鬲都是用于煮食的炊具。釜底部无足，鼎有三个实心足，鬲有三个空心足，釜熟谓之煮，鼎与鬲都在釜的基础上发展改进而来。

汽烹是利用火烧水产生的蒸汽作为传热介质，用陶甑进行蒸、酿。《古史考》言："黄帝始造釜甑，火食之道成矣。"又言"黄帝始蒸谷为饭，烹谷为粥。"考古学家发现，最早的甑出现于距今四千年左右的河姆渡文化遗址，到龙山文化时期，甑的使用已十分普遍。陶甑的外形与一般陶器类似，在器底刺有若干孔洞，作为箅，以便蒸汽自下而上。在甑蒸烹饪手段出现后，人类可以获得超过煮食一倍的馔品。我国是世界上最早使用蒸汽烹饪的国家，蒸法也是东方饮食区别西方饮食的一种重要烹饪方法。

任务二　夏商周时期的中国饮食文化

任务描述

夏商周时期是中国古代政治发展的典范与楷模，其历史持续时间达 1800 多年，是探寻中国文化源头的重要阶段。夫礼之初，始诸饮食。在夏商周时期，人们开始应用青铜器，生产力水平大幅提高，青铜制的烹饪饮食器具在上层社会中已成为主流，因此在饮食习俗中表现出了更多的礼仪和社会等级方面的差别。当时的饮食已经成为社会礼俗的一个重要组成部分。

顺德鱼生

甑糕

任务目标

1. 了解夏商周时期的社会发展情况。
2. 知晓夏商周时期的主要饮食原料。
3. 掌握夏商周时期的烹饪器具及饮食方式。
4. 理解夏商周时期的饮食文化特点及代表性菜肴。
5. 掌握夏商周时期的烹饪技艺。
6. 了解夏商周时期的饮食文化代表人物及饮食思想。

任务实施

一、社会发展

公元前 21 世纪左右,是中国历史上的夏代,夏禹传子,不再禅让,是"天下为家"的开始。夏代兴于崇山,历时 400 多年而商代之,而后武王伐纣建西周。古文献记载,农业在夏商周时期经济中占有重要地位。

(一)农业生产的发展

公元前 2070 年,中国由原始社会进入奴隶社会,相继建立起夏、商、周三个奴隶制王朝。夏朝时期人们掌握了天文历法知识,制订出适合农业需要的农历《夏正》。《夏正》后来在较长时期内为人们所遵用,保存至今的《夏小正》就是春秋战国时期通行的一本农历。夏人重视农业生产,储备粮食,主要种植物为禾、麦、粟、黍、稷、菽、麻等,饲养家畜猪、羊、牛、马、狗、鸡。商朝时期农业部门为主要生产部门,也是商朝的主要经济来源。商王对农业生产非常关心,经常督促"小耤臣""多尹"去指挥具体的田间事宜,有时商王也亲自去查看田地里的庄稼,或参加耤田的收获活动。商人在祈年时常常乞求禾、黍能有好收成。禾、黍适宜生长在黄河流域,是当时广泛种植的农作物。商朝贵族饮酒之风极盛,而黍正是主要的酿酒原料。商朝后期,以种植业为中心的农业发展更快,形成了巴蜀、吴越等八个农业区。周朝是我国奴隶社会由盛转衰的转折时期。相传周之先祖"弃"为农业发明人,周天子每年举行隆重的"藉田"大礼以及王后"养蚕"仪式,以表示对农业的重视。周人第一年开种的田称为菑,第二年耕种的田称为畬,第三年耕种的田称为新,田地在第三年耕种后地力衰竭,周人以抛荒的方法恢复地力,数年之后重新开种。《诗经》中记载的西周时期农作物品种很多。《诗经·周颂·丰年》云,"丰年多黍多稌",稌是稻的一种;《诗经·周颂·思文》云,"贻我来牟",来是小麦,牟是大麦。

(二)手工业技术的发展

夏商周时期手工业由官府统一管理。以青铜铸造为主要代表,技术分工越来越细致,生产技术逐渐精湛,生产规模不断扩大,产品种类也日趋丰富。相传禹铸九鼎,后来九鼎也成为王权至高无上、国家统一昌盛的象征。夏代开始由陶器向青铜器过渡,陶器主要为平民百姓的饮食器具,青铜器则专供王侯贵族使用。青铜冶铸业在商代获得了重大的发展。丰富的考古材料证明,在商代早期,商人就能够制造出较为精致的武器和容器。到商代晚期,冶铜术达到了很高的水平。安阳殷墟出土的青铜器,不仅数量、种类多,制作也更为精美,其中不少器物,成为具有高度艺术价值的珍宝。如 1939 年 3 月在河南安阳出土的后母戊大方鼎(原称司母戊鼎),为商王祖庚或祖甲为

后母戊大方鼎

祭祀其母戊所制,鼎高 133 cm,口长 110 cm,宽 78 cm,足高 46 cm,壁厚 6 cm,重 832.84 kg,是商周时期青铜文化的代表作。商代晚期的个别铜钺上镶有铁刃,当时还没有炼铁术,但铁这种金属已经为人们所认识,并加以利用。商代遗址中还出土了少量质地坚硬的白陶、釉陶以及漆器残片。石斧、石凿在商代仍长期广泛使用,青铜器并未完全取代石器工具。到西周时期,有官府手工业和属于农民家庭副业的民间手工业,但都是为了自给自足而生产,只有少数的手工业产品用于交换。周代官府手工业以冶铸青铜器为主,王室或被封诸侯都有自己的青铜冶铸作坊。西周时带釉硬陶比商代有了进一步的发展,釉陶制作盛行并开始冶铁,制作铁器。

（三）商业的发展

商业是社会生产力发展到一定阶段的产物,随着农牧业和手工业的发展,剩余产品大量出现,便开始产生交换。直至商代,手工业和农业已有初步的分工,商业开始萌芽并发展起来。商代的城邑中有专门用于物品交换的市,两边有各类的肆,市肆中有专门屠宰和售卖肉食的商贩。商代遗址中常出土海贝,有学者认为,当时人除用海贝做装饰品外,还可能将其作为交换的媒介。西周时期已经出现一些较大规模的市场,商业达到一定水平。《尚书·酒诰》说殷民"肇牵车牛,远服贾用",当时各地之间互通有无就是依靠这种小商贩。周朝商贾和百官一样,多半隶属于官府和贵族,用贝或一定重量的铜块作为交换媒介。统治者对市场进行干预和控制,禁止市场售卖违背时令的五谷、不熟的果子以及不到捕捉季节的禽兽水产,体现了当时"不时不食"的饮食文化思想。

二、饮食原料

（一）植物性原料

夏商周时期核心农业区基本上在汾涑、济泗、泾渭之间,是后世比较著名的旱作农业区,农业的发展为饮食文化的发展提供了丰富的饮食原料,中华饮食文化随着农业的发展进步而渐趋丰富多样。从甲骨文的记载可以看出,当时粮食作物已五谷齐备,谷类成为夏商周时期先民饮食中的主体粮食作物。北方黄河流域主要种植黏性高、口感好、产量低的黍以及口感差、产量高的稷,故国家被称为"社稷"、农神被尊为"后稷"。南方长江流域则主食稻米,禾成为谷物的共名。

从《诗经》《山海经》中可看出当时蔬菜瓜果种植已颇具规模,产量和品种都非常丰富。夏代种植的蔬菜(如韭和芸(油菜))以及瓜果(如梅、杏、桃、枣等),至今仍是我国栽培的重要农作物。商代开始已有果园和菜园,此时水果具有休闲食品的特征,成为人们茶余饭后的零食而不再是充饥之物。

（二）动物性原料

夏商周时期人们的肉类食物主要源于养殖和渔猎。《夏小正》中记载了夏代牧马、养羊的经验。在二里头文化遗址和龙山文化遗址中也出土了大量的家畜遗骨。殷墟中出土了大量马、牛、羊、犬、鸡、猪、鹿等动物骨骼,可以看出祭祀对肉类数量的需求,仅依赖养殖难以满足人们的饱腹之需,因此当时人们食用的动物性原料除养殖外还需猎捕。猎捕的禽畜类有象、虎、狼、豹、熊、豺、犀、鸽等;水产类有鲤、鳏、鲔、鳍、鲍等;还有乳、卵、范、蚁、蛹等。

（三）调料

夏商周时期出现了包括盐、酒在内的更多的调料,如用梅子、香草、苦果、野蜜等制菜,形成酸、香、苦、甜的味道。《尚书·说命》言:"若作和羹,尔惟盐梅。"商代调料取盐与梅子的咸、酸为主味。商代贵族以梅为酸,用以解腻。至周代便会制醋,有专管皇家制醋的醯人。周代除盐、梅外,还出现了姜、桂、椒等调料,有比较成熟的调味理论,确立了常用的调料品种。《周礼·天官》记载,周王有馐百二十品,配酱百二十瓮。周代贵族几乎每种肴馔都用专有酱品配餐,这种酱指可直接食用的醢醢。

战国时期盐开始有了较大规模的生产。燕、齐两国以海盐著称。《管子》中说:"齐有渠展之盐,燕有辽东之煮。"魏国的河东(今山西运城)有大盐池,生产的池盐非常有名。

三、饮食器具

夏商周时期的伟大成就之一就是由陶器过渡到青铜器,青铜器不仅利于传热、提高烹饪功效,还彰显礼仪。商代青铜制的容器主要有鼎、壶、盘、鬲、爵、觚、斝、尊、瓿、卣、彝、觥等。多数容器主要供贵族饮食、祭祀使用,制作十分讲究,上面有浮雕的花纹,常见的有饕餮纹、云雷纹、凤鸟纹、象纹、虎纹等,但青铜器未完全取代陶器,陶器依旧是大多数人常用的饮食器具。

（一）熟制及盛器

传说自夏代起,天子以九鼎为制,鼎的数目是周代贵族等级的象征。在贵族墓葬中,一般随葬单数鼎,偶数簋。《礼记》《仪礼》记载,鼎大致分为一鼎、三鼎、五鼎、七鼎、九鼎。与鼎相配的簋,形似大碗,有盖和双耳。簋的数量与列鼎相配合,如五鼎配四簋,九鼎配八簋。九鼎八簋为天子之食,为最高规格。平民常用的炊器为陶鬲,用以煮粥,既是炊器也是食器,鬲的容量约一人一餐量,由此可推测当时进食为一人一鬲分餐制。

甗为商代饪食器,中间以箅分隔为上、下两个部分,上部为甑,放置食物,下部为鬲,放置水,如同蒸锅。

豆,形似高脚盘,圆底高足,常以双数出现。到商代,开始有了铜豆。西周时期的铜豆,器形仍类似陶豆,盛食的盘浅腹大口,无盖无耳。《说文解字》云:"豆,古食肉器也。"殷墟出土的陶豆中发现了兽骨。周代不仅用豆盛肉食,也盛菜蔬类。

夏商时期人们以盘盛食,殷墟出土的陶盘内有动物残骨。周代则常以盘盛水,多与匜配套使用。

妇好墓出土的三联甗

（二）酒器

文物考古资料证实,在原始农业时代或已出现酒器。酒以其甘美醇香和富有刺激性的魅力给混沌初开的人们带来了欢乐,从此酒与朝代兴衰息息相关。周代已建立了比较规范的饮酒礼仪,以时、序、数、令四字为度,严格掌握饮酒时间,人们不能随心所欲饮酒。夏商周时期也是我国酒礼最复杂、酒与政治结合最为紧密的时期。正因为夏商周时期酒礼最受重视,酒器发展也最为迅速。在夏商周时期出土的青铜器之中,酒器种类和数量繁多,尤以殷商时期最多,这与当时统治者嗜酒之风有密切关系。酒器以用途而分,盛酒器主要有尊、觚、彝、罍、瓿、斝、卣、壶等;饮酒器主要有爵、角、觚、觯等;温酒器主要有斝、盉等。在殷墟妇好墓中出土的近两百件礼器中,酒器占全部青铜礼器的百分之七十,由此可见商代贵族崇饮好酒真实存在。

（三）刀具

在夏商周时期,出现了轻薄锋利的青铜刀具,青铜刀具开始在烹饪上得到应用。青铜刀具造价较高,并没有普及,所以石质刀具、骨刀、蚌刀还在大量使用,此时的烹饪刀具,仅用于分割兽体、切块,普遍不做更为精细的刀工操作。

素面爵（商代酒器）

商代酒器

四、饮食方式

（一）进食方式及饮食制度

夏商周时期人们的主要进食方式是抓食。商代铜器铭文中有一个"飨"字，其形象为二人跪地对食，其中一人正伸手抓取盘中食物。与抓食并行的是用餐具辅助进食，目前考古出土的商代进食餐具主要有匕、勺、箸等。匕的形式多样，有骨匕、角匕、铜匕、玉匕等，基本形状类似于现代餐匙，是使用最为普遍的一种餐具。勺是挹酒舀汤的餐具，多用于饮酒场合。箸即筷子，在殷墟的一座墓葬中出土过三双铜箸，是迄今为止发现的最早的铜箸。这种铜箸装有长形木柄，应是烹调用具，属于大箸，不直接用来进食。

因周代奴隶主贵族将饮食归为礼仪的一个重要组成部分，故食礼颇受重视。礼就是要标明等级，使各等之人按适合自己的礼数去行动、生活，周代对等级之别有严格的规定。《礼记·礼运》曰，"夫礼之初，始诸饮食"，体现了食礼在诸礼中的本源性地位。饮食礼乐的倡明，有利于约束、调整人们的饮食心态与行为。如《礼仪·内则》将饮食分为饭、膳、羞、饮四个部分，这四个部分，简而言之，就是饭（主食）菜（副食）和汤饮。《周礼·天官》所记"膳夫"的职责为"掌王之食、饮、膳、羞，以养王及后、世子，凡王之馈，食用六谷，膳用六牲，饮用六清，羞用百有二十品，珍用八物"。

（二）宴饮制度

相传夏代筵宴已有场面宏大、表演性强且编排有序的宴乐宴舞，但缺乏史料考证。《礼记》言："夏道尊命，殷人尊神，周人尊礼。"中国筵宴最初源于祭祀聚餐，商代筵宴一般称为"飨"，王所飨的对象主要是皇亲国戚、重臣武将、诸侯等。其目的为对内拉拢感情，"饮食可飨，和同可观"；对外亲和交好，彰显威仪气派。

周代由于生产力的发展，食物原料日渐丰富，筵宴名目也涉及国家政事和民间生活往来的各个方面，此时筵宴的祭祀色彩淡化，礼仪内容规定详细严格。如"乡饮酒"之礼，三年大比，按学生德行选贤能者推举入朝。在正月推举之时，乡里大夫以主人身份与选中者以礼饮酒后荐之，整个乡饮酒过程大约分为二十七个步骤进行。

（三）周代八珍及南北风味的雏形

"周代八珍"是周代专为天子精心烹制的八种珍食，又名"珍用八物"。《礼记·内则》中完整地保存了其烹调方法，是古代典籍中所能查询到的最古老的菜谱。它由二饭六菜组成，一为淳熬，即将肉酱煎熬熟后浇在稻米饭上，拌入提炼好的油脂。二为淳母，做法类似淳熬，将肉酱拌入黍饭中。三为炮豚，即煨烤炸炖乳猪。取乳猪挖掉内脏，用红枣填满肚子，外面用芦苇包裹，涂上黏土放在炭火上烤。外壳烧焦后，用湿手抹去表皮的灰膜，用米粉调糊敷在皮上，放油锅炸至金黄，取出切长条，配好香料。放入鼎中，把鼎放在大锅里炖，大锅的水不要满到鼎边上，用文火炖三天三夜，最后用酱、醋调味来吃,烦琐的工序非平民所食。四为炮豚,即煨烤炸炖母羔。五为捣珍,即合烧牛、羊、鹿里脊。六为渍,即新鲜牛羊肉切薄片,用酒腌渍一夜后次日食用。七为熬,即类似五香牛肉干。八为肝膋,用狗的网油包狗肝烧烤。

"八珍"代表了北方黄河流域的饮食风味,主食多为黍、粟,肉食多为牛、羊、猪、狗之类。《楚辞》中《招魂》《大招》记载,南方主食多为稻米,肉食多为鹅、鸭、甲鱼、青鱼等水产类,还出现了甜品点心和饮料。南北饮食的不同风格已初现雏形。

五、烹饪技艺

(一)烹饪原料的合理利用

夏商周时期人们经过长期的饮食生活实践已总结出许多烹饪原料的使用经验和规律。五谷为养、五果为助、五畜为益、五菜为充。《礼记·曲礼》记载,宗庙祭祀的选材,牛要大蹄子壮牛,猪要硬鬃肥猪,羊要羊毛细密柔软,鸡要鸣声洪亮,鲜鱼鱼身要直挺,酒要清澈不可混浊。《礼记·内则》记载了加工原料的经验,如肉去骨剥皮,兔去尾,狗去肾,狼去肠,鱼去鳞及内脏,枣去灰,桃去毛等。

(二)刀工技术

刀工就是根据烹调或食用要求,运用不同刀法,将食物原料切成一定形状的过程。根据殷墟中出土的薄铜刀,人们猜测当时已有技艺精湛的刀工大师。《庄子·养生主》记载:"庖丁为文惠君解牛,手之所触,肩之所倚,足之所履,膝之所踦,砉然向然,奏刀騞然,莫不中音。"《管子·制分》云:"屠牛坦朝解九牛,而刀可以莫铁,则刃游间也。故天道不行,屈不足;从人事荒乱,以十破百;器备不行,以半击倍。"此类记载可证先秦时代中华烹饪在割解技艺上的至高境地。

(三)烹调方法

新石器时代,由于受制于自然条件和工艺水平,人们的主要烹饪方式为蒸、煮、烤、炙、脍等较为原始、简单的烹饪方式。到夏商周时期中国进入奴隶社会,随着生产力的快速发展,青铜器出现并配以丰富的烹饪原料,人们能更好地运用烘、煨、烤、烧、煮、蒸、脍、炙、脯(风干)等烹饪手法。在青铜器发展进入鼎盛期的周代还出现了炸、炒、腊之类崭新的烹饪方法。

《诗经·小雅·瓠叶》描述人们宴请宾客的场景,文中描述了亨、炮、燔、炙等多种烹饪方式。"亨"即煮;"炮"是指将带毛的动物裹上泥放在火上烧;"燔"是指用火烤熟;"炙"是指将肉类在火上熏烤至熟。《诗经·小雅·六月》记述的是西周周宣王时期尹吉甫北伐猃狁的诗歌。诗歌最后一句"饮御诸友,炰鳖脍鲤",则描述了"炰"和"脍"两种烹饪方法。其中"炰"是指蒸煮,"脍"即切生鱼片,"脍鲤"是指将鲤鱼切成细条的生鱼片。

(四)五味调和

七种单一味型在夏商周时代只缺一味"辣"。《吕氏春秋·本味》中记载:"夫三群之虫,水居者腥,肉玃者臊,草食者膻。臭恶犹美,皆有所以。凡味之本,水最为始。五味三材,九沸九变,火为之纪。时疾时徐,灭腥去臊除膻,必以其胜,无失其理。调和之事,必以甘、酸、苦、辛、咸。先后多少,其齐甚微,皆有自起。鼎中之变,精妙微纤,口弗能言,志弗能喻。若射御之微,阴阳之化,四时之数。"五位调和讲究的是度,各味之间要把握好分寸,不可有失偏颇。不止调味佐料要和,水与火、主料与辅料之间都要讲究和。五味调和的理论基础源于中国古典哲学中的"五行学说",其实质为持中、协调、适度与节制。五行之间互相为用,相生相克,以此形成宇宙万物的生长与消亡。五味调和是中国传统饮食制作技艺的最高要求,是烹饪美学品鉴的最高境界,突出了中国烹饪的本质。要做到五味调和,需要各种调料互相配合,以味为魂,求味之和,使用时根据食材的特点,弥补食材的不足或欠缺,调剂其不平的味道,以达到和谐适中,最后令食者心满意足。五味调和不仅超越了烹调范畴,达到养生境界,也是中国儒家思想"中庸"在烹饪上的体现。

六、烹饪名家、饮食思想

(一)烹饪名家

殷商开国之相伊尹,名挚,辅佐商汤,立为三公,号阿衡,是我国最早的烹饪家和创制中药汤液的始祖。《四书五经》中记载:伊尹以味说汤,致于王道。伊尹幼年时,由庖人抚养长大,使他得到学习烹饪技术的机会,为之后成为烹饪大师奠定了基础。他聪颖勤奋,虽耕于有莘国之野,但却乐尧舜之道。长大成人后,伊尹作为有莘氏女儿的陪嫁奴隶到汤王身边辅佐。《史记·殷本纪第三》言"伊尹名阿衡。阿衡欲干汤而无由,乃为有莘氏媵臣,负鼎俎,以滋味说汤,致于王道。"他背着锅和砧板见成汤王,用烹调之术,劝说成汤王实行王道。他说只有掌握了娴熟的技巧,才能使菜肴久而不败,熟而不烂,甜而不过,酸而不烈,咸而不涩苦,辛而不刺激,淡而不寡味,肥而不腻口。强调美味好比仁义之道,国君首先要知道仁即天下的大道,有仁义便可顺天命成为天子。天子行仁义之道以化天下,太平盛世自然就会出现。

伊尹是司马迁在《史记》中记载的我国历史上第一位以贤德著称的名相、帝师。他由烹调美味引申出治理天下的道理,广纳贤才,以仁义治天下,是提出"五味调和"学说的第一人。司马迁在《史记》中多次提到伊尹,言简意赅地勾勒出了伊尹的贤明和帝师形象,历史上遵伊尹为"元圣"。

(二)养生食疗

《礼记·内则》中提出:"凡食齐视春时,羹齐视夏时,酱齐视秋时,饮齐视冬时。凡和,春多酸,夏多苦,秋多辛,冬多咸,调以滑甘。"即饭要温吃,肉要热吃,酱要凉吃,饮料要冷饮,春季多食酸味,夏季多食苦味,秋季多食辛味,冬季重食咸味,每种味道要配入华润甘美的食物以适应肠胃,表明当时的饮食生活已经建立在相对科学的基础上。西周王室在宫廷内专设"食医",负责为天子调剂饮食,研究饮食保健。

《周礼》记载,"以五味、五谷、五药养其病"。《神农本草经》所列 365 种药中一半以上既是药物也是食物。

任务三 秦汉唐时期的中国饮食文化

任务描述

从秦代至唐代,在历经千年的封建文明社会发展时期,中国饮食文化承上启下,伴随着封建王朝盛衰更替,在起伏中不断发展前行。随着生产技术的发展,铁器逐渐取代青铜器;对外贸易与交流,使得烹饪原料进一步丰富;多民族的统一,使得烹饪技艺融汇提升,为中国烹饪饮食文化走向成熟开辟了道路。

任务目标

1. 了解秦汉唐时期饮食文化发展的社会背景。
2. 知晓秦汉唐时期的饮食原料。
3. 掌握秦汉唐时期的饮食方式及烹饪技艺。
4. 了解秦汉唐时期的饮食思想。

一、社会背景

公元前 221 年,秦国灭六国,一统天下,正式终结自春秋战国以来封建诸侯分裂割据五百多年的局面,建立了中国历史上第一个多民族共融、以咸阳为首都的幅员辽阔的中央集权制国家,秦王嬴政称帝,树立绝对皇权。秦始皇的事业,是在残酷剥削压迫人民的条件下完成的,具有急政暴虐的特色。其子胡亥即位,不到一年,陈胜、吴广农民起义暴发,天下响应,刘邦、项羽起兵抗秦,公元前 207 年,秦亡。统一却短命的秦朝,随即被西汉王朝所取代。汉代在历经四百余年的长治久安后进入魏晋南北朝分裂割据期,直至公元 589 年,隋文帝杨坚再次统一全国。其子杨广继位至公元 618 年,隋亡。取而代之的唐代同样实现了长治久安,把统治延续了近三百年之久。

(一)重农抑商

重农抑商是中国历代封建王朝最基本的经济指导思想,其主张是重视农业、以农为本,限制工商业的发展。中国是农业大国,国家以农立国,以农为本,粮食的供给量直接影响着社会的稳定。西汉时期,随着社会经济的发展,商人势力蒸蒸日上,西汉王朝统治者继承秦代重农抑商政策,大兴水利,鼓励农业。在中原引进水稻种植技术,普及牛耕,扩大耕地面积等一系列措施,使全国上下官仓谷物充盈。最晚到两汉之际,我国出现了水碓,它在谷物加工方面的功效比用足碓高十倍以上,比杵臼高百倍。生产工具和生产技术的改进,使农产品的亩产量显著提高。

唐朝统治者重视兴修水利和管理灌溉设施,改进农具,使粮食总产量和人均粮食产量大大提高。唐朝稳定的政局和对外开放的环境使商业发展开始崭露头角,重农抑商的政策开始出现转折。

(二)冶铁等技术的发展

春秋战国时期开始出现铁器,到汉代,伴随冶金技术的不断发展,铁器逐渐取代青铜器的地位。在西汉时期的手工业中,冶铁业占有重要地位。"淬火法"已开始应用,大大提高了铁器的坚韧和锋利程度。东汉初年,杜诗在产铁地南阳任太守,他推广水力鼓风设备——水排,用力少,见功多,是冶铁技术史上的一项重大改革。汉代冶炼设备齐全,采用的韧性铸铁、脱碳钢、炒钢和叠铸等技术,处于当时世界领先水平。考古学家在河南南阳瓦房庄发掘出一口直径 2 m 的大铁锅,证明当时冶铁铸造技术已经很先进。由于铁比铜的价格便宜,传热快又耐烧,因此铁质锅釜逐步由军用转民用,开始进入百姓家庭,铁锅烹饪也一直沿用至今。

在秦汉时期,除了冶金技术的提升外,制陶工艺也相当高明。到隋唐时期,还出现了唐三彩、唐五彩等彩釉陶器,进而发展出瓷器。瓷器取料方便,造价低廉,易于大批量生产,且耐酸、耐碱、耐高温,同时又没有铜铁器和漆器的毒性,因此瓷器开始作为饮食器具被普遍使用。唐代瓷器制作技术进步很大,如洪州的名瓷酒器和茶具受到人们的广泛欢迎。

(三)经济发展

秦汉以来,统治者为便于对全国各地的管辖统治,十分重视交通道路建设。从秦汉至隋唐时期,陆路筑驰道、水路修运河,在客观上促进了经济的繁荣。在这一时期,相对稳定的社会有利于农业和手工业的进一步发展。人口增多,都市扩大,商业开始兴起,酒楼饭店也日益兴旺。城市商贸交易发达,从《史记》中可以看出,"通邑大都"的一般店家已是"酤一岁千酿,醯酱千瓨,浆千儋,屠牛羊彘千皮"。在农业生产力提高的基础上,社会分工进一步扩大,私人手工业、商业都有巨大的发展。

东晋南北朝时期的建康和北魏的洛阳,是当时极具盛名的南北两大商市;唐代长安设东、西市,有一百二十个行业。长安、扬州、汴州等大城市还出现了"烟笼寒水月笼沙,夜泊秦淮近酒家"的景象。

（四）文化交流

秦汉时期中外文化交流进入初步发展阶段。相传秦始皇曾派徐福出海求长生不老之药。《史记》记载："齐人徐市等上书，言海中有三神山，名曰蓬莱、方丈、瀛洲，仙人居之。"两汉时期，汉武帝为联络大月氏等共同用武力夹击匈奴，派遣张骞出使西域，结果意外开辟了一条中外往来与经济文化交流的陆上丝绸之路。从此，这条道路把中华文化、印度文化、阿拉伯文化和波斯文化等连接起来。中国的丝绸、蚕种、火药、造纸术等，通过这条道路传播到中亚、西亚、欧洲，印度文化、伊斯兰文化等则沿着这条道路传入中国。在丝绸之路稳步发展的同时，对外交流的海道也伴随着秦汉时期造船高峰的到来而日渐延伸，最终形成覆盖面更大的海上丝绸之路。

隋唐时期对外交流更为频繁，洛阳、长安、扬州等地都是重要的国际贸易往来城市。尤其是经济繁荣、开放自信、辉煌灿烂的唐代，是当时世界上少有的，也是中国古代空前的文明盛世。其自身经济的繁荣和文化的昌盛吸引着世界的目光，兼容并包的政策又加速外来文化的融入。

隋唐时期茶酒文化繁荣，不少外商在长安西市开设酒店，史称"酒家胡"。酒店的侍者多为域外女子，称为"胡姬"。充满异域风情的胡姬酒肆备受文人雅士的青睐，成为雅集聚会的必去之处，为当时的餐饮服务行业发展提供了生机。

二、饮食原料

（一）烹饪原料的丰富

秦汉以来，随着生产力的不断发展，人们的饮食水平也相应提高，出现了许多新的烹饪原料。《盐铁论》记载，汉代已掌握了温室培育技术，冬天也可食温室蔬菜。两汉时期，通过丝绸之路的文化经济交流，引入中原的有黄瓜（胡瓜）、大蒜（胡蒜）、芫荽（胡荽）、芝麻（胡麻）、核桃（胡桃）、葱（胡葱）、石榴（安石榴）、无花果（阿驵）、蚕豆、豌豆、豇豆（胡豆）、葡萄（蒲桃）、苜蓿（木粟）、茉莉（末利）、槟榔、阳桃（五敛子）、柰（绵苹果）等烹饪原料。

朱熹诗曰："种豆豆苗稀，力竭心已腐，早知淮南术，安坐获泉布。"考古学家在河南密县（新密）打虎亭东汉一号墓"庖厨图"画像石中发现了豆腐的制作工艺流程图，专家认定有浸豆、磨豆、滤浆、点卤、压榨等画面。相传汉代淮南王刘安发明的豆腐，改变了中国既有的农作物结构，丰富了整个人类的饮食。豆制品作为副食也丰富了传统菜肴的花色和品种，豆腐、豆豉、豆浆、豆酱等至今仍被人们食用。

这一时期的调料也较为丰富，出现了豉和蔗糖。东汉《异物志》记载，岭南人以甘蔗汁制冰糖，"煎而曝之，既凝而冰，破如砖，其食之入口消释，时人谓之石蜜者也"。唐太宗派遣使臣到西域摩揭陀国学习熬糖法，使臣学成回国后用扬州进贡的甘蔗制糖，其颜色、味道比摩揭陀国所产的还要好，称为砂糖。唐大历年间有个从印度来的僧人邹和尚，教蜀中遂宁一带的人们制作绵白糖。

隋唐时期航海业的发展壮大，可食用的海味品种增多，如海蟹、海蜇、海镜、蚝肉、玳瑁、乌贼、比目鱼、石花菜等。

（二）植物油的使用

两汉以后"上言麻膏，下言麻油，膏油互用"，在烹饪中植物油逐渐取代了动物脂肪。《释名·释饮食》记载："柰油，捣柰实和以涂缯上，燥而发之，形似油也。柰油亦如之。"《齐民要术》记载，魏晋南北朝时期，以胡麻、大麻、芜菁等的籽实压油。《三国志·魏志》记载，当时已用"麻油"烹饪菜肴，后有豆油、苏油，麻油是最早的素用食油。唐代还有专门走街串巷的卖油人。原产于中国可用于榨油的作物有大豆、大麻、杏仁、核桃、南瓜子等。植物油的出现，使得油煎爆炒烹饪名品大增。

三、饮食器具

(一)炉灶的发展

在汉初,列鼎而食的习俗逐渐消失后,人们开始在地面上用砖或泥砌制炉灶,较之前在地面上挖成灶穴的土灶进步许多。汉魏时期炉灶有盆式、杯式、鼎式等造型,种类丰富,以长方形连眼台灶居多,由垂直向上烟筒变为曲长烟道。南方炉灶多呈船形,北方炉灶则在灶门上砌直墙或坡墙作为灶额,灶额高于灶台。到南北朝时期,民族融合加强,南方炉灶上也出现挡火墙。南北朝时期出现了可以烤制食物的烤炉,唐代出现了专门烹茶的"风炉"。

汉代画像砖

(二)烹饪器具

在秦汉时期,铁釜、铁叉、铁勺等炊具已被人们广泛使用。我国炊具的发展从陶器时代、铜器时代进入铁器时代。铁制刀具比铜制刀具更锋利耐磨,有利于厨师改进刀工技艺,使菜型更为丰富美观。汉代锅釜类开始向小巧型发展,到三国时期,出现"五熟釜",釜内分五档,可同时煮五种食物。唐代还有用石头磨制的"烧石器"以及专烧木炭的炭锅等较为奇特的炊具。西晋时期蒸笼被发明出来并得到普及,中国的面点技术也随之发生相应变化。铁锅、菜刀、笼屉作为烹饪文化的象征物沿用至今。两汉以前最重要的菜肴是羹。菜肴加工方式主要是水煮、油炸、火烤、腌制等,烹饪器具也以陶器、铜器为主。随着铁制烹饪器具的普及,炒菜开始出现。炒菜的出现在中国烹饪学上具有重要意义,炒菜所需的刀工技艺、菜品搭配、五味调和、火候掌握等,使烹饪逐渐变成具有特殊技艺要求的行业。

(三)盛器的提升

商周时期使用的青铜器在这一时期开始逐渐退出贵族筵宴舞台,取而代之的是木制漆器食具,百姓则用陶器。两汉以后,人们发现漆具既不耐用也不卫生,制作成本高、价格昂贵,一般百姓用不起,因此漆器并未普及。至魏晋南北朝时期,制瓷业开始兴起,唐代步入繁荣阶段。瓷制器具成本低、干净美观、盛放食物安全无毒等优点,因此在唐代,上至贵族、下至百姓皆用瓷制食器。

汉代漆器 1

汉代漆器 2

进入唐代,缓慢发展千年的金银器在上层社会得到普及。统治者以使用金银器追求长生不老,既满足骄奢淫逸的生活又满足万岁千秋的心理。唐代长安设颇具规模的官办金银作坊院,以徭役形式征调技艺熟练的工匠制作大量精美的金银器具。唐代出土的金银制品以饮食用具为多,主要有盘、碗、碟、杯、盆、壶、罐、盒、茶托等,外形极为美观,制作工艺也极为细致讲究。

隋唐时期的饮食器具除名贵的金银器和瓷器外,还有玉石、玛瑙和玻璃。如王翰《凉州词》"葡萄美酒夜光杯,欲饮琵琶马上催"中的夜光杯,《杨太真外传》唱词中杨贵妃所持的玻璃七宝杯,皆可看出当时西域传来的商品对唐代饮食生活的影响。

四、饮食方式

(一)食制与饮食礼仪

先秦时期人们一般一日两餐,早餐称为饔,晚餐称为飧或者哺。到汉代,统治阶级的饮食由一日两餐变为诸侯一日三餐,皇帝一日四餐。百姓基本维持一日两餐,早上加食"寒具"(油炸类小食品)。

这一时期没有桌椅,人们吃饭时席地而坐,食者面前摆一低矮食案,自用餐具、食物置于案上。笨重粗大的食器另置席外,以供大家取用。座次以东向为尊,贵族一般铺有筵席。筵与席由芦苇、竹篾编织而成,筵大席小,筵粗铺于地面,席设在筵上。天子用五重席,诸侯三重席,大夫两重席,食物置于筵席之间。此时仍旧维持分餐制,不止穷人箪食瓢饮,贵族宴会也各自饮食互不干扰。

秦汉时期饮食等级制度已没有周代森严,但饮食依旧按照人的地位分为若干等级,只有统治阶级才能经常食肉,平民百姓常食黍蔬。在进食过程中还需遵循"共食不饱,共饭不泽手"等一系列烦琐礼节,社会不同阶层的人都必须遵照礼的规定去从事饮食活动,以保证上下有礼,贵贱不相逾。

西晋后期,伴随西域少数民族融入中原,胡人的胡具胡风开始影响着中原饮食进餐文化。从五代时期《韩熙载夜宴图》中可以看出,当时人们已完全摆脱席地而食的习俗,室内陈设有各种桌、椅、大床和屏风等家具。随着高桌大椅的出现,人们开始围桌而食,分餐制也开始向合餐制过渡。在敦煌壁画中可见,唐代宴饮时,食者围长桌、面向合食,但饮食餐具仍是一人一份。合食氛围象征着团结祥和,在这一历史时期,合餐制逐渐代替分餐制的饮食礼节,饮食方式发生了根本性变化。

《韩熙载夜宴图》局部

(二)风味流派

秦统一中国后,各地域之间融合加强,风味流派也逐渐分明。张华在《博物志》中说:"东南之人食水产,西北之人食陆畜。"不同地域的食俗主要取决于当地作物产出、气候、民俗传统和经济发展情况。如楚人喜食奇珍异味,不善于制羹,中原地区却讲究"割不正不食",重视制羹。南方名品以米食居多;北方名品以面食居多。口味上南方多酸甜,北方多咸鲜。

(三)宴饮雅集

汉初经济发达,汉人饮食也较之前侈靡。《管子·侈靡》提出"莫善于侈靡"的消费理念,提倡"上侈而下靡"。无论王侯贵族还是平民百姓,皆常设宴饮,贵族宴饮还配以乐舞百戏来彰显贵族风范,宴飨在汉代成为一种风气。

魏晋时期,宴会大行"文酒之风"。如王羲之的曲水流觞、竹林七贤畅饮山林等,不仅推动了宴会的发展,对文人饮食流派的形成和发展也产生了一定影响。南北朝时期宴会名目增多,目的性较强,如祀天、敬祖、登高、秋游、省亲、团圆等,促使宴会主题多元化发展。

唐代盛世也使宴会发展到新的阶段,公卿会宾宴饮穷奢极欲,文人聚饮之风愈来愈盛。如高官得中或士子登第的"烧尾宴"比前代同类型宴会更为奢侈。《清异录》记载了唐中宗时期韦巨源官拜尚书令,上奉唐中宗的烧尾宴食单,包括分装蒸腊熊、七返膏、生进二十四气馄饨、冷蟾儿羹等,仅摘录部分就有50多种。文人宴会则注重情趣场所,在宴饮过程中配以对弈、抚琴或泛舟赋诗、歌妓邀舞。

五、烹饪技艺

(一)菜肴技法提升

秦汉时期出现了红白案和炉案的分工,日趋精密的厨膳劳动分工使烹饪技艺进一步提高。《淮南子》记载:"今屠牛而烹其肉,或以为酸,或以为甘,煎熬燎炙,齐味万方,其本一牛之体。"由此可见当时已达到能用同一种原料以不同烹饪技法做出不同口味菜肴的烹饪水平。汉代面点技术也不断提高,出现了面条、饺子及发酵面制品。粮食类制品出现了粽子、胡饭等。在南北朝时期,人们开始有意识地使用色素提升食品的美感。隋唐时期开始出现凉菜及拼盘,如"辋川小样"大型风景拼盘。

(二)主食烹制丰富

中华民族的饮食习惯历来以五谷为主,辅以肉类和蔬菜。秦汉时期主食的制作方式十分丰富,主食品种主要有饭、饼、饵、粥,同时也出现了点心类食品。当代常见的烤烙、蒸、煮、炸四种制饼方法在隋唐时期均已出现。唐代主食以饼居多,如胡饼、蒸饼等。唐朝皇帝曾以胡饼赐予外宾,视为上等美味。唐人在盛夏时节常食"冷面"。饭类有胡饭、乌米饭以及添加各种辅料的什锦饭。胡饭类似现在的煎饼,将瓜菹(一种腌菜)切成长条,再与烤熟的肥肉一起卷入饼中,卷紧后切成二寸长段,吃时蘸以醋芹,味道远胜传统蒸饼。唐代点心中还出现了豆沙。

六、饮食思想、理论与著作

(一)烹饪名家思想

秦汉唐时期烹饪名家不同于先秦时柔和政治哲学观念的烹饪名家,这一时期的烹饪名家因精于烹饪而被记载。如汉成帝时期因能说善办而被五侯赏识的娄护,为能同食五侯所赠奇珍异膳而发明五侯鲭,被视为杂烩技法的发明者;北魏刘白堕因酿酒香美而闻名;崔浩之母口授崔浩烹饪之法而传世《食经》;陆羽精于茶事著《茶经》等。

饮食保健理论在这一时期有很大的提升,随着医药学的发展,药膳也逐步发展起来。药膳发展到隋唐时期已经达到相当高的水平,如唐代名医王焘的食疗方剂至今仍是药膳常用方剂。

(二)烹饪理论著作

烹饪典籍的出现是两汉时期饮食文化发展的重要特征。有资料统计,从魏晋南北朝到隋唐五代时期出现的烹饪专著有50余种。《四时食制》《食经》《食次》等已部分失传,完整保留的有《饼赋》《四民月令》《茶经》等。

北魏贾思勰所著《齐民要术》是我国现存最古老的农学著作,其中涉及饮食方面的内容记载了近三十种食物的加工和烹饪,包括酿酒、制酱、制醋、豉法、腌藏、果品加工、炙法、饼法等烹饪之术。晋代张华删订的《博物志》中关于饮食烹饪的内容主要反映在饮食习俗和食物宜忌等方面,是对人们饮食经验的总结,具有十分重要的意义。

东汉张仲景所著《金匮要略》中对饮食禁忌的阐述,为饮食卫生指明了方向。唐代孙思邈的《千金食治》所阐发的食治重于药治的思想对我国食疗养生学的发展有深远影响。五代时期陶穀撰写的《清异录》中与饮食相关的内容较多,同时还提供了中外饮食文化交流的史实。

《隋书·经籍志》《唐书·艺文志》记载,这一时期的食经类著作大约有十七种、二百四十二卷之多。

任务四　宋元明清时期的中国饮食文化

任务描述

宋元明清时期封建社会发展步入中晚期。近千年的饮食文化发展使传统烹饪文化在各方面都日臻完善,中国烹饪文化走向成熟阶段。在这一历史进程中,社会动荡不安,内乱外扰不断,经济文化重心历经三次南移。北人南迁后,北方饮食文化与南方饮食文化碰撞融合,促使烹饪技艺更加进步,在中国烹饪发展史上起到承前启后的作用。

任务目标

1. 了解宋元明清时期饮食文化发展的社会背景。
2. 知晓宋元明清时期的饮食原料。
3. 掌握宋元明清时期的饮食方式及烹饪技艺。
4. 了解宋元明清时期的饮食思想。

任务实施

一、社会背景

宋辽金元时期,北方历经战乱,大量北人开始南迁,江南地区得到开发,长江流域的人口迅速增长,南方人口数开始超过北方。在这一历史时期,古代经济重心南移完成,国家从分裂割据、若干政权并立,到民族融合进一步加强,逐步走向统一。

明清时期,封建制度日渐衰落,君主专制达到了顶峰。明代资本主义萌芽已经出现并缓慢发展,封建经济基础受到冲击。明清时期也是中国社会转型的重要时期,中国与西方的近代化差距愈拉愈大,甚至渐趋衰颓、老态尽显。清朝对外政策开始趋向闭关锁国,最终不敌西方列强的坚船利炮,被迫打开国门,沦为半殖民地半封建国家。

（一）农业生产技术的提升

宋元时期,人口数量增多,农业生产技术水平逐渐提高。人类征服和改造自然的能力增强,开始与水和山争地,扩大耕地面积,创造出梯田、圩田、架田等土地利用形式,出现了江北种粟、麦、黍、豆,江南种粳稻、籼稻的错综格局,同时引进越南占城稻和朝鲜黄粒稻等优良品种,使农作物优质化、多元化。明代中叶,农业水平进一步提高,闽浙地区出现双季稻,岭南地区出现三季稻。同时期郑和多次下西洋,从美洲引进了红薯、玉米等农作物。高产农作物的引进种植,有效缓解了人口快速增长带来的食物供给问题。清代康乾盛世时期,关中有些地区农作物可达一年"三收",即使清末遭受列强侵略,农业生产的总体水平和主要格局也没有发生根本动摇,农业生产仍旧是国民经济的主项。

（二）手工业及制造业的发达

两宋时期手工业生产模式在隋唐的基础上继续发展，官办手工业部门分工越来越细，手工业组织也越来越大，北宋时期中央设有少府监、将作监、军器监、都水监等。许多手工业工人已经成为专业的工人，如"机户"。作坊的数量也远远大于唐代，在一些作坊中，已经出现了简单的协作关系，除了家内的劳动力外，还采用了一些其他劳动力，即"雇工"。

宋代的手工业经济中，由于农业生产对各种铁制农具的需要，矿冶业占有重要地位。北宋后期，煤开始被大量开采，当时开封一带居民已将煤用于烹饪活动中。

宋元明清时期是中国瓷器的繁荣与鼎盛期，瓷窑遍布全国，无论是在产品工艺方面，还是在釉色造型方面都有巨大的创新。著名的景德镇瓷器名扬四海，伴随着泉州、福州等地造船业的发展，大批瓷器远销海外。

（三）社会经济的发展

北宋时期刚结束五代十国的动乱，统治者注重休养生息，经济开始逐步复苏。宋元时期商业繁荣，突破"坊""市"的界限，城内不再分市坊，各行各业遍布街面，大街小巷分布着店铺和作坊。城市格局和城郭限制的打破，是政治、军事城市向经济、商品都市转化的重要标志。商业活动不再受时间和地点的限制，当时的人们有一定的经营理念和经营手段。商品货币经济发展达到空前水平，出现了最早的纸币"交子"。从《清明上河图》中可以看出，宋代饮食服务行业相对发达，娱乐活动商业化，出现了瓦肆。《东京梦华录》记载，汴梁（今河南开封）的饮食"正店"（大酒楼）有七十二家，其余的"脚店"（小酒馆）则不计其数。"其正酒店户，见脚店三两次打酒，便敢借与三五百两银器"。这一方面说明脚店的经营收入不错，另一方面也说明正店之奢华。当时南宋临安城的繁华程度已超过北宋时富甲天下的东京汴梁（开封）。

明清时期封建制度渐趋衰落，商业活动异常活跃，明代中后期出现的资本主义萌芽开始瓦解自然经济。康乾盛世恢复了明代后期经济的繁盛，对外贸易也更加频繁，至清代嘉庆时期以前，中国在国际贸易交流中始终保持领先地位。

二、饮食原料

（一）外域原料的引进

《农政全书》记载，当时从外域引进中国的烹饪原料，如花生、烟草、向日葵等经济作物，以及辣椒、番茄、南瓜、番薯、玉米、马铃薯、四季豆、菜豆、西葫芦、佛手瓜、腰果、番石榴、番荔枝、番木瓜等果蔬，总计多达百种。原产于秘鲁的辣椒在明代传入中国，最初只作观赏用，直至清乾隆年间，贵州和湖南等地居民开始食用。辣椒的引进不只增加了一种调料，改变了传统饮食中有辛而无辣的五味结构，还影响了云、贵、川、湘等地的食风。

（二）茶

宋代传承唐代余韵，茶的种植、采制和引用都达到了新的高峰。茶学在宋代愈加充实，茶道也逐渐完善。宋代吴自牧在《梦粱录》中言："盖人家每日不可阙者，柴米油盐酱醋茶。"元代杂剧中多以"柴米油盐酱醋茶"七字初入诗。由此可见，宋人饮茶的风气更胜从前，饮茶成为人们日常生活中不可或缺的一部分。宋代茶叶生产水平较前提高，出现"炒青"技术，茶叶种类也颇为丰富。直至明清时期，饮茶之风经久不衰，新的茶品不断问世，饮茶方法也发生改变，如将煎茶改为泡茶，促进了饮茶的普及。

三、饮食器具

（一）灶具进步发展

宋代出现了可以自由移动的镣炉，其外镶木架，通风性能好，燃烧充分，火力旺盛，是当时较为先进的烹调炊具。元代宫廷太医忽思慧在《饮膳正要·柳蒸羊》中记载了一种用石头砌成的地炉,用时先将石头烧热至红,再将烹饪原料投入烘烤。书中还提到"铁烙""石头锅"等烹饪器具。明代以后,炊具的成品质量有很大的提高,如广东、陕西生产的铁锅成为当时享誉全国的优质产品。清代之后,锅的种类增多且使用得到普及,烤炉也细分为焖炉和明炉。

(二)盛器更加丰富和精美

美食与美器的完美结合是中国烹饪对盛器的要求,盛器随着烹饪技术的不断发展而日趋完善。唐人重酒,宋人重食。自宋元时期开始,瓷质餐具占绝对优势,器具更加雅致优美,布局精巧。《明史》记载,"膳食器皿三十万七千有奇,南工部造;金龙凤白瓷诸器,饶州造;朱红膳盒诸器,营膳所造"。清代食具中,仍以瓷器为主流,除白瓷、青瓷外,还有多姿多彩的珐琅瓷和五彩瓷。

四、饮食方式

(一)饮食消费的繁荣

社会经济的发展,为这一时期中国烹饪文化的成熟打下了坚实的基础。两宋时期都市食肆迅猛发展,汴京等大都市酒楼、饭馆星罗棋布,食摊小贩沿街叫卖,饮食活动不分昼夜,通宵达旦。酒楼茶肆种类很多,等级齐全,分高低贵贱档次为客服务,有专卖酒的,有酒食兼营的,有卖各种海味、果品醒酒小食者,还有吹弹卖唱者。小贩可直接进入酒楼饭馆叫卖,一些街坊妇人可进酒店为酒客斟酒换汤,还有市民进入酒店帮客买酒菜、跑腿伺候富家子弟。除茶楼酒店外,还有不卖酒的专营饮食店,如羹店、馄饨店、饼店等。都市饮食市场的繁华为饮食文化的推广提供了重要条件,饮食业者为追求利益,会千方百计满足食者的需求,当时南宋临安市场可供应宫廷菜肴五十余种,南北名菜两百余种,风味小吃三百余种,其中"宋五嫂鱼羹""曹婆婆肉饼""梅家鹅鸭"等闻名全国。

进入元明清时代,"回族饮食""女真食馔"等民族饮食开始大量出现在饮食市场。明代皇帝由朝廷出钱在酒楼宴请百官,更加促进饮食业的发展。明清时期,饮食业还与旅游业结合发展,出现旅游餐馆、旅游客舟。

(二)药膳的形成

唐代末期,食疗著作已不满足于研究单味食物的治疗保健作用,开始研讨复合方剂,药膳便应运而生。药与膳的结合,将食疗养生推向新的发展阶段。北宋时期《太平圣惠方》《圣济总录》这两部重要的医学著作里均有几卷专论食治。书中所列食疗方剂,大部分属于药食共煮的药膳形式,分为粥方、羹方、饭方、饼方、烩方等。如羊肾一对去脂,入葱白、生姜五味做羹,治肾劳虚损;以葱白十四茎细切,配牛酥半两炒葱后加入粳米煮粥,治伤寒后小便赤涩肚脐急痛证。明清时期《救荒本草》《养生食忌》《养生随笔》等食疗著作,进一步弘扬了医食同源的中医药学传统。

(三)筵宴的奢华

宋代筵宴崇尚奢华靡费,有春秋大宴、饮福大宴、琼林宴、皇寿宴等。其中以为皇帝祝寿的皇寿宴规模最庞大,礼仪隆重。《东京梦华录》记载,皇寿宴上菜分九次约五十道菜肴,演出人数近两千人,宴会服务者不计其数。史传张俊宴请宋高宗,共分为初坐、再坐、正坐、歇坐四轮。仅宋高宗一人所食菜品就有一百八十余道,随行官员每人一桌,各列不同菜品,奢华至极,令人叹为观止。

清朝时期,满汉饮食大融合,出现排场壮观的"满汉全席"。"满汉全席"的特点是筵宴规模宏大,进餐程序复杂,用料珍贵,菜品丰富,烹饪方法兼取满汉所长,一餐无法胜食,需分几餐甚至几天食用。满汉全席出现后,由宫廷传入市井,又称满汉大席,豪门富商皆以用满汉大席待客为荣。

五、烹饪技艺

(一)烹饪技术更加规范

从宋元时期开始,烹饪工艺从选料到加工,各环节基本定型,历经明清两代的发展完善,整个烹饪工艺体系已完全建立。从《饮膳食证》《吴氏中馈录》可看出，当时人们对烹饪原料的选用除考虑原料自身特性与烹制过程中配伍料的关系外，开始重视原料配用量。据考证，明万历年间已有一百余种烹饪术语。明代厨师已全面掌握牲畜原料治净、分档取料的原理，普遍掌握吊汤技术，通过制作虾汁、笋汁提味的方法已成为厨师的基本技能。清代厨师用蛋清和淀粉挂糊上浆的方法与现代厨师所用方式基本相同。

（二）工艺菜品与刀工技术的提高

宋元时期，工艺菜品（包括食品雕刻冷拼和造型菜）开始蓬勃兴起。宋代雕刻食品成为筵宴上的亮点。《武林旧事》中记载，张俊宴请宋高宗的御宴上，"雕花蜜煎一行"共计 12 个品种。元代厨师重视菜肴中原料的雕刻，擅长运用刀工技术来美化原料。明代厨师制作的"鱼生"薄如蝉翼，红肌白理，轻可吹起。清代瓜雕代表着当时食品雕刻艺术的最高水平，乾隆时期的扬州筵宴上出现了"西瓜灯"，还有的将西瓜雕刻成莲瓣来装饰席面。

（三）地方菜的形成

地方菜是中国菜的主体，其形成有着深远的生态背景、人文背景和区位背景。《中华全国风俗志》言：食物之习性，各地有殊，南喜肥鲜，北嗜生嚼，各得其适，亦不可强同也。在地方风味菜馆发展的过程中，来自各地的餐饮经营者互相照应，自然结帮，在繁华的大城市开始出现"帮口"，形成独具特色的餐饮行业市场。宋代以后，饮食流派已渐成气候，出现北食、南食、川食等不同风味餐馆。清代《清稗类钞》记载："肴馔之有特色者，为京师、山东、四川、广东、福建、江宁、苏州、镇江、扬州、淮安。"可见，目前我国的四大菜系在这一时期已经发展成熟，地域性饮食流派形成。

六、饮食思想、理论与著作

（一）名厨众多

宋代流行女厨师，宋时厨婢又称厨娘，如以制作鱼羹而远近闻名的宋五嫂，凭借高超厨艺而官至五品"尚食"的刘厨娘。明代御厨、官厨、肆厨、俗厨、家厨、僧厨众多，如有刀切面绝活的白案师傅曹顶，将四百余种名菜编撰成《饕餮谱》的潘清渠。清代巧厨更是灿若群星，如通晓菜谱茶经的董小宛，被誉为"天厨星"的董桃媚等。

宋代厨娘画像

（二）饮食理论及著作

自古饮食文化的发展都不可避免地受到各种时代思想和哲学的影响，从而形成不同时期的饮食思想,成为饮食文化的重要内容。北宋书法家黄庭坚在《食时五观》中表达了自己对饮食生活的态度:不可放纵食欲、无休止地追求美味,要认识到五谷五蔬对人的营养作用,任何时候都应有远大的抱负,使自己所做的贡献与所得的饮食相称。唐代著名医药学家孙思邈的弟子孟诜所著的《食疗本草》是至今现存的世界上最早的食疗专著,其内容集古代食疗思想之大成,与现代营养学的原理相一致。孟诜也被誉为世界食疗学的鼻祖。

明清时期,古典烹饪学体系基本形成,大量刊印膳补食疗著述,如《遵生八笺》《宋氏养生部》《养小录》等,强调食饮与健康、长寿的关系;《群物奇制》《天厨聚珍妙馔集》等,介绍珍馐佳肴;《醒园录》《中馈录》《粥谱》等,指导家居饮食;还通过《幼学故事琼林》对儿童进行饮食启蒙教育。

(三)《随园食单》

《随园食单》是清代袁枚所撰,初刻于乾隆五十七年,是一部系统论述饮食文化理论、烹饪技术和南北菜点的重要著作。全书共分"须知单""戒单""海鲜单""江鲜单""特牲单""杂牲单""羽族单""水族有鳞单""水族无鳞单""杂素菜单""小菜单""点心单""饭粥单""茶酒单"14单。以文言随笔的形式,细腻地描写了乾隆年间江浙地区的饮食状况与烹饪技术,用大量的篇幅详细记述了从元代以来流行的326种南北菜肴饭点。全书内容丰富而系统,将各种烹饪经验兼收并蓄,融汇各地风味特点,既有具体操作过程,也有精辟的理论概述,理论联系实际,深入浅出,是清代烹饪文献的集大成者,更是研究中国饮食史和烹饪理论的重要文献。《随园食单》是两百多年来公认的厨者经典,也是研究古代菜点及其烹饪方式的指导性史籍。

胡风胡食

任务五　近现代时期的中国饮食文化

 **任务描述**

进入近现代时期的中国,完成了从没落到复兴的伟大转变。被西方列强入侵屈辱的百年与辉煌璀璨的万余年文明史相比,如弹指一挥间,但这百年间的变化是翻天覆地的。中华饮食文化在这一时期也进行了深刻的转型和全面复兴。

任务目标

1.了解近现代时期饮食文化发展的社会背景。

2.知晓近现代时期的饮食原料。

3.了解近现代饮食方式形成的原因。

4.掌握近现代时期的烹饪技艺。

5.了解近现代时期的饮食文化发展成就。

任务实施

一、社会背景

(一)革命动荡期

从1840年鸦片战争开始,西方帝国主义列强用洋枪大炮打开了中国大门,中国由此开始沦为半殖民地半封建国家。文艺复兴后飞速发展的资本主义开始走向贪婪的扩张阶段,闭关锁国的清朝被迫卷入资本主义世界市场。政局动荡,民族危机不断加深,近代中国步入屈辱艰难的时代,中国人民也由此开始了历经百年的反帝反封建的伟大斗争。这一时期,停滞不前的中华文化与变革发展的西方文化产生激烈碰撞,传统的饮食文化在西方文化野蛮入侵和衰落封建文化的夹击中逐步蜕化转型。

(二)中华人民共和国成立

1949年中华人民共和国成立,开辟了中国历史上的新纪元。中国结束了一百多年来被侵略、被奴役的屈辱历史,从半殖民地半封建国家蜕变成一个独立自主的国家,中国人民从此站起来了。中华人民共和国成立后,中国进行了社会主义改造,确立了社会主义基本制度,成功实现了中国历史上最深刻、最伟大的社会变革。中国特色社会主义道路,使中华民族实现了由近代不断衰弱到根本扭转命运、持续走向繁荣富强的伟大飞跃,中国从成立之初的积贫积弱一跃成为现今世界第二大经济体。随着经济的迅猛发展,国民饮食水平大幅度提高,全国餐饮业快速发展,中华饮食文化进入高速发展阶段。

二、饮食原料

(一)新原料和西餐的引进

伴随着西方列强的入侵,各类机械化生产的新原料也被倾销而来,如味精、果酱、啤酒、奶油、苏打粉、人工合成色素等。新原料在食品工业中的运用,与传统烹饪工艺发生碰撞,如味精取代烹调过程中以鸡、鸭、猪骨等熬制的高汤,不仅改变了菜肴制作的规程,对厨师的烹调技艺也提出了新的要求。

在一百多年前,西方列强在上海、广州等城市设立租界,划分势力范围,这时由外国资本开办并由外国人经营的西餐馆开始出现。英法式、苏俄式、德意式、日韩式菜品被介绍进来,出现了《造洋饭书》。早在1853年,英国商人在上海开设"老德记药房",开始生产冰激凌、汽水等西式食品,主要提供给当地的西方人,这是西式食品进入中国的开端。1858年,英国人在上海创办埃凡馒头店,开始生产面包和糖果,之后又相继生产啤酒,引进咖啡、白兰地等。中国厨师开始仿制外国菜,吸收西餐烹饪技法,创制"中式西菜"。这类新菜原料多取自国内,用进口调料,主要采取中式烹饪工艺,袭用欧美宴饮流程,在地方菜的风味上增加"洋味",形成一种"杂交菜"。兼具本土和西式风味的"杂交菜"吸引着外国人和中国食客,从而延续下来。

(二)优质原料增多

改革开放以来,中国经济迅猛发展,工业技术水平不断提升,人们已经解决温饱问题。国家提倡优质高效农业生产,人工培植的珍稀植物原料,引进的各国优质烹饪原料,极大地丰富了百姓的"菜篮子"。如澳洲龙虾、三文鱼、鳕鱼、牛蛙、蜗牛等动物性原料,玉米笋、夏威夷果、抱子甘蓝、结球茴香、朝鲜蓟等植物性原料。

三、饮食器具

(一)烹饪工具现代化

烹饪工具与厨房设备的改良和更新是这一时期的显著特色。随着科技水平的不断提高,烹饪生产也步入科学化、现代化阶段。为满足人们对饮食环境和卫生的要求,餐厅厨房使用不锈钢工作台,配备紫外线消毒柜、冰柜、自动洗碗机、制冰机等一系列厨具设备,以保证饮食器具清洁卫生,食物原料干净新鲜,厨房排烟通畅、地漏无阻。科技进步带来的技术革新,降低了厨师的劳动强度,提高了餐厅经营的档次和规格,减少了污染,餐饮业逐步向环保餐饮的目标迈进。

(二)能源更加丰富

人类从吃熟食开始起,一直以木柴、煤炭为烹饪能源。进入近现代时期,人们的烹饪能源不再局限于木柴、煤炭,而是扩展到汽油、柴油、电力、液化气、天然气、风能和太阳能等多种能源。能源的迭代更替把更多的人从传统的锅灶烹饪中解放出来,提高了生产效率,还给我们最原始的"青山绿水"。

(三)现代食品工业兴起

饮食水平是衡量一个国家文明程度和人民生活质量的重要标志。随着时代的不断发展,现代科学技术进入烹饪领域,从传统烹饪中衍生出可以减轻人力劳动强度的现代食品工业。发达国家早期已实现了食品原料生产、加工和销售一体化经营,如今我国食品工业也已形成一套完整的生产体系,是我国国民经济的重要支柱产业,对推动农业发展以及国民经济健康、持续、稳定发展具有重要意义。按《国民经济行业分类》标准,中国食品工业包括农副食品加工业,食品制造业,酒、饮料和精制茶制造业,烟草制品业四大类。

高新技术与设备在食品加工领域得到普及,产品质量标准体系愈发完善。机械化生产的烹饪环节替代原有的厨师手工操作,不但提高了生产速度,减轻了厨师的体力劳作,更使大批量食品生产变得规范化和标准化。

四、饮食方式

(一)饮食市场的繁荣

在半殖民地半封建时期,西方餐馆与中式菜馆并立。《沪游杂记》记载,当时上海从小东门到南京路有一两百家菜馆,除本土风味菜馆外,还有不少番菜馆。

自 20 世纪 90 年代开始,第三产业兴起,中国社会餐饮市场进入数量型扩张阶段,餐饮行业蓬勃发展。近年来,我国餐饮行业飞速发展,随着百姓生活水平的提升,餐饮行业市场需求不断扩大,并伴随着消费升级不断进行产业升级。至 2019 年,我国餐饮业规模已突破四万亿大关。现今,人们早已过了只求温饱的时代,消费者讨厌单调、乏味,不仅追求质量,还追求丰富、精彩和新颖,如餐饮＋零售、餐饮＋音乐等"餐饮＋N""互联网餐饮"等新物种也应运而生,饮食市场空前繁荣。

(二)宴席形式变化

近现代时期,中国传统宴席出现了改良趋势。受西方文化的影响,中国出现了冷餐酒会、鸡尾酒会等西式自助餐宴会。从卫生角度考虑,许多正式场合宴会开始发生转变。如国宴中将传统宴席的合餐制变为分餐制,各种礼宴、喜宴、家宴中使用公筷。宴席趋向规模小而营养全,宴席菜品讲究精致和特色,注重卫生和雅致。

五、烹饪技艺

(一)菜品造型丰富

近现代烹饪工艺在传统制作的基础上受到西方文化的影响,为响应时代发展的需求,发生了潜移默化的变化,涌现出许多新的风格,展现出新时代风采和民族精神。在食品烹饪的过程中,更加注重菜肴的造型艺术。食雕、冷拼、热菜装饰和菜品摆盘技术发展迅速,人们利用美学原理,借鉴工艺美术的表现手法,为菜肴增添情趣神韵,以提高菜肴的艺术欣赏价值。菜肴造型与餐具盛器相辅相成,追求意境的同时也更加注重环保。

（二）制定标准

我国传统的烹饪菜肴完全依靠厨师手工制作，原料的搭配、分量以及烹调火候掌控全凭厨师的经验和喜好进行，具有盲目性、不确定性和模糊性。这样的烹饪过程，往往影响着菜肴出品质量的稳定性，也不利于厨房有效管理。近现代烹饪风格的显著特点是将菜肴制作用具体统一的数据和准确的参数进行规范化、标准化管理。如连锁餐饮企业对原料的取用，从产地到质量标准均有明确的规定，对菜肴烹制过程中的调料种类及重量明确规定，厨师在操作过程中严格根据配量表，使用标有刻度的量杯及量勺。各地烹饪、餐饮行业协会对当地远近闻名的地方菜制定团体标准制作规范，从选材取料、工艺流程至操作过程关键点均有量化要求，并向社会发布。烹饪标准的制定是对烹饪实践经验的总结，不仅有利于菜品的推广和复制，更有利于中国饮食文化面向世界的传播。

六、饮食思想、理论与著作

（一）出版烹饪书刊

历代厨师积累的烹饪经验和烹饪技艺，因历史原因和科技水平的限制，只能口传身授，无法系统完整地保留。中华人民共和国成立以后，党和国家开始对宝贵的烹饪文化遗产进行继承和发扬，创办烹饪学校培养专业人才，整理大量的烹饪史料和烹饪典籍，烹饪学科体系建设获得发展。

1949 年以来，我国相继出版了《中国名菜谱》《中国小吃》《中国古典食谱》《中国菜肴大典》《中国食经》《中国筵席宴会大典》《中国烹饪百科全书》《中国烹饪辞典》等外事礼品书；刊印了偏重理论探讨的《中国烹饪研究》，传播烹调技艺的《四川烹饪》，宣传饮食文化的《中国烹饪》以及商业信息营销的《饮食世界》等期刊；同时编印烹饪类教材数千种，各地还组织出版烹饪类书籍，地区菜系菜谱，据不完全统计，现今各类烹饪典籍已出版万余种。

（二）饮食烹饪理论

在现代饮食文化阶段，由于交通日益便捷，人员流动大，地区间的饮食文化交流也更加频繁。发展于 19 世纪的西方营养学在民国时期传入中国，与中国烹饪融合发展，至 20 世纪 80 年代发展为一门新兴的学科——烹饪营养学。虽然现代营养学在我国起步较晚，但已取得一定成果，各烹饪类学校均开设烹饪营养学课程，使学生能运用营养学的知识合理烹饪，制作出美味与营养兼具的菜肴。《中国改善营养行动计划》《中国居民膳食指南》一类的书籍对国民膳食结构的优化有着重要意义。现代营养学与传统食疗养生学并存，为中华饮食健康提供了充分的保证。

项目小结

中国饮食文化发展历程漫长且悠久。本项目以华夏文明史为主线，讲述中华民族在历史演进的时序中所进行的饮食生产及消费活动。从原始先民的茹毛饮血时代起，至近现代中西饮食文化被动性融合期止，以时代背景为载体，阐述与饮食密切相关的饮食原料、烹饪器具、饮食发展水平、饮食市场、饮食思想及相关著作等。通过对本项目的学习，学生对中国饮食文化的演进有全面深入的认知，掌握饮食发展的阶段性特点与成就，是本专业学生应具备的饮食文化知识素养，学生应在中国传统饮食文化的继承、保护与应用、创新过程中增强民族自豪感。

| 课程思政策略 |

中国饮食文化历史悠久，内容博大精深，从上古时期的伏羲神农到如今的八大菜系，中国饮食文化的发展将隐藏在上千年岁月更替中的中华民族精神一一展现。在世界上独树一帜的医食同源理论、精湛绝伦的烹饪操作工艺和充满文化内涵的饮食礼仪、科学完善的饮食体系等，无一不是历代中国人智慧的结晶，是中华民族物质文明和精神文明的象征。

1. "五味调和"的处世哲学

在中国饮食文化中"五味调和"是一种饮食思想，也是一种文化理念。五味调和，追求的是世间万物一切都刚刚好的平衡状态，这是中国人特有的哲学智慧。酸甜苦辣咸，五味调和，共存相生，百味纷呈，事如此，人亦然。大到治国经世，小到为人处世，五味调和都是国人一直追求的理想境界。中国一直坚持维护世界和平，促进共同发展。和平共处五项原则是我国对外关系的基本准则。作为世界上最大的发展中国家，海纳百川，有容乃大，中华文明用以和为贵、和而不同、和合共生等价值理念，推动世界和平发展。

小组讨论：请结合当前时政，谈一谈你对习近平总书记提出的人类命运共同体这一价值观的理解。

2. 饮食礼仪中的传统文化体现

《礼记》曰："夫礼之初，始诸饮食。其燔黍捭豚……犹若可以致其敬于鬼神。"中国素有礼仪之邦的称谓，"礼"是中华民族的重要标志。在日常生活中，无论是节庆习俗，还是婚丧嫁娶、迎来送往，似乎都会通过饮食活动来表达情感，进行相互交流，也就是俗语中所说的"礼终而宴"。早在先秦时期就出现了进食之礼、侍食之礼、待客之礼、丧食之礼等礼仪规范，有些礼仪一直保留至今。《礼记·内则》中记载："父母在，朝夕恒食，子妇佐馂，既食恒馂。父没母存，冢子御食，群子妇佐馂如初。旨甘柔滑，孺子馂。"进食讲究长幼有序，座次讲究长者居上位，用餐时不宜发出声响，夹菜时不在盘内翻搅挑拣等都是优秀传统文化礼仪的体现。

小组活动：通过课后观察大家日常的饮食行为，整理出我们应该继续保持并发扬光大的饮食礼仪。

同步测试

一、选择题

1. 人类制作熟肉食品最早采用的方法是（   ）。

A. 蒸　　　　　　B. 煮　　　　　　C. 烤　　　　　　D. 炒

2. "庖丁解牛"出自我国古代著作（   ）。

A.《论语》　　　　B.《孟子》　　　　C.《庄子》　　　　D.《春秋》

3. 冬季，人们日常选择食用温热助阳之品，以达扶阳散寒之成效，谓之（   ）。

A."食补"　　　　B."药补"　　　　C."药膳"　　　　D."食疗"

4. 唐代炉灶的形式多样，如出现了专门烹茶的（   ）。

A. 火炉　　　　　B. 水炉　　　　　C. 木炉　　　　　D. 风炉

5. 人们在饮食活动中应当遵循的社会标准与道德标准指的是（   ）。

扫码看答案

A. 饮食礼仪　　　　　B. 饮食风俗　　　　　C. 饮食习惯　　　　　D. 饮食传统

二、填空题

1. 用火将食物制熟而食,即_____,标志着中国烹饪的诞生。

2. _____不仅是带有咸味的调料,还能用于杀菌消毒、储藏食物。

3. _____是周代专为天子精心烹制的八种珍食,又名"珍用八物"。

4. 两汉以后,在烹饪中_____逐渐取代了动物脂肪的地位。

5. 中华民族的饮食习惯历来是以_____,辅以肉类和蔬菜。

6. 秦汉时期出现了_____和炉案的分工。

7. _____出现可以自由移动的镣炉,其外镶木架,通风性能好,燃烧允分,火力旺盛,是当时较为先进的烹调炊具。

8. _____是清代袁枚所撰。

9. 明代厨师制作的_____薄如蝉翼,红肌白理,轻可吹起。

三、简答题

请简述"五味调和"。

中国饮食烹饪文化

扫码看课件

项目描述

　　本项目阐述了饮食与烹饪之间的关系,通过对饮食的消费、烹饪的技艺、饮食的风味流派形成等内容的学习,学生从理论上掌握基本饮食烹饪技艺,掌握中国烹饪技艺的特征,了解中国饮食风味流派、中国饮食主要面点风味流派、中国饮食主要小吃风味流派等相关知识。

项目目标

　　1.掌握中国烹饪技艺的内容。
　　2.了解中国饮食、中国面点、中国小吃的相关内容。
　　3.掌握中国烹饪技艺的特点。

任务一　中国烹饪技艺

任务描述

　　中国烹饪一般有选料讲究、刀工精细、善于调味、精用火候的特点。特别是刀工技术,在中国烹饪中有着非常重要的意义。中国烹饪技艺集各个民族烹饪技艺的精华,具有鲜明的特色。

任务目标

　　1.掌握选料的技巧。
　　2.掌握刀工的作用与应用。
　　3.掌握调味的味型。
　　4.掌握制熟的方法。

任务实施

一、用料技艺与特点

（一）用料技艺的主要内容

　　食材犹如药材,选择须精。只有正宗优质的食材,才能烹制出美味的佳肴。正确用料是厨师应具备的基本技能,也是做好一道菜肴的基础,需要厨师掌握烹饪原料的基础知识,能够正确选料,掌握原料特征,正确使用烹调方法。中国地大物博,烹饪原料众多,可选用的原料范围十分广泛,在对原料的品种、产地、季节、部位的选择上都有不同的标准。

❶ 原料的选择

（1）原料的品种选择。

原料的品种选择是指烹饪工作者在对烹饪原料进行初步鉴定的基础上，为使其更加符合食用和烹调要求，从原料的品种、部位、卫生状况等多个方面对原料进行综合挑选的过程。烹饪技艺中首道工序就是选择原料，原料的选择是否合理，不仅影响菜品的色、香、味、形，还会影响到食者的身体健康以及菜品的成本控制；而合理选择原料的前提是能否识别原料、鉴别原料。

烹饪原料的选择大致分为三个层次。首先，确定原料能否作为烹饪的材料；其次，对能够用于烹饪的原料，判断采取何种加工方法，即制作什么菜肴才能发挥原料的优点，或者说，根据菜肴的要求，选择什么原料才能保证菜肴的质量；再次，原料的选择要符合民俗风情、宗教信仰等人文社会因素。

选择原料也要保证食用的安全性：不能选择各种添加剂超标、变质、有毒的原料等。不能选择假冒伪劣原料；不能选择野生动植物原料，尤其是受法律法规保护的原料；原料必须具有营养价值。

同一类别的原料，也会有不同的品种。例如，在制作鸡肉类菜肴时，广东的白斩鸡，选用的是清远市的三黄鸡，做出来的菜肴皮黄肉白、肉质鲜美。

（2）原料的产地选择。

中国地大物博、原料众多，各地原料因气候、地域等的不同而有所差异，形成了"一县出一物，一州换一味"的华夏物产版图。如制作贵州酸汤鱼，必须要用黔东南地区的酸汤，才能煮出独有的风味；杭州的龙井虾仁，必须选用西湖龙井村生产的龙井茶，菜肴才能色泽雅丽、清新软嫩；金华火腿，选用瘦肉型猪"两头乌"的后腿作为原料进行加工；南方的葱便于烹调，辛香味浓，北方的葱茎长而粗，葱白肥大脆嫩，辣味淡，稍有清甜之味。因此，原料的产地，直接影响菜肴的风味特点。

食材图

（3）原料的季节选择。

一年分为四季，《黄帝内经》记载："春夏养阳，秋冬养阴。"春季饮食以平补为原则，重在养肝补脾、少酸多甜。春季适宜吃油菜、荠菜、香菜、黄豆芽、绿豆芽、春笋、韭菜、莴笋、菠菜、香椿、芹菜、山药等，既能补充多种维生素、无机盐及微量元素，又可清热润燥，有利于体内积热的散发。夏季白天比较长而且炎热，畜禽宰杀太早，肉质就会腐败变质。秋季时节，适宜吃红薯、莲藕、银杏等。冬季白天短而且寒冷，烹饪时间稍短，菜肴不易熟透，所以冬季适宜吃牛羊肉，若换成夏季来吃，则不合时宜。再如，萝卜过时就会空心，山笋过时就会苦涩，因此，万物生长，四时有序，盛时一过，精华已尽，光彩不再。

时令与节气构成了古人的时间观念，连吃饭都要按照时令、季节，即"不时不食"，只有生长成熟符合节气的食物，才能得天地之精气，营养价值高。另外，在重大节日中也有不同的习俗，如春节吃饺子，取其"更岁交子"之意；元宵节吃汤圆，以庆团圆；立春要吃萝卜，有"咬春"之意；中秋节吃月饼；重阳节吃花糕；腊八节喝腊八粥，腾空米仓庆丰收。

（4）原料的部位选择。

同一种原料，选取的部位不同，做出来的菜肴也有所差异。例如，对猪肉进行分档取料，里脊肉、后腿肉适宜"炒"；猪蹄适宜"炖"；小炒肉要用后臀尖上的肉，做肉丸要用前夹心肉；鳙鱼头肉多而肥，而青鱼头质量就不如鳙鱼头，但青鱼尾又比鳙鱼尾的质量要好；蒸鸡就用小母鸡，炖鸡就用阉过的公鸡，炖鸡汤要用老母鸡；鸡用母的才嫩，鸭用公的才肥；莼菜用头上的嫩叶，芹菜用根茎。因此，掌握原料不同部位的性能是提高烹制菜肴质量的关键。

❷ 原料的初加工

(1)鲜活原料初加工。

鲜活原料包括蔬菜、家禽、家畜、水产品等。鲜活原料必须经过初步加工,才能作为菜肴的净料。其初加工过程如下:摘剔—宰杀—煺毛—去皮—去内脏—清洁洗涤。

(2)新鲜蔬菜初加工。

市场上供应的蔬菜,虽然都整齐新鲜,但购进后,由于蔬菜可能受到挤压和摩擦,因此初加工时,一定要先认真选择整理,若有杂物(如细草、虫卵)、烂叶等一定要除净;有些蔬菜,还要去掉老叶、老茎、老根等。叶菜类经选择后,要进行洗涤。根据不同的情况,采用不同的洗涤方法。洗涤方法主要有清水洗、冲、浸、漂、刷等,一般常用的有:①冷水洗涤,主要用于较新鲜整齐的叶菜类。洗涤时,先用冷水浸泡一会,使附在原料表面或叶中的灰尘等污物变软,再进行洗涤。②盐水洗涤,主要用于容易黏附虫卵的叶菜类原料。将叶菜类放在淡盐水中浸泡片刻(5~10 min),使虫的吸盘收缩,浮于水面,以便于清除。③高锰酸钾溶液洗涤,主要用于生食的原料(或不经加热直接入馔的原料),如生菜、青瓜等,洗涤时,先将原料放入浓度为0.03%的高锰酸钾溶液中浸泡5 min,再将原料洗净,可以起到杀死细菌的作用。

按照原料的不同部位,可采取不同的加工方法。如根茎类要剥去表皮,叶菜类去掉老叶,果菜类削去外皮等。新鲜蔬菜的初加工过程如下:摘除—削剔—洗涤。

(3)家禽初加工。

家禽包括鸡、鸭、鹅等动物。猪、牛、羊的内脏、脚爪、尾及舌等各部分的洗涤工作很重要,因为这些原料大多较脏、多脂,且有腥味,若不充分洗涤则无法食用。这些原料的洗涤加工过程相当繁碎复杂,且各种原料的洗涤方法皆有差异。

家禽初加工的工序复杂,要求严格,必须按照正确的步骤来进行。家禽类原料中含有大量的蛋白质、脂肪和脂溶性维生素,不但能为人体提供充足的营养,也是烹调的重要原料。由于家畜个体过大,其初步加工都是在食品加工厂由专业人员进行的。以下将介绍家禽类原料的初加工方法。其初加工过程如下:宰杀—烫泡、煺毛—开膛取内脏—洗涤。

①宰杀。鸡、鸭、鹅可用割断气管和血管的方法宰杀。鸽子等个体较小,可用水溺的方法宰杀。

②烫泡、煺毛。家禽宰杀后立即进行烫泡、煺毛。烫泡所用的水温、时间应根据家禽的老嫩程度和季节变化而定。一般情况下,鸡用80~90 ℃的水温,先烫脚、头,再烫全身。鸭、鹅用60~80 ℃的水温,整只泡入热水搅拌。由于鸭、鹅的羽毛不易煺尽,宰杀前可先喂些冷水,并用冷水浇透全身,这样有利于煺尽羽毛。烫泡和煺毛以煺尽羽毛而不破损家禽皮为好。

③开膛取内脏。开膛方法有腹开、肋开、背开三种方法。不管采用哪种方法,都需要把内脏去尽,不能弄破胆、肝及其他内脏。

④洗涤。家畜类原料的洗涤,目的是去除原料中的血水和腥臊气味,便于烹调。这些原料大多较脏、多脂,且有腥味,若不充分洗涤则无法食用。主要洗涤方法有翻洗法、搓洗法、刮洗法、灌水冲洗法等。有些原料未必只用一种方法洗涤,如肠、胃等部分,需要联用下面几种方法来洗涤,才能洗净。

a.翻洗法:用于肠、肚等内脏的里外翻洗处理,保证原料内、外清洁卫生。就是将原料翻过来洗,主要用于肠、胃等内脏的洗涤。因肠、胃内部非常脏,且充满油脂,非翻过来洗不可。洗大肠时,使用套肠翻洗法,即将大肠口较大的一端翻过来,用手撑开,注入清水。肠因受水的压力,逐渐翻面,最后完全翻面,此时用手撕去附在肠壁上的污物。

b.搓洗法:一般先用盐、醋、面粉等进行搓洗,再用清水洗净。主要用于搓洗油腻和黏液较重的原料,如肠、肚等。在翻洗前应先加适量的盐和醋反复揉搓,然后洗涤。这样可以除去其外层黏液和恶味。

c.刮洗法:这是一种除去外皮污垢和硬毛的洗法。例如,洗猪爪时,一般要刮去爪间及表面的污垢和余毛(除余毛最好连根拔起)。洗猪舌、牛舌时,一般先用开水泡至舌苔发白,即可刮剥去白苔,然后洗涤。洗猪头、爪上的余毛时,也可先用烧红的铁器烙去,再刮洗干净。

d.灌水冲洗法:可以用于肺部等洗涤。把肺管套在水龙头上,用水灌入肺中使肺叶扩张,去除血污,再剥去肺外膜洗净。主要用于猪肺,可将大、小气管及食管剪开冲洗干净,再经开水一余除去血污后洗净。还有一种方法是将气管或食管套在水管上,灌水冲洗数遍,直至血污冲净,肺叶呈白色为止。

(4)水产品初加工。

水产品指的是长期生活在水中的所有生物原料。根据水源不同,可以分为海水产品和淡水产品。有些鱼类别不同,具体初加工过程也不同。绝大多数鱼要刮鳞。刮鳞要倒刮,有些鱼的背鳍和尾鳍非常尖硬,应先斩去或剪去,只有少数鱼(如鲥鱼)的鳞含有丰富的脂肪,味道鲜美不应刮去。鲫鱼的肚下有一块硬鳞,初加工时必须割除,否则腥气难闻、难吃。去鳃,一般用剪刀剪或用手挖,鲤鱼和鲫鱼的鳃要用刀挖出,鳜鱼及大、小黄鱼的鳃同内脏一起去除。去皮,有些鱼皮很粗糙,颜色发黑,影响菜肴的美观适口,如比目鱼、马面鱼、踏板鱼等,一般先刮去不黑一面的鳞片,从头部开一个刀口,将皮剥掉。黄鱼也要剥去头盖皮。剖腹,绝大多数鱼的内脏是剖腹取,即用刀或剪刀在肛门与腹鳍之间沿肚皮开一直口,取出内脏。

有的菜肴为了保持鱼身的完整,是在肛门正中开一横刀,在此处先把鱼肠割断,然后用两根细竹条或竹筷,从鱼鳃处插入腹内,卷出内脏。如制作干烧鳜鱼、松鼠鳜鱼等名菜的鳜鱼,就是用两根直径约5 mm的螺纹钢筋从鱼嘴穿鳃(铁棍在鳃之上)入腹,从尾部刀口处穿出,用手搅动和拉出铁棍,内脏即被铁棍带出。黄鱼等取内脏时也是如此处理。而著名的鲈鱼则是用刀贴着鱼鳃划一刀至脊骨,再斩断脊骨,将鱼体翻过来同样处理,此时鱼头已与鱼体断开,但尚与内脏相连,可用左手按住鱼身,用右手把鱼头拉下来,内脏即被带出。对于淡水鱼类,剖腹时特别注意不要碰破苦胆,以免污染鱼肉变苦。川菜中常用的鲤鱼,其苦胆的位置随季节而变化,一般是天热时苦胆靠近肚皮,天冷时则贴近背部,加工时切不可碰破而影响鱼的鲜味。如果不慎弄破苦胆,立即用酒、小苏打或发酵粉,涂抹在胆汁污染过的部位,使胆汁溶解,然后用清水冲洗,就可以把苦味冲掉。海水鱼没有苦胆,开膛破肚时,尽管大胆剜去内脏。许多鱼的腹内有一层黑膜,烹熟后腥气很重,剖鱼时应将其撕去。有的鱼有特殊腥臭的腺体,如鲤鱼在鱼体两侧中部有一条白色腺体,鲥鱼腹腔上方贴近大骨处有一条血线,加工时要注意将其清除,否则会降低鱼的鲜味。

摘洗一般软体水产品(如墨鱼、鱿鱼等)时,大多采用摘洗的方法处理。以墨鱼为例:先用剪刀刺破眼睛,挖去眼球,将头部拉出,剥去外皮、背骨,用手将鱼身拉成两片,洗净备用。墨鱼腹中的卵和胶是制作"乌鱼蛋"的原料,在初加工时不要扔掉,洗涤墨鱼应在水中进行,以免操作者身体溅上黑汁。

川菜常用水产品中需要宰杀的主要是鳝鱼和甲鱼。鳝鱼必须活杀(死鳝鱼有毒不可食),将鳝鱼摔昏,捏住头部钉牢,尖刀从头向尾划开,除去内脏、骨刺,即成鱼片。宰杀甲鱼时先把它翻过来肚皮朝天,等它伸出头时,用刀迅速将头斩下,拿起来头腔朝下控净血,先放进70~80 ℃热水中烫2~5 min(时间的长短应视甲鱼老嫩程度而定),再放入温水中用小刀刮去甲鱼裙边和腿部的黑膜(下刀要轻,不可划破裙边),并刮去腹部的白膜,用小刀沿着裙边下面两侧的骨缝处割开,撬开盖并取出内脏,剁去爪尖,用凉水冲洗干净即可。也可以先从腹部开刀,除去五脏之后再用水烫,最后再刮膜去骨。

总的来说,一般鱼的加工步骤为刮鳞—去腮—开膛去内脏—洗涤。

(5)干货原料涨发。

干货原料是指将鲜活的动植物原料,经过脱水干燥处理,可以长期保存的一类烹饪原料。干货原料常用的涨发方法有水发、油发、碱发、晶体发4种。木耳涨发加工步骤如下:浸发—去根及杂质—洗净。将木耳放在盛器内,加冷水浸泡 2~3 h,缓慢吸水,等待体积膨胀后,用手掐去根部及残留的木质,然后用水反复冲洗,双手不断挤捏,直到无细沙即可。

干货原料的应用广泛,鲜活的高档原料如鱼翅、燕窝、海参、鱼肚、鱼皮、干贝等,通常先制成干货原料,烹调前再进行涨发,以保证其品味、质地与鲜活时相近。还有许多原料如莲子、玉兰片、黄花菜、香菇、木耳等,干制涨发后则具有特别的风味。

干货原料涨发具有以下作用。

①作菜肴主料使用,具有特殊风味。干货原料中的高档原料在烹调中大多作为主料使用。它们在宴席的大菜或主要菜肴中,具有独特的风味,形成了许多脍炙人口的名菜,如红烧大群翅、蒜子鱼皮、鸭包鱼翅等。

②作菜肴的辅料使用,具有特殊风格。干货原料涨发后由于其具有松软、脆嫩、味美等特点,因此在与其他原料组配时可形成特殊风格,如干贝珍珠笋、猴头蘑扒菜心、香菇炖鸡等。

③作菜肴的馅料使用,具有特殊味道。涨发后的许多干货原料,如干贝、鱼肚、海参、海米等,可用来作为菜肴的馅料使用,具有特殊味道。

干货原料涨发的要求:干货原料涨发是一个较复杂的过程,尤其是高档的原料,如鱼翅、燕窝等,涨发的质量决定着成菜的品质和档次。对干货原料涨发的要求如下:干货原料涨发要使原料恢复其原有的鲜嫩、松软、脆爽的状态;干货原料涨发要除去原料的腥膻等异味和杂质;干货原料涨发要使原料便于切配,从而形成各种形态;干货原料涨发要方法得当,使原料达到最大出成率。

(二)用料技艺的主要特点

❶ 选料讲究、用料广泛 一个好厨师一定要会选择食材,力求原料鲜活,具有营养价值。

根据可食性,原料可分成两类:可食用原料和不可食原料。

❷ 刀工精细,配料巧妙 刀工,是厨师根据烹调的需要,将各种不同的原料加工成具有一定形状成品的技能。刀工的好坏,直接影响到菜肴的质量、美观、制菜速度,因此刀工是烹调技术中必不可少的一个重要技能。随着生活水平的提高,人们对刀工的要求也越来越高,已经不再局限于改变原料的形状,还要求美化原料,使烹调出的菜肴变得绚丽多彩,令人赏心悦目。中式菜肴讲究色、香、味、形、器的协调一致,讲究美感,而菜肴的形、色与刀工有着十分紧密的关系,因此中式菜肴烹调就非常重视刀工。几千年以来,在劳动人民的不断实践下,人们创造出精美绝伦的刀工技术,也丰富了刀工经验,使我国的刀工达到了较高的水平。

刀工展示:菊花豆腐

厨师运用不同的刀法,将原料加工成大小、粗细、厚薄等符合菜肴要求的形状,加上主、辅料的巧妙配合,保证烹制时受热均匀,色、香、味、形协调,营养搭配合理。

❸ 注意调味,味型丰富 要根据风味、季节、原料质地进行调味,学会使用不同的调味方法,使菜肴的口味更加丰富。川菜的复合味型有 20 多种,其他地方菜肴也有独特的味型。

二、刀工技艺与特点

刀工在烹饪过程中是一道不可缺少的重要工序。"工欲善其事,必先利其器",优秀的厨师要勤磨菜刀,刀工技术在中国烹饪技艺中有着很重要的意义。大思想家、教育家孔子就对刀工提出"食不厌精、脍不厌细"的要求。刀具的好坏,也会影响菜肴的形状。

（一）刀工的基本要求

❶ **刀工要与烹饪相结合**　刀工可为菜肴的烹制做好准备。在菜肴制作的过程中，应该根据不同的烹饪方法与菜肴类型对原料施以细致加工，才能满足烹饪的需求。例如，炖、焖烹饪法，在操作的过程中所用的火力较小，所用的时间较长，菜肴要酥烂，这就要求原料的形状较厚大，若过于薄小，就易碎烂，或是成糊状。氽、爆烹饪法，在操作的过程中所用的火力较大，所用的时间较短，菜肴成品脆嫩鲜美。如果原料的形状过分厚大，就不容易熟透，因此切制的菜品应以薄小为佳。总之，刀工只有满足了菜肴的烹调要求，才有可能烹制出色、香、味、形俱佳的菜品。

❷ **原料改刀后要整齐、均匀**　每种原料在经过刀工处理后，不管是块、条、丁、片、丝、粒状，还是其他形状，都必须呈现整齐、均匀的质感。换句话说，原料的改刀既要长短相等、粗细合理、厚薄均匀，也要块与块、条与条、片与片之间能够利落分开。若出现粗细不均，厚薄不匀，大小不一，长短不齐，或是前面切断、后面还连着，上面切断、下面还连着的现象，则会影响菜肴的美观，又会因原料有厚有薄、有粗有细，造成烹饪过程中薄的、细的原料先入味，粗的、厚的后入味；薄的、细的原料熟透了，粗的、厚的却还未熟，等到粗的、厚的原料入味，或是熟透时，薄的、细的就过了火候。从这一点可以看出，原料形状的整齐度、均匀度，是烹调好菜肴的前提。

❸ **菜肴颜色应调和**　菜肴颜色的调和，需要借助刀工予以呈现。在制作菜肴前，要考虑把原料加工成合理的形状。同一种原料，使用不同的刀法，制成不同的形状，就会给人以不同的感觉。几乎每种菜肴中都有主料、辅料，搭配得十分精致。有的菜可以切成块，有的菜可以切成丁，有的菜可以切成片，有的菜可以切成丝。在菜肴的色彩设计上，应该秉承浓淡分明、绚丽悦目的原则；在品种的搭配上，选择熘菜、炸菜、凉菜、热菜、甜菜等，尽可能地使菜肴的组成多元化。

❹ **合理使用原料**　配菜的刀工处理要求掌握用料与分量，并且要量材使用，小材小用，大材大用，贵材珍用，贱材妙用，尽量不浪费原料。在大材需要改成小材时，落刀前要做到心中有数，使原料物尽其用。同一种原料，若能仔细斟酌，刀法得当，那么加工出来的成品不仅有质、有料、美观，还能节约原料。因此，适当地使用原料是刀工处理中非常重要的环节。

（二）刀工的作用

人们常说的用刀切菜指的就是刀工，而改刀后的原料形状又称为刀口。说得具体一点，将初加工过的原料进行改形的过程就是名副其实的刀工。刀工的作用，是更好地烹调菜肴，使其入味，便于食用，增强菜肴的美观指数。具体内容如下。

❶ **有利于成熟**　烹饪原料品种繁多，烹制方法多样，刀工因料而异。比较大的原料只有通过刀工来处理，成为整齐的形状，才有利于成熟，确保成熟度一致。

❷ **有利于入味**　通过刀工处理，将原料由大到小进行改刀，调料才能渗入原料内部，使成品口味均匀一致。

❸ **有利于食用**　将大的原料（如猪、羊、鸡）去皮、剔骨、分档，进行切、片、剁等刀工处理后再烹制，食用就方便许多。

❹ **有利于人体消化吸收**　原料经过刀工处理成大小适合的形状，有利于人体消化吸收。

❺ **有利于外形美观**　各种原料可经刀工处理成厚薄、大小一致的形状，摆盘时外形美观、造型独特。

（三）刀工技艺的主要内容

刀法的种类繁多，但是根据刀刃与原料接触的角度，可以分为直刀法、平刀法、斜刀法、剞刀法四类。

❶ **直刀法**　直刀法是指刀具与原料保持垂直呈90°的刀法，有直刀切、推刀切、拉刀切、推拉刀切、滚刀切等。

❷ **平刀法** 平刀法是指刀身与原料平行,刀刃在切原料时做水平运动的刀法,可分为平刀直片、平刀推片、平刀拉片、平刀抖片等。

❸ **斜刀法** 斜刀法是指刀身与原料形成小于90°夹角的刀法,可分为斜刀片和反刀斜片。

❹ **剞刀法** 剞刀法,也称为花刀法,是以片和切为基础的一种综合运刀方法,可分为直刀剞、推刀剞、斜刀剞、反刀剞。

（四）刀工的基本要领

❶ **懂得握刀与运刀** 在菜肴的制作过程中,无论使用哪一种刀法,右手在握刀时都要握牢。腕、肘、臂的配合要协调,左手食指以标准要领顶住刀壁,手掌始终固定在原料或是墩板上,这样才能够保证上下左右有规律地运刀。

❷ **根据原料的特性掌握刀法** 例如,同是用刀批片,质地松软的原料要片得更厚一些;同是用刀切丝,鸡肉要顺着纤维纹路切,猪肉要斜着纤维纹路切,牛肉要横着纤维纹路切。

❸ **要配合不同烹调方法** 例如,熘、爆、炒,要用大火候、大火力,原料要切得较薄、较细;在对菜肴进行炖、焖、煨等操作时,要用慢火候、小火力,汤汁较多,烹调的菜肴要求酥烂入味,因此,原料要切得较厚、较大、较粗。

❹ **要做到形状协调** 同一种菜肴中,主料在进行刀工处理时一定要保持一致,如丁配丁、片配片、条配条等;辅料要比主料小许多,能够衬托出主料,使菜肴达到协调的效果。

（五）刀工处理原料的基本方法

❶ **切** 切,对没有骨头的原料较为适用。通常是从上往下切,也可有不同的切法。切法可分为直切、推切、拉切、侧切、滚刀切、锯切等。

（1）直切,又称直刀切,主要用于脆嫩的原料。直切是手握刀垂直地切下去,并非向前推,也不是向后拉,是笔直地从上往下用刀切。如切土豆、洋葱、白菜等都属于直切。

（2）推切,有的原料使用直切法容易断裂,若想避免这样的情况发生可使用推切法。推切时,手中持有的刀不是垂直向下切,而是从后向前地推切下去,并且是一刀推到底。例如,切酸菜。

（3）拉切,适用于一些比较坚韧的原料,这些原料若用直切法或推切法都不易切断,因此要使用拉切法。拉切的操作方法:在切的过程中,刀从前向后拉下去。例如,切猪肉时使用的就是这种刀法。

（4）侧切,适用于带壳的原料。侧切的操作方法:左手紧握刀背前端,右手持刀柄,提着刀柄,使刀柄变高,刀尖变低,并且放在带壳的原料上,用力将刀按下。例如,切咸鸭蛋、螃蟹。

（5）滚刀切,主要用于切圆形或椭圆形的原料,以切块为主。滚刀切的操作方法:左手拿好原料,右手持刀,刀尖略微偏左,一边用刀直切下去,一边用左手使原料朝里滚动。切一刀,就滚一次,并且要根据滚刀的姿势与快慢来决定切下去的块所呈现的形状。滚刀切,能够切出不同形状的块。例如,滚刀块、木梳背、菱角块等。

（6）锯切,又称"推拉切"。锯切一般用于较厚、有韧性的原料,这类原料无法一刀切到底,无论是推切、直切、拉切,都不能将其切断,因此要使用锯切。锯切的操作方法:使用锯切刀法时,用力较小,落刀慢,由前向后推,经过一推一拉,慢慢地切下去。例如,切火腿、切面包等。

❷ **片** 片,可把原料片成薄片,主要用于没有骨头的原料。片的刀法:将刀身平着,或是斜着向原料逐一片进。由于原料具有硬、脆、松、软等特性,因此在片法上又可分为拉刀片、坡刀片、推刀片等。

（1）拉刀片,片的过程中放平刀身,使刀身与墩面呈平行状态,当刀片进原料后要向里拉进。

（2）坡刀片,又称"抹刀片",主要用于质地松软的原料。坡刀片的操作方法:用左手拿好原料,右手持刀,刀背比刀刃略高,以倾斜的角度来片原料,片出来的片微厚。例如,片鱼片、腰片等。

（3）推刀片,适用于煮熟的原料。例如,片熟猪肉。推刀片的操作方法:用左手拿好原料,右手持刀,放平刀身,使刀身与墩面平行,刀从原料的右侧片进,随后再向外推移。

❸ **剁**　剁,又称"斩"。剁,是把无骨原料剁成泥状的方法。剁的操作方法:左手与右手同时持刀,同时操作。剁原料时,先用刀背把原料砸成饼状,然后用刀将原料剁成泥。剁法主要用于制馅、制丸子等。

❹ **剞**　剞,将备好的原料划上不同刀纹,却不切断的一种综合刀法。剞法包括以下几种。

(1)直刀剞,直刀剞与直刀切的刀法十分相似,唯一的不同点是不切透。

(2)拉刀剞,拉刀剞与拉刀片的操作方法几乎相同,唯一的不同点是不切透。用左手拿好原料,右手持刀,刀身向外倾斜,刀由外向内拉进约2/3。例如,炸茄盒的开口。

(3)推刀剞,其操作方法是用左手拿好原料的后部,右手持刀,刀口朝外,紧挨左手中指片入原料的2/3处即成。例如,三角豆腐的开口。

(4)花刀剞,是剞的一种刀法,适用范围较广。花刀处理时,在原料上以交叉的方式剞上各种不同类型的刀纹,以便原料在经过烹饪后,形成各种不同的形状。

①钉子花刀。对菜肴的切配,无论横竖都要用直刀剞成小方格,再改切为块,原料经过烹饪以后,犹如一排排钉子。

②荔枝与麦穗花刀。将原料用推刀剞法剞了以后,再使用直刀剞法,与首次刀线成斜十字交叉剞一遍,之后改切为块。这类刀法适用于鱿鱼、猪肚等。

③梳子花刀。在进行梳子花刀操作前,要先用直刀剞法,再将原料横过来切为片,经过烹调,犹如梳子。梳子花刀法适用于质地较硬的原料,如腰片。

（六）刀法的运用

在对各种原料进行加工后,会出现各种不同的形状,一般来说,较常见的有块状、丝状、丁状、条状、泥状、段状以及梳子形、麦穗形、菊花形、末状、米状等形状。

❶ **块状**　块状,其种类有很多,可分为大方块、小方块、劈柴块、梳子块、菱角块、长方形瓦块等,各种块的选用应根据菜肴的具体需求来定。例如,切土豆时,可切成小方块;切猪肉时,可切成大方块;切排骨时,可切成长方块。

❷ **丝状**　丝状,可分为粗丝和细丝两种。粗丝,如蔬菜丝、鸡肉丝,应切成豆芽般粗。细丝,如姜丝、笋丝、火腿丝,应切成大针般细;大多数的蔬菜丝长2~3 cm,各类肉丝长4.5~6 cm。切丝前,要把原料片成大薄片,之后把薄片切成丝。例如,切蔬菜类原料时,要把片好的大片排成梯形,再切丝;切肉类原料时,先把片好的原料摞起来,再切丝。切丝时粗细长短力求均匀,并且要符合烹饪的要求。

❸ **丁状**　丁是指方形小块。一般的原料需切成小丁。但是,丁的大小要根据烹调的需要与所切原料的具体情况来定。丁的形状可分为骰子丁、豌豆丁等。丁的常用切法:将原料先切成适当的片,再用刀切成条,之后再切成方丁。

❹ **条状**　在对原料进行"条"的粗细切配时,应根据烹调的具体要求做决定。大多数的条如筷子粗细,长约5 cm。操作方法:先把原料折成段,再切成厚片,之后再切成条。例如,炒肚条,烧鸡条。

❺ **泥状**　把原料砸成细泥,用手摊开后看不见颗粒。适用于砸泥的原料有鸡、瘦肉、鱼、虾等。

❻ **段状**　其形状犹如条粗、比丁长的块。依据原料的需求与做法,可分为大段、小段。用大段制作的菜肴,有红烧鲤鱼;用小段制作的菜肴,有熘肉段、烹虾段。

❼ **梳子形**　梳子形,即梳子花刀。原料在经过烹调后形状犹如木梳。

❽ **麦穗形**　麦穗形,又称"麦穗花刀"。原料在经过烹调后形状犹如麦穗。

❾ **菊花形**　把原料的一头切成薄片,再切成一根一根的细丝,另一头连着不断,切成薄片后再用刀切成丝,入锅烹调后会呈现菊花形状。

❿ **末状**　末状,一种辅料形状,比泥略粗,比米略细。

⑪ **米状** 米状,是辅料的形状,大小如同米粒,通常是先切成细丝后,再切成米状。

上述原料形状与花刀艺术,所针对的菜肴是不同的。有的适用于大众菜,有的适用于筵席。经过加工的原料,其形状各异。厨师若能大胆创造,就能够丰富刀法技艺。

（七）刀工技艺的特点

① **必须整齐均匀** 经过刀工处理的原料,不管改成丁、丝、片、块或其他形状,都应该整齐划一、薄厚均匀、长短相等。

② **必须掌握原料的质地性能** 根据原料的属性,采取不同的方法,切成不同的形状。例如,同是切肉丝,牛肉丝老筋多,必须横切,才能把筋腱切断,炒熟不易变老;猪肉中筋腱少,可斜着肌肉纤维的纹路切丝;鸡肉最嫩,必须顺着肌肉纤维的纹路切才可保持肉丝完整。

③ **必须配合烹调的要求** 由于菜肴可以选择不同的烹调方法,因此就有不同的刀工处理方法和火候要求。如焖、煮等方法,要求火候小、时间长、带有汤汁,原料的形状若过分薄细,就容易碎烂,所以应该切厚大才好。

④ **必须合理使用原料、不浪费食材** 合理使用原料是正规烹调过程中的一个重要原则。在刀工处理时,做到用料有计划,不要浪费原料,特别是大料改小料,要能够充分利用。

三、调味技艺与特点

调味是通过各种调料的组合运用来影响原料,使菜肴具有复合味的一种操作技术。调味用品五花八门,调味方法效果各异,这些都是影响调味的因素,要把握这些因素之间的关系,使菜肴达到最佳口感。

（一）味觉与味的分类

常用的基本味:咸味、甜味、酸味、辣味、香味、鲜味、麻味。

常用的复合味:咸鲜味、咸甜味、五香味、糖醋味、麻辣味、红油味、荔枝味、鱼香味、怪味等。

（二）调味技艺的主要内容

调味技艺的内容包括菜肴调味的要求、调味的原则、调味的方法。

① **调味的要求**

（1）下料必须恰当、准确。

每种菜肴都有特定的口味,这是通过不同的烹调方法、调味方式来确定的。在选择调味用品和数量时必须恰当、准确。有的菜是甜辣咸香口味,则应以甜味为主,辣味次之,咸味再次之。若是同一种调料,有的菜就要在烹制过程中先加入,有的菜在烹制后加入,要按照最佳时机进行。

（2）根据原料的性质不同来调味。

本身新鲜的原料滋味鲜美,调味不宜过重,要突出原料的本味。如果原料本身不新鲜,调味就要稍重,能够除掉原料的不好味道。例如,采用鱼、虾、牛、羊肉等原料,调味时就要加解除腥味的调料,如料酒、醋、花椒、八角、葱、姜、蒜等。

（3）根据季节变化来进行调味。

人们的口味随着季节变化而有所差异。例如,夏季炎热,人们多喜欢酸辣爽口、清淡的口味;冬季寒冷,人们多喜欢偏咸的口味。

（4）地方菜肴按照规格调味。

我国地域辽阔,各地饮食习惯均有不同,于是形成了许多各具特色的地方风味菜肴,在烹调菜肴时,就要按照特定的规格进行调味,以保持地方风味特点。

② **调味的原则**

（1）适时来调。

在饮食上，人在不同的季节会有不同的偏好，春季宜清鲜，夏季宜淡爽，秋季宜浓烈，冬季宜肥厚。

（2）因人来调。

人们会因为地域、职业、习俗的影响，对味道有一定的指向性，烹调时要根据不同的饮食对象，选择恰当的味型。

（3）因材施味。

烹饪原料各有不同的特性，因此在烹调加工过程中，对烹制、调味都要有一定的适应性。

（4）准确放料。

各种味型在调味品种、数量、用料次序上都有一定的要求，要根据菜肴味型的要求，严格按照一定的放料程序、数量来进行。

③ **调味的方法**　调味方法从工艺上有拌味、腌味、加味、淋芡等。

（1）拌味。

拌味是指在非加热状态下把调料加入菜肴原料中拌匀的方法，菜肴的原料可以是待烹原料或者是成品原料。

（2）腌味。

腌味是指有序地把调料、淀粉、清水等按照需要加入被腌制的原料的方法。例如，腌制肉丝需要加入淀粉、水、蛋清、盐、生抽等，提前进行码味，炒制时肉丝更易入味。

（3）加味。

加味是指在烹制过程中加入调料的方法，可增加菜肴滋味，特别是在焖烧菜肴中运用较多。

（4）淋芡。

把有味的芡淋在碟中熟料上的工艺叫淋芡。芡中有时会混入一些辅料。

（三）调味技艺的特点

调味是烹饪技艺的核心内容，其成败将直接影响菜肴的风味。要掌握调味工艺，就必须了解味觉及各基本味的性质，掌握调味的方法、原则以及调味的一些基本原理，做到反复训练，熟能生巧，应用自如。调味技艺有以下特点。

① **除异解腻**　有些动物性原料，有一定的腥味、膻味，要在调味过程中用酒、葱、姜、蒜、香料等，对其进行除异味增香味，起到除异解腻的作用。

② **增加美味**　有的原料味道淡，需要加入葱、姜、料酒等去除其异味，再用鲜汤进行调和，就可达到增香促鲜的效果，增加菜肴美味。

③ **确定口味**　不同的菜肴，要确定好特有的口味，如在炒肉丝时，添加具有鱼香味的调料，做出的菜品就呈现出鱼香味。

中国菜肴的调制，特别注重口味的调和。调制菜肴的口味，除了要掌握味觉及基本味的性质，熟悉调味的方式、方法和阶段外，还要遵循一定的调味原则。只有这样，才能实现调味的目的，满足就餐者的口味需求。

（四）中国菜肴的调味原则

① **调味须突出原料本味**　原料不同，其自身属性不一。给菜肴调味，只有熟悉原料的特性，因料施艺才能发挥原料固有的特性，达到正确烹制菜肴之目的。许多烹饪原料具有鲜味足、异味少、味美可口的潜在特质，调味时应尽量突出其本味，如新鲜的时蔬，鲜活的河鲜、海鲜等，调味时所用调料

都不宜过量,味宜清鲜。尽量避免浓烈调料与之调和。

②**调味须遵循菜品要求** 各种菜肴都有质与量的标准。就菜肴本身而言,其有确定的味型,固定的调料,调味必须按照菜肴的味型,投放与之相适应的调料,不可随心所欲,更不能使用替代调料,否则,达不到调味的质量标准。

③**调味须适时适量** 适时,是指在恰当时机调味。各种菜肴在调味上都有工艺流程的严格规定,违反调味工艺流程,颠倒调味次序,都将直接影响调味效果。我们的前辈厨师非常重视调味的先后次序,这是在无数次失败与成功的实践中总结出来的,理当予以继承。适量,是指按照规定的味型,投入数量适宜的调料。随着调味工艺的不断规范,菜肴调料的投放量都有严格的量化标准,这种量化标准的依据主要是菜肴的味型特征。因此,调味必须严格遵循适量原则,调料过多或过少都不能调制出合乎标准的味型。

④**调料须宽广质优** 调料须宽广,是就浓厚味型和异味较重的原料而言的。这类菜肴的调味不宜单一化,要使用多种调料加以有机融合,要采用味增强或味消杀的调味方式进行调味。如"鱼香味",其调料就要多样化,要咸甜酸辣兼备,葱姜蒜香气突出。一些不太新鲜的畜肉、鱼肉,异味较重的动物内脏,要彻底清除其异味,需要重用一些除异增香的调料,如料酒、醋、葱、姜、蒜、酱油等,以便达到去异味、增鲜味、生香气、扬长避短的调味目的。

味料质优,是指要选择质量好的调料。现在市场上的品牌调料很多,要注意识别真伪,正确选购。好调料只需一点点,伪劣调料投放再多,也达不到调味要求,还会影响菜肴风味。

⑤**调味须随季节改变浓淡** 人们的口味常随季节的变化、气候的冷暖而发生变化。一般来说,夏、秋两季气温偏高,菜肴应偏于清淡;而冬、春两季,则趋向醇厚。许多酒店根据季节的变化而调换所供应的品种,正是为了适应节令的变化,以便尽可能满足顾客的口味要求。

⑥**调味须随时代变化调换口味** 调味工艺不是墨守成规,一成不变的,否则,调味技术就没有发展和提高。现代人不再仅仅满足于传统口味,口味上求新,求奇,讲究时尚气息,讲求品味内涵,是当今社会对口味的普遍追求。调味必须顺应时代的变化,开发出新的味型。

⑦**工艺须细腻得法** 调味工艺与其他烹调工艺一样,需要认真细致,一丝不苟,把每个环节做到位。调味时要做到眼到、手到、心到、意到,所谓"用心做菜",正是强调心态对菜肴的重要影响。好心情出好菜,同理,好心情才能调好味。

人们常说,细节决定成败,把这句话用在调味上也是非常恰当的。调味各个环节都有细致入微的工艺要求,只有以高度负责的态度加以慎重把握,调味技术才能得到融合,调制的菜肴味道才有可能依"法"而行,合乎标准。

四、制熟技艺与特点

烹调方法是指把经过初步加工和切制成形的烹饪原料,综合运用加热、调制等手段制成不同风味菜肴的方法。在实际应用中,烹调方法还包括只调制不加热的方法,如生拌、生炝、生渍、生腌等,以及只加热、不调制的方法,如煮(饭)、熬(粥)、蒸(馒头)、烤(白薯)等。

由于烹饪原料的性能、质地、形态各异,因此,菜肴在色、香、味、形、质等方面的要求也各不一样。因而菜肴制作过程中的加热途径、糊浆、芡汁和火候运用也不尽相同。这样也就衍生形成了多种多样的烹调方法。运用烹调方法的目的是通过对热能、调料和炊具的综合或分别利用,施加于粗加工、细加工等工序处理过的主、辅料,产生复杂的理化反应,形成色泽、香气、味道、形状、质感等不同的风味特色,使烹饪原料变为既符合饮食养生要求,又美味可口的菜肴。因此,烹调方法对菜肴起着决定性的影响,是中式烹饪技艺的核心。由于我国各地物产、风俗习惯不同,菜肴的烹调方法也各不相同。热菜的烹制方法可以分为以油、水、蒸汽、固体、辐射为传热介质的烹调方法。

（一）制熟技艺的主要内容

❶ 以水为传热介质的烹调方法

（1）炖，是将刀工处理过的原料放入砂锅中，加入清水和调料，用旺火烧沸，使用不同的火力长时间加热，使原料成熟的烹制方法。炖一般选择整块、大块、肉质较老的原料进行烹制。炖菜的特点是形态完整、原汤原汁。

（2）煮，是将加工处理成小型的原料放在汤锅中，用旺火或中火进行短时间加热至熟的一种烹调方法。煮的时候，汤要宽，火要旺，应选用质地较嫩的原料。

（3）烩，是将两种以上成熟的原料放入锅中，加汤和调料用中火进行短时间加热至熟，起锅时勾薄芡成菜的一种烹调方法。

（4）汆，是将小型上浆或不上浆的主料放入多量、不同温度的水中，运用中火或旺火短时间加热至熟，再放入调料，使成菜汤多于主料几倍的烹调方法。

（5）塌，是将主料用调料腌制，再拍粉或挂鸡蛋糊（或用鸡蛋液），用油煎至两面金黄，再放入调料和汤汁，然后用微火烧尽汤汁成菜的烹调方法。

（6）烧，是将刀工成形的主料经初步熟处理后，放入有调料、汤（或水）的锅中，用中、小火烧透入味收汁或勾芡成菜的烹调方法。分为红烧、白烧、干烧等。

❷ 以油为传热介质的烹调方法

（1）炒，是将刀工成形的主料，上浆（或不上浆）后用底油或滑油加热，五至七成熟时捞出主料沥油，再放入辅料快速翻炒成菜的烹调方法。炒制法适于各种烹饪原料。可以分为生炒、熟炒、软炒。

（2）煸，要求菜肴用少量油，中火加热，使原料脱水，使调味汁渗入原料内部，成菜后达到干香酥软效果的一种烹调方法。特点是味鲜浓郁爽口。

（3）炝，是将主料直接放入高油温的锅中快速翻炒，使主料吸收以干辣椒、花椒为主要调料香味的一种烹制方法。特点是质脆嫩爽口，糊辣味浓郁。

（4）炸，将经过加工处理的原料，通过码味、挂糊放入温度较高的油中进行加热，使成品达到焦、脆、嫩等不同质感的烹调方法。具有火力旺、油多的特点。炸可以分为清炸、软炸、干炸、酥炸等。

❸ 汽烹法　汽烹法主要指蒸制法。蒸是将经加工、调味的主料，利用蒸汽传热使其成熟的烹调方法。蒸制法有干蒸、清蒸、粉蒸。干蒸类菜肴宜用旺火猛汽蒸制。干蒸的调味方法有两种：一种是一次性调味，要求调味时定味要准；一种是基础味和辅助调味相结合。主料放入盛器后可采取加盖、封纸等方法密封，以隔绝蒸汽。清蒸类菜肴要选择鲜活的主料。用调料腌制主料时要均匀，且时间不宜过短，否则不易入味。要根据主料体积的大小，灵活掌握蒸制时间的长短；对体大的主料要进行剞刀处理，以利于扩大其受热面积和味的渗透面积。粉蒸类菜肴宜用旺火蒸制。主料成形后必须腌制入味和上浆，以保证主料蒸后鲜嫩，也可起到粘连米粉的作用。

此外，为增加菜肴的清香味，也可用荷叶将主料包裹起来蒸制，如荷叶米粉蒸肉、荷叶粉蒸鸡等。另有一种蒸扣制法，与清蒸相似，但其仅限于将加工的主料整齐地码入扣碗内，加汤和调料蒸制成菜，再倒扣盘内，然后将芡汁（或不用芡汁）浇淋在主料表面，如梅菜扣肉、冬菜扣肉等。

❹ 固体烹法　固体烹法是指通过盐或其他固体物质将热能传递给原料，使原料自身水分汽化至熟的烹调方法。焗是常用的固体烹法。

（1）制品特点：原汁原味、质感软嫩、本味浓郁。

（2）制法种类：物料焗、炉焗。

（3）操作要领：宜选用鲜活的原料。

原料在焗制前一般要腌制，并要静置一段时间，使之味透肌理。原料形状较大的，如整鸡、排骨、乳鸽、鹌鹑等，焗制时间要长一些；含水量相对较高、体小的原料，如龙虾、蟹等，焗制时间要短一些，加热时应以小火或微火为宜。

此外，还有瓦罐焗、酒焗等。这些方法将主料置于汤汁中，传热介质是水，因此不属于固体烹法，在此不做介绍。

❺ 电磁波烹法 电磁波烹法是利用电磁波、远红外线、微波、光能等作为热源，使主、辅料成熟的成菜方法。

（1）制品特点：成菜质感软嫩、软烂、酥烂，形态完整、原汁原味、味型各异。

（2）制法种类：远红外线加热、微波加热、光能加热等。

（3）操作要领：加热前应根据菜肴成品的要求进行主、辅料的选配及调味，合理调控加热时间和温度，以确保成菜的质量。

（二）制熟技艺的主要特点

❶ 杀菌消毒 原料带有细菌和寄生虫，若不经过消毒、灭菌处理，人们食用后容易患病。在温度高达 80 ℃时，病原微生物一般可以被杀死。

❷ 使菜肴气味芳香 动植物性原料在入锅烧煮时，不加调料，原料中所含的脂肪、糖类、蛋白质等受热后会分解出一种芳香的气味。

❸ 烹制出具有复合味型的菜肴 多数菜肴由两种以上原料组成，每种原料有各自的滋味，经过加热后，各种味道相互渗透，形成复合味型。

相关知识

任务二 中国饮食风味流派

任务描述

了解我国饮食风味流派的形成过程。了解具有代表性的中国菜肴，掌握八大菜系的特点及代表菜，熟悉各少数民族菜肴的特点等。

任务目标

1.了解中国饮食风味流派的形成原因及过程。

2.掌握中国饮食风味流派的划分依据和认定标准。

3.掌握八大菜系的特点和代表菜。

4.熟悉地方风味和少数民族风味流派的相关知识。

任务实施

一、风味与风味流派的形成原因

风味流派指的是各个地方饮食风味的差别，由于地理环境、气候等不同，中国南、北方饮食差异明显。以秦岭‑淮河一线为界，我国可划分为南、北两大区域。北方人的主食是高粱、大豆、白面，喜欢吃各种面食，而南方人以稻米为主食；北方人喜欢大块吃肉，南方人喜欢将肉切得细，炒得嫩；北方人爱吃饺子，南方人喜欢吃馄饨。

二、中国饮食风味流派形成的过程

中国饮食风味流派形成的过程,可以分为以下三个阶段:萌芽阶段、形成阶段、发展阶段。

(一)萌芽阶段

在先秦时期,黄河流域诸侯国兴盛,在饮食上逐渐形成北方的风味,孔子提出的"不时不食",代表的就是北方风味。口味以咸味为主。另外,在长江流域以南,吴、楚等诸国逐渐兴盛繁荣,饮食之味与北方区别大,口味偏向酸苦味,逐渐形成南、北风味的差异。

(二)形成阶段

山东的鲁菜是黄河流域烹饪文化的代表,其中以孔府菜为饮食代表。作为"天下第一家"的孔府,在几千年的发展过程中形成了孔氏家族特有的饮食系统。孔子提出的"食不厌精,脍不厌细"的理念,是孔府菜饮食文化的具体体现。扬州等地的淮扬菜素有"东南第一佳味,天下之至美"之美誉。淮扬菜始于春秋,兴于隋唐,盛于明清,大运河的开凿使扬州成为全国重要的贸易城市,促进了饮食的发展,形成了具有代表性的淮扬菜。四川有丰富的原料,在明清时期,川菜进一步发展,直至民国时期,由于明清时期辣椒的传入,近代川菜最终形成"一菜一格,百菜百味""清鲜醇浓,麻辣辛香"的特点。广东自古以来,海运发达,物产丰富,人们烹而食之,由此养成了喜好鲜活、生猛的饮食习惯。随着历史变迁和朝代更替,广东既继承了传统的饮食文化,又博采各方面的烹饪精华,再根据本地的口味、习惯,不断吸收、积累、改良、创新,从而形成了菜式繁多、烹调考究、质优味美的饮食特色。粤菜近百年来成为国内较具代表性和具有世界影响的饮食文化之一。中国饮食的四大风味流派鲁菜、淮扬菜、川菜、粤菜逐步形成。

(三)发展阶段

在明清时期,中国饮食风味流派得到进一步发展,进入清朝宫廷的厨师以山东地区的居多,因此鲁菜的影响扩大到京津地区。鲁菜成为四大菜系之首。淮扬菜在江苏、浙江、安徽等地逐渐发展壮大。川菜在黔、湘、鄂、滇等地形成一定的影响力。粤菜在闽、台、琼等地占有一席之位。随着中国饮食文化的发展,全国各地相继开办川菜馆、鲁菜馆、粤菜馆、淮扬菜馆等,中国饮食风味流派的发展进入了繁荣阶段。

三、中国饮食风味流派形成的条件

随着中国饮食文化的发展,各风味流派在地域上出现了南北差异,形成了鲁菜、淮扬菜、川菜、粤菜这四大菜系风味流派。我国有着丰饶的物产,地理环境和气候较复杂,使各地的食材口味不同,逐渐形成了我国"东辣西酸,南甜北咸"的口味。另外,随着社会经济的发展,烹饪工具日益完善,烹饪技术也得到了发展,特别是在唐代,经济、文化空前繁荣,为饮食的发展奠定了基础。

四、中国饮食风味流派划分的依据与标准

(一)划分的依据

❶ **根据地理位置的不同来进行划分**　中国饮食风味可分为山东风味、四川风味、淮扬风味、广东风味等。以地域性来划分,我国的饮食风味流派可以分为鲁菜、川菜、苏菜、粤菜、浙菜、湘菜、闽菜、徽菜等。

(1)鲁菜。

鲁菜是山东菜,起源于山东的齐鲁风味,其历史悠久、底蕴深厚,对北京、天津等地区烹调技术的发展影响很大。鲁菜风味是由济南菜、胶东菜、孔府菜等风味构成的。2000多年前,源于山东的儒家学派奠定了中国饮食注重精细、中和、健康的特点。鲁国大思想家孔子提出的"食不厌精,脍不厌

细""不时不食"等饮食理论,至今对中国烹饪仍有着一定的指导意义。明清时期大量山东厨师和菜品进入宫廷,使鲁菜雍容华贵、中正大气、平和养生的风格特点进一步得到升华。鲁菜的风味特点是讲究精美,重于调味,工于火候;口味以鲜咸为主,火候偏重于软烂柔滑;烹调技法以蒸、烤、扒、烧、炸、炒见长。鲁菜的代表菜有葱烧海参、九转大肠、糖醋黄河鲤鱼、油爆双脆、诗礼银杏、奶汤蒲菜、锅烧肘子、孔府一品锅、神仙鸭子、带子上朝等。

九转大肠

(2)川菜。

川菜是四川菜,起源于巴国和蜀国,其存在时段为先秦的巴国和蜀国至清代鸦片战争时期。在这个时期,川菜经历了孕育萌芽,川菜菜系初步形成和成熟的发展时期。四川素有"天府之国"的美称。这里物产丰富,盛产粮油佳品,特别是调料,如四川保宁醋、郫县豆瓣、花椒、辣椒等。

花椒

川菜由上河帮、小河帮、下河帮三大帮派构成。川菜的风味特点是取材广泛,调味多变,菜式多样,口味清鲜,醇浓并重,以善用麻辣调味著称,素有"一菜一格,百菜百味"之称。川菜的代表菜有宫保鸡丁、鱼香肉丝、开水白菜、麻婆豆腐、水煮牛肉、夫妻肺片、口水鸡等。

(3)苏菜。

苏菜是江苏菜,我国八大菜系之一,形成于春秋战国时期。江苏地处长江下游,有"鱼米之乡"等美称,物产丰富,以鱼虾水产居多。苏菜由金陵菜、淮扬菜、苏锡菜、徐海菜等地方菜组成。苏菜擅长炖、焖、蒸、炒,重视调汤,保持菜的原汁,风味清鲜,浓而不腻,淡而不薄,酥松脱骨而不失其形,滑嫩爽脆而不失其味。苏菜的代表菜有清炖蟹粉狮子头、盐水鸭、金陵板鸭、鸡汤煮干丝、凤尾虾、三套鸭、水晶肴肉等。

（4）粤菜。

粤菜是广东菜。粤菜受到中原文化的影响,特别是在明清时期,由于贸易港口的开放,引来了大量西方人,这为粤菜吸收西方烹饪技法与原料提供了条件。这个时期,广东各大城市的餐饮业得到了快速发展,到处都开设餐馆、酒家,粤菜飞速发展。粤菜由广州菜、潮州菜、东江菜组成。粤菜用料广博,选料珍奇,配料精巧,善于在模仿中创新,依食客喜好而烹制。烹调技艺多样善变。在烹调上以炒、爆为主,兼有烩、煎、烤,讲究清而不淡,鲜而不俗,嫩而不生,油而不腻。粤菜的代表菜有脆皮烤乳猪、白切鸡、烧鹅、蜜汁叉烧、脆皮烧肉、上汤焗龙虾、清蒸东星斑、椒盐濑尿虾、干炒牛河、广州文昌鸡、煲仔饭、支竹羊腩煲、萝卜牛腩煲、广式烧填鸭、豉汁蒸排骨等。

水晶肴肉

干炒牛河

（5）浙菜。

浙菜是浙江菜。浙菜在吸收淮扬菜等风味基础上,发展并形成了自己独特的风味。在南宋时期,临安是南宋的都城,吸引了一大批北方官员、商人南迁定居到浙江,当地饮食融合了南、北烹饪技艺,当地烹饪技艺得到发展,餐饮市场繁荣。浙江有着丰富的水产、果蔬资源,盛产山珍海味。浙江菜由杭州菜、宁波菜、绍兴菜组成。其选料讲究,烹饪独到,注重本味,制作精细。代表菜肴有西湖醋鱼、龙井虾仁、宋嫂鱼羹、东坡肉、赛蟹羹、干炸响铃、荷叶粉蒸肉、西湖莼菜汤、杭州煨鸡、虎跑素火腿等。

西湖醋鱼

（6）湘菜。

湘菜是湖南菜,起源于春秋战国时期。明清时期是湘菜发展的鼎盛时期,著名的谭家菜就是在这个时期形成的,成为我国较有影响力的菜系之一。湖南盛产莲藕、腊肉、鱼虾贝等,为湘菜在选料方面提供了丰富的物质条件。湘菜的风味以湘江流域、洞庭湖区和湘西山区三种地方风味为主。其用料广泛,口味多变,制作精细,品种繁多;色泽上油重色浓,讲求实惠;品味上注重香辣、香鲜、软嫩;

制法上以煨、炖、腊、蒸、炒诸法见称。代表菜肴有剁椒鱼头、辣椒炒肉、湘西外婆菜、吉首酸肉、衡阳鱼粉、栖凤渡鱼粉、永州血鸭、宁远酿豆腐、腊味合蒸、姊妹团子等。

（7）闽菜。

闽菜是福建菜。闽菜发源于福州，由于福州人民经常往来于海上，饮食习俗逐渐带有开放特色，是一种独特的菜系。闽菜风味由福州、闽南、闽西风味等组成。闽菜以烹制山珍海味而著称，在色、香、味、形俱佳的基础上，以"香""味"见长，其清鲜、和醇、荤香、不腻的风格特色，以及汤路广泛的特点，在烹饪园地中独具一席。闽菜的代表菜有佛跳墙、八宝红鲟饭、白炒鲜竹蛏、太极芋泥、淡糟香螺片、爆炒双脆、荔枝肉、荷包鱼翅、龙身凤尾虾、翡翠珍珠鲍、鸡茸金丝笋等。

剁椒鱼头　　　　　　　　　　　　　　佛跳墙

（8）徽菜。

徽菜是安徽菜。徽菜的形成与徽商的发展有着很大的关系。特别是唐宋以后，徽商遍布全国，将徽菜传播至全国各地。徽菜由皖南菜、皖江菜、合肥菜、淮南菜、皖北菜构成。其擅长烧、炖、蒸，而爆、炒菜少，重油、重色、重火功。代表菜肴有腌鲜臭鳜鱼、杨梅丸子、银芽山鸡、松鼠溜黄鱼等。

腌鲜臭鳜鱼

除八大菜系之外，有着深远影响的菜系还有京菜、上海菜等。京菜就是北京菜，它是以北方菜为基础，融合各地风味而形成的。北京作为金、元、明、清四朝都城，是全国政治、经济、文化中心。各地饮食风味和厨师聚集于此，加上宫廷饮食的影响，逐渐形成了北京菜特有的风味。北京菜由山东菜、宫廷菜等构成。北京菜的风味特点是取料广泛，烹饪方法以烤、涮为特色。代表菜肴有北京烤鸭、罗汉大虾、黄焖鱼翅、炖羊蝎子、京酱肉丝等。上海菜也叫本帮菜，逐渐发展成以上海和苏锡风味为主体兼有各地风味的上海风味菜体系。其风味特点是选料新鲜、品质优良、刀工精细、制作考究、火候恰当、清淡素雅、咸鲜适中、口味多样等。代表菜肴有青鱼下巴甩水、腌川红烧圈子、生煸草头、鸡骨酱、虾子大乌参、松江鲈鱼等。

❷ **根据不同的民族来进行划分** 我国有56个民族,不同的民族有着不同的饮食风味。以广西菜为例,广西菜也称桂菜。桂菜可分为桂北、桂西、桂东南与滨海风味菜。桂菜具有"天然生态、原汁原味"的主要特征,以及"以稻食物为基础、多民族融合、喜酸味"的饮食文化特征。其中"以稻食物为基础"是广西菜区别于其他菜系的重要特征。广西菜的代表菜肴有高峰柠檬鸭、柳州螺蛳粉、红扣黑山羊、良庆脆皮扣、螺蛳鸡、黄豆酸笋焖鱼仔、阳朔啤酒鱼、梧州纸包鸡、沙蟹汁炒豆角等。

❸ **按原料的不同进行划分** 中国饮食风味流派可分为素食风味流派和荤食风味流派。

(二)划分的标准

从地域位置来说,三大河流孕育了四大菜系,即鲁菜、川菜、淮扬菜、粤菜,到后来的八大菜系,在原有的基础上加了浙菜、闽菜、湘菜、徽菜。无论是"四大菜系",还是"八大菜系",都不能反映出中餐丰富的全貌。例如,青海、云南等少数民族聚集区的餐饮,就不在传统的"四大菜系"或"八大菜系"中。但是,即便需要彰显中餐全貌,也并不需要以每个省份的名称来命名。要知道,在选料、切配、烹饪等技艺方面,经长期演变而自成体系,具有鲜明的地方风味特色,并被全国各地所承认的地方菜肴,才能被称为菜系。划分和命名菜系,不是分省介绍饮食。中国各地的经济、文化发展并不平衡,并非每个省区都有自成体系、特色鲜明的菜肴。"四大菜系""八大菜系"是在历史的进程中逐渐形成的,已获得社会的广泛认同。

任务三 中国饮食主要面点风味流派

相关知识

任务描述

了解中国饮食主要面点风味流派及各个流派代表品种的特色,全面掌握中国饮食主要面点风味流派的发展历程和中国饮食主要小吃风味流派。

任务目标

1.区分南、北方面点风味流派的不同。
2.学习京、苏、广式等面点特色。
3.了解中国饮食主要面点风味流派的代表作品。
4.了解中国饮食主要小吃风味流派的分类和代表小吃。

任务实施

一、中国饮食主要面点风味流派

(一)京式面点

京式面点起源于我国黄河以北的大部分地区,包括山东、华北、东北地区等,这些地区的面点以北京面点为代表,所以称为京式面点。北京曾是金、元、明、清的都城,具有悠久的历史,几百年来北京作为我国政治、经济、文化中心,极大地促进了北京餐饮市场的发展。京式面点以面粉制品为主,口味鲜咸、制作精细、柔软松嫩。其代表品种有烧卖、狗不理包子、银丝卷、艾窝窝、京八件等。

（二）苏式面点

苏式面点起源于扬州、苏州，是指长江下游、沪宁杭地区制作的面点。以江苏面点为代表，所以称为苏式面点。自古以来这里经济繁荣、文人荟萃，有深厚的文化内涵。袁枚在《随园食单》里赞美苏式月饼"食之不觉甚甜，而香松柔腻"。苏式面点特色品种繁多，制作精细，讲究造型，汁多肥嫩，味道鲜美。代表品种有扬州三绝（三丁包子、翡翠烧卖、千层油糕）、蟹粉汤包、生煎包、宁波汤圆、花式酥点等。

烧卖　　　　　　　　　　　　　　　　蟹粉汤包

（三）广式面点

广式面点发源于我国东南沿海，是指珠江流域及我国南部沿海地区制作的面点，以广东面点为代表。在唐代，广州作为当时著名的通商口岸，对外贸易发达，与国外经济联系紧密。对外来的西式面点，面点厨师们进行了创新改良，形成了自有的特色。广式面点品种繁多，讲究造型、色泽，使用油、糖较多，馅心用料广泛，口味清淡。代表品种有葡式蛋挞、叉烧包、肠粉、芋头糕、叉烧酥、莲蓉甘露酥等。

肠粉

（四）其他面点

除上述面点以外，我国其他地区的面点如川式面点、晋式面点、秦式面点，都是根据独特的地理位置和人们饮食习惯，而形成的特有面食。以晋式面点为例，晋式面点是指山西面点，是我国北方面点风味中的一种，制法多样。最早起源于三晋地区的广大农村。到了明清时期，晋商文化兴盛，曾带动山西旅游、餐饮业的发展，为晋式面点的形成奠定了基础。晋式面点的特色有用料广泛、工具独特、一面百吃、百面百味。晋式面点的代表品种有刀削面、猫耳朵、莜面卷、黄米面油糕、闻喜饼等。

二、中国饮食主要小吃风味流派

(一)华北地区小吃

华北地区包括北京市、天津市、河北省、山西省、内蒙古中部地区。北京著名小吃有豆汁、炒肝、卤煮火烧等,其中卤煮是北京最纯粹的传统小吃。卤煮火烧起源于北京城南的南横街。据说,光绪年间因为用五花肉煮制的苏造肉价格昂贵,人们就用猪头肉和猪下水代替,经过民间烹饪高手的传播,久而久之,造就了卤煮火烧。卤煮火烧是将火烧和炖好的猪肠和猪肺放在一起煮,辅之以炸豆腐片、卤汁,加蒜汁、酱豆腐汁、香菜等辅料,烧透而不黏,肉烂而不糟,颇受人们的喜爱。天津有煎饼果子、狗不理包子等,其中狗不理包子始创于公元1858年(清朝咸丰年间),被誉为"津门老字号,中华第一包",以其鲜美的味道和独特的样式而闻名。狗不理包子的面、馅选料精细,制作工艺严格,外形美观,特别是包子褶花匀称,每个包子都有18个褶,"薄皮大馅十八褶"便是对其最生动的描写。刚出笼的狗不理包子,鲜而不腻,清香适口。

(二)华东地区小吃

华东地区包括上海、江苏、浙江、安徽、江西、福建、山东等地。上海著名小吃有排骨年糕、南翔小笼包、生煎包。上海生煎据说已有上百年的历史。由于上海人习惯称"包子"为"馒头",因此在上海生煎包也被称为生煎馒头。上海生煎包成品面白,软而松,肉馅鲜嫩,中有卤汁,咬嚼时有芝麻及葱香味,以出锅热吃为佳。人们对它的评价如下:"皮薄不破又不焦,二分酵头靠烘烤,鲜馅汤汁满口来,底厚焦枯是败品。"

江苏小吃有蟹黄汤包,是江苏省靖江市传统名小吃,明清时期已经享有盛誉。其特色是皮薄如纸,吹弹即破,制作"绝"、形态"美"、吃法"奇"。但靖江蟹黄汤包的名气似乎与地位并不相符,这是由于它的制作工序十分讲究,蟹黄汤包最宜现做现吃才能品其精华。

知味小笼是浙江杭州地区知味观的传统名吃。烹调时,选用发酵精白面粉作皮,用鲜肉,或鲜肉拌虾仁,或鸡肉拌火腿末作馅,在馅料中加入肉皮冻,包好后放入特制小蒸笼用急火蒸制而成,分别称为鲜肉小笼、虾肉小笼、鸡火小笼。这些包子汁多香鲜,皮薄滑韧,但口味各异。

安徽黄山烧饼,又名"蟹壳黄烧饼""救驾烧饼""皇印烧饼",是安徽传统名吃,盛行于古徽州地区及周边部分地区。制作时,以上等精面粉、净肥膘肉、梅干菜、芝麻、精盐、菜油等手工制作皮、馅,经泡面、揉面、搓酥、摘坯、制皮、包馅、收口、擀饼、刷饴、撒麻、烘烤等10余道工序制成。其烘烤在特制炉中进行,内燃木炭,将饼坯贴于炉的内壁,经烘烤、焖烘,再将炉火退净后焙烤,前后耗费数小时而成。因经木炭火烘烤,其形如螃蟹背壳,色如蟹黄,故得此名。

蚵仔煎

福建小吃有蚵仔煎,是福建等地有名的小吃之一,以肥美多汁的鲜蚵(蚵仔为闽南语,其实就是牡蛎)加上鸡蛋、茼蒿菜,再勾芡太白粉煎成饼状。上桌前淋上甜辣酱料,就可以尝到蚵仔的鲜美,以及饼皮的香甜滋味。

(三)华南地区小吃

华南地区包括广东、广西、海南、香港、澳门。广东名小吃有干炒牛河、双皮奶、广东肠粉等。肠粉是一种米制品,在广东地区是最为普遍的早餐,其特点是看起来粉皮白如雪花、薄如蝉翼、晶莹剔透,吃起来鲜香满口、细腻爽滑,还有一点点韧性,让人一吃难忘。广东肠粉因不同的制作工具和方法分成两种"流派":一种是布拉肠粉(将米浆置于布上蒸成,又叫布拉蒸肠粉);另一种是抽屉式肠粉。布拉肠粉以品尝馅料为主(大部分肠粉浆是使用黏米粉再添加澄面、粟粉和生粉制成),而抽屉式肠粉(肠粉浆是使用纯米浆制成)主要品尝肠粉粉质和酱汁调料。

广西小吃有螺蛳粉、桂林米粉,是历史悠久的传统名小吃,以其独特的风味远近闻名。桂林米粉做工考究:先将上好的早籼米磨成浆,装袋滤干,揣成粉团煮熟后压榨成圆条或片状即成。圆的称米粉,片状的称切粉,通称米粉,其特点是洁白、细嫩、软滑、爽口。

海南小吃有抱罗粉、椰子饭、椰子奶冻、特色文昌鸡饭等。

香港小吃有鸡蛋仔、碗仔翅、生菜鱼肉汤、鱼丸、砵仔糕、牛杂、格仔饼、炸鱿鱼须、烧卖、煎酿三宝等。

澳门小吃有葡式蛋挞、澳门猪扒包、大菜糕、竹升打面等。

(四)西南地区小吃

西南地区包括重庆市、四川省、贵州省、云南省、西藏自治区共五个省(区、市)。重庆著名小吃品种繁多,有重庆酸辣粉、山城小汤圆、重庆抄手、重庆小面等,其中重庆小面是指以葱、蒜、酱、醋、辣椒调味的麻辣素面。而在老重庆人的话语体系中,即使加入牛肉炸酱、排骨等豪华浇头的面条也称作小面,如牛肉、肥肠、豌豆炸酱面等。

四川小吃有红糖糍粑、泸州黄粑、肥肠粉、担担面、三大炮、钵钵鸡、凉糕、川北凉粉、叶儿粑等。

贵州小吃有肠旺面、花溪牛肉粉、遵义羊肉粉、贞丰糯米饭、丝娃娃、红油米豆腐、雷家豆腐圆子、豆沙窝、恋爱豆腐果等。其中肠旺面是贵州有名的特色小吃,它具有血嫩、面脆、辣香、汤鲜的风味口感,以及红而不辣、油而不腻、脆而不生的特点。"肠"即猪大肠,"旺"则是猪血,辅以面条,三者相加便相得益彰。"肠旺"是"常旺"的谐音,寓意吉祥。肠旺面始创于晚清时期。据说,在一百多年前,贵阳北门桥一带肉案林立。桥头有傅、颜两家面馆,常将猪肠、血旺做成汤面调料,到辛亥革命后经有名的"苏肠旺"家将原油炸猪肠改为烤肠,质量有了很大的提高。由于风味独特,很受市民的欢迎,流传至今。

肠旺面

云南的"过桥米线"已有百余年历史,是云南最具代表性的小吃。过桥米线主要来源于蒙自地区。在云南蒙自,过桥米线就是家乡的味道。过桥米线滋味鲜美,食法独特,其滚汤与辅料颇具匠心,具有香浓汤汁与精选配菜的米线承载着人们对美味的追求与温饱的权衡。云南人对过桥米线的感情毫不造作,这种米线几乎代表了云南人的一种生活方式。

西藏高原平均海拔 4000 m 以上,这里海拔高,空气稀薄,降水量少,日照充足,风速大,基于这种独特的地理位置和气候特点,西藏人民形成了独特的膳食习惯。糌粑、酥油茶、甜茶、牛羊肉、青稞酒等便成了他们的传统食品。青稞又称裸大麦、元麦,是藏族人民制作糌粑的主要原料,人们将青稞炒过后磨成面用酥油拌着吃,也将青稞与豌豆掺和制作糌粑。青稞做成的糌粑不但是藏族人民的传统食品,还作为藏餐出现在拉萨的主要饭店,成为招待中外宾客的重要食品。在宗教节日里,藏族人民还要抛撒糌粑,以示祝福。

牛羊肉:藏族人民以食牛羊肉和奶制品为主。人们在牧区一般不食蔬菜,饮食单调。从饮食结构来说,牧区乃至整个西藏地区都属于高脂肪、高蛋白饮食区。众所周知,牛羊肉热量很高,这有助于生活在高海拔地区的人们抵御寒冷。

酥油茶:酥油茶是藏族群众每日不离的饮料。藏族群众早上定要喝上几杯酥油茶,才去劳动或工作。到藏族群众家中做客,一般会得到酥油茶的款待。酥油茶的制作方法:将砖茶用水久熬成浓汁,把茶水倒入"董莫"(酥油茶桶)中,放入酥油和食盐,用力将"甲罗"(搅拌棒)上下来回抽几十下,搅得水乳交融,再倒进锅里加热,便成了可喝的酥油茶。酥油茶因为有酥油,所以能产生较多热量,喝后可御寒,非常适合高寒地区人们饮用。酥油茶里茶汁也很浓,能起生津止渴的作用。

(五)其他地区小吃

陕西汉中面皮是陕西南部汉中地区著名特色小吃。汉中面皮以大米为原料,大米经过浸泡,磨成米浆,加水稀调,上特制的笼蒸熟,待冷却后抹上菜籽油切成细条,具有白、薄、光、嫩、细、柔、韧、香等特点,再辅以豆芽、菠菜、胡萝卜丝,调配入红油辣椒、大蒜汁、生姜汁、米醋、酱油、五香粉、精盐等调料。拌后红绿相映,黄白互衬,色泽鲜亮,食之爽口,气味芳香,风味独特。自古而今,汉中人就有用面皮招待亲友的习惯。

南京鸭血粉丝汤是南京著名的风味小吃,由鸭血、鸭肠、鸭肝等加入鸭汤和粉丝制成。不论是鸭汤的烹制,还是鸭血、鸭肝与鸭肠的制作,都采用的是传统制作金陵盐水鸭的方法。其口味平和、鲜香爽滑,南北皆宜。

江西瓦罐汤又名民间瓦罐汤,是一种江西地区传统的民间煨汤方法。民间瓦罐汤采用的是古来的煨制工艺,在瓦缸内进行煨制,以土质瓦罐为容器,加以食物配以纯净水为原料,以硬质木炭火恒温受热,煨制出的汤原汁原味,有很高的营养价值。民间瓦罐汤是江西非常响亮的一张名片,是江西地地道道的特色小吃。

武汉热干面是武汉地区的特色美食,与河南烩面、山西刀削面、四川担担面同称为中国四大名面。热干面的面条纤细,根根有筋力,色泽黄而油润,滋味鲜美。拌以香油、芝麻酱、鲜辣味粉、五香酱菜等辅料,色香味俱全。武汉热干面可谓享誉全国,乃至享誉世界。

相关知识

项目小结

本项目主要介绍了中国烹饪技艺中有关原料的选择和初加工方法,刀工的作用与特点,调味技艺的主要内容和制熟技艺的特点,中国饮食风味流派的形成原因、形成过程和形成条件;中国八大菜系的来历及代表菜品;中国饮食主要面点风味流派的分类;中国饮食主要小吃风味流派的分类等知识,使学生对中国饮食烹饪文化有一定的了解和认识,感受到中国饮食烹饪文化的博大精深。

| 课程思政策略 |

　　王义均,鲁菜泰斗,曾被商务部授予中华名厨(荣誉奖)称号,北京丰泽园名厨,中国烹饪大师,有"海参王"的美誉,国家高级烹饪技师,国家餐饮业高级评委,国家中式烹调职工技能鉴定专家,中国名厨专业委员会委员兼顾问,北京市烹饪协会副会长,国家名厨编委会高级顾问,京华名厨联谊会会员,中国烹饪协会理事,现任北京市丰泽园饭店技术总监。1933年,王义均出生在中国名厨之乡——山东烟台福山。他13岁进入北京丰泽园饭庄当学徒。丰泽园饭庄创办于1930年,是北京久负盛名的经营正宗山东风味菜的老字号饭庄。能进入丰泽园饭庄当学徒,用王义均的话说,是他"时来运转"。进了丰泽园饭庄可不是一步登天,王义均一步一个脚印开始了艰苦的学艺之路。王义均接触烹饪是从"蹭勺"开始的。为了防止串味,厨师们用完炒勺就一扔,徒弟们就得捡起来磨蹭擦洗。王义均每天要蹭一百多次。这样一干就是三年,他没有像其他学徒那样抱怨,而是偷偷品尝菜的味道,暗地观察师傅的手艺。慢慢地,师傅对这个勤快又聪明好学的小伙计开始另眼相待,把自己的拿手绝活如数传授给他。王义均进步飞快,深得鲁菜其中要义。20世纪70年代,王义均凭借高超的厨艺,成为丰泽园饭庄的厨师长,实现了他从"厨师"到烹饪大师的跨越。王义均在保护鲁菜传统特点的同时又善于创新,葱烧海参、砂锅鱼翅、糟熘鱼片、烩乌龟蛋、砂锅散丹、龙须全蝎都是他的招牌菜。在60年的厨艺生涯中,王义均拥有一系列殊荣,如中国十大名厨、中国烹饪大师、国宝级烹饪大师等。他曾多次出国进行厨艺表演,交流饮食文化,先后为多位国家领导人设宴款待外国贵宾时担任主厨,均得到他们很高的评价。王义均将毕生所学、毕生所创全部传授给徒弟。他的徒弟遍布全国各地,屡屡在大赛上获得荣誉。在美国、日本、新加坡,他的弟子依然在运用他传授的技艺,发扬中国的饮食文化,为人类烹饪事业做贡献。

　　小组讨论:让同学们分组讨论,王义均大师哪些职业精神值得大家学习?今后你们想变成什么样的厨师?

扫码看答案

同步测试

一、填空题

1.京式面点的代表品种:＿＿＿＿＿＿、＿＿＿＿＿＿、＿＿＿＿＿＿、＿＿＿＿＿＿、＿＿＿＿＿＿、＿＿＿＿＿＿。

2.苏式面点的扬州三绝:＿＿＿＿＿＿、＿＿＿＿＿＿、＿＿＿＿＿＿。

3.天津狗不理包子始创于＿＿＿＿＿＿,被誉为"＿＿＿＿＿＿"。

4.刀法的种类繁多,但是根据刀刃与墩面接触的角度,可分为＿＿＿＿＿＿、＿＿＿＿＿＿、＿＿＿＿＿＿、＿＿＿＿＿＿四类。

5.常用的基本味:＿＿＿＿＿＿、＿＿＿＿＿＿、＿＿＿＿＿＿、＿＿＿＿＿＿、＿＿＿＿＿＿、＿＿＿＿＿＿。

6.粤菜是由＿＿＿＿＿＿、＿＿＿＿＿＿、＿＿＿＿＿＿构成的。粤菜的风味特点是＿＿＿＿＿＿,善于在模仿中创新,依食客喜好而烹制。

7.川菜由＿＿＿＿＿＿、＿＿＿＿＿＿、＿＿＿＿＿＿三大帮派构成。

Note

二、多项选择题

热菜烹制方法可以分为以（　　　）为传热介质的烹调方法。

A. 油　　　　　　B. 水　　　　　　C. 蒸汽　　　　　　D. 固体　　　　　E. 电磁波

三、简答题

1. 广东肠粉分为哪两种？

2. 调味技艺有哪些特点？

3. 中国的八大菜系是哪些？

4. 中国饮食风味流派形成的过程分为哪几个阶段？

中国饮食民俗

项目描述

　　民俗,即习俗、风俗、风俗习惯等,是民间社会生活中传承的各种文化事项的总称。饮食民俗,即饮食习俗、食俗等,是人们在食事活动过程中久积而成、历代相袭的风俗习惯。中华民族五千年文明史,孕育出独具东方文化韵味的中国饮食民俗,成为中国饮食文化的重要组成部分。通过对本项目的学习,学生掌握中国饮食民俗的相关知识,增强民族自豪感与文化自信,发扬中华优秀传统文化,更好地为餐饮业发展服务。

项目目标

　　1.了解中国饮食民俗产生、形成的影响因素。
　　2.理解中国饮食民俗行为的内涵与寓意。
　　3.掌握中国饮食民俗行为的具体内容。

任务一　中国传统岁时节令饮食习俗

 任务描述

　　中国传统岁时节令是中华民族在漫长的历史进程中所形成的全民共享的文化节日,既是中华先民对自然规律的认识和把握,又凝聚着中华民族的文化精神和思想情感,承载着中华民族的文化血脉。中国传统岁时节令饮食习俗,不仅内容丰富,而且寓意深远。学习并掌握传统岁时节令饮食习俗的相关知识,对餐饮从业人员做好餐饮工作具有重要的启迪与提升作用。

 任务目标

　　1.了解中国传统岁时节令产生的原因。
　　2.理解中国传统岁时节令饮食习俗的寓意与内涵。
　　3.掌握中国传统岁时节令的名称、时间、食俗活动、代表食品。

 任务实施

　　岁时节令是指按季节变换、民族生产生活习俗、重大历史事件以及宗教信仰等要素而设立的社会活动日,是人们在社会生活中约定俗成的集体性习俗活动日。岁时节令有固定或相对固定的活动时间,有特定的主题和活动方式,并约定成俗而世代传承。我国的岁时节令与我国长期处于传统农业社会的关系密切。从节日内容上看,可分为农事节日、祭祀节日、纪念节日、庆贺节日、社交游乐节日等。节日里,人们通过相应的食俗活动,增强亲族联系,调剂生活节律,表达人们的寄托、企盼等心理,满足人们的物质文化需求和审美追求。

一、中国传统节日饮食习俗

（一）春节

❶ 节日由来　春节俗称新年,又称元旦、元日、岁首、岁朝等,时间在农历正月初一,是农历新年的第一天。但由于各代历法不同,岁首之日也不尽相同。1911年辛亥革命后,我国采用公历纪年,以公历元月一日为元旦,农历正月初一为春节（春节与元旦从此不同起来）。春节历史悠久,可上溯至尧舜时代,由上古先民岁首祈岁祭祀演变而来。唐虞时称"载",夏代时称"岁",商代时称"祀",周代时称"年"。"年"在甲骨文中的本义为五谷成熟。五谷一年一熟,年遂成为四季轮回一个周期的时间长度单位;民间传说年为驱除年兽后的庆祝日。时间从过小年（腊月二十三或二十四日）到第二年的元宵节（正月十五日）都在春节范围,其中从除夕到正月初三为高潮。

春节是中华民族最重要的传统节日。年俗活动内容丰富,礼仪隆重,颇受人们重视。春节民间主要有置新衣、办年货、扫房舍、祭灶神、祭祖先、贴春联、挂年画、放鞭炮、守岁、拜年、走亲访友等习俗活动,有吃年饭、喝春酒、吃年糕、吃饺子、吃元宵、喝元宝茶等饮食习俗。

❷ 饮食习俗

（1）吃年饭。

农历除夕又称"大年三十",民间家家户户要吃年饭,又称年夜饭、宿岁饭、团圆饭等。年夜饭讲究合家团圆、和睦欢乐。为此,远行的游子也要在除夕夜前赶回家里,实在没法回家的人,吃饭时家人也要给他留出一个位置,摆上碗筷,象征他也回家团聚了。这是中国人家族观念、家庭凝聚力和向心力强的表现。吃年饭的时间多在夜间（傍晚或黎明）,饭菜讲究菜食丰盛,寓意吉祥。席中一定要有鸡、鱼,取喜庆吉（鸡）祥,年年有余（鱼）之意。此外,全国各地还会选择一些带有地方特色的菜点,取其美好谐音、寓意入席,反映出民间百姓对来年、未来美好生活的企盼与希寄。年夜饭不仅要吃饱、喝好,还讲究有吃有剩,寓意年年有余,富贵有根。

（2）吃饺子。

我国北方有正月初一吃饺子的食俗。饺子由馄饨演变而来。相传为东汉时"医圣"张仲景首创,已有一千八百多年的历史。三国时称"月牙馄饨";南北朝时,馄饨"形如偃月,天下通食";唐代称"偃月形馄饨",宋代称"角儿",元明时期称"匾食",清代称"饺儿""水点心""煮饽饽"等。民间春节吃饺子的习俗在明清时期已相当盛行。饺子一般要在除夕晚上十二点以前包好,此刻正是子时,取"更岁交子"之意,以辞旧迎新。饺子因其形如元宝,故而吃饺子有"招财进宝""喜庆团圆""吉祥如意"之意。为了讨吉利,得彩头,增加节日的欢乐气氛,人们还往往把钱币、糖块、花生米、枣子等包入饺子中,吃到的人,象征着来年"财运亨通"、生活甜蜜、健康长寿、好运早来等。饺子馅也颇有讲究,如芹菜馅取勤财之意,韭菜馅取久财之意。有些地方还将饺子与面条同煮,称作"金丝穿元宝",等等,都是取其吉祥之意。

（3）吃年糕。

我国南方及部分北方地区,春节民间有食年糕和用年糕拜年之俗,起源于春秋战国时期,盛行于明代。年糕的制作原料有多种,各地做法也不尽相同。一般来讲,南方多用糯米或大米,北方多用黏黍（黄米）制成,谐音年（黏）年（黏）高（糕）,寓意人们的生活"步步登高",一年更比一年好。年糕风味南北有别,北方年糕有蒸、炸两种,均为甜味;南方年糕还有片炒和汤煮诸法,味道咸、甜皆有。年糕种类很多,北方有白糕、黄米糕,南方以水磨年糕最为著名。

（4）喝春酒。

春节期间,家人团聚,多要饮酒。初一当天,古人有饮椒柏酒、屠苏酒等习俗。东汉崔寔《四民

65

月令》记载,元日饮用以花椒、柏叶浸泡的药酒,能使人在新的一年里百病皆除,身体健康。南北朝宗懔《荆楚岁时记》引董勋言,饮椒柏酒时少者先饮,老者后饮,"以小者得岁,先酒贺之;老者失岁,故后于酒"。魏晋之后,人们在元日还饮屠苏酒。《荆楚岁时记》载,这天"长幼悉正衣冠,以次拜贺。进椒柏酒,饮桃汤。进屠苏酒,胶牙饧,下五辛盘"。屠苏本是草庵名,庵中之人让大家在除夕用布袋装上许多味药材,先浸于井水中,初一再浸入酒中,"合家饮之,不病瘟疫"(唐代韩鄂《岁华纪丽》)。宋代元日则主要饮屠苏酒和术汤。王安石《元日》"春风送暖入屠苏"的诗句,正说明了这种习俗。

此外,中国也是茶的故乡,自古有饮茶之风,以茶敬客之礼也颇有讲究。春节期间,迎来送往,客人进门,必先敬茶。

(二)元宵节

① 节日由来 元宵节又称正月十五、上元节、元夕节、灯节。元者,始也;宵者,夜也。正月十五是农历一年中的第一个月圆之夜,故名元宵。元宵节的源起,可能与古人过节时以火把驱邪有关。西汉司马迁《史记·乐书》载:"汉家常以正月上辛祠太一甘泉,以昏时夜祠,到明而终。"因在夜间进行,自然要打火把,后来演变为元宵节。汉代平定"诸吕之乱"正逢正月十五,汉文帝命"与民同乐",使元宵节的影响扩大。佛教传入中国后,元宵节又具有了灯节的性质。又因道教有三元之道,上元天官是正月十五诞生的,因此,元宵节又名上元节。元宵节是整个农历新年欢庆活动的最后一个高潮。入夜,家家户户点起红灯,大街小巷张灯结彩,人们赏灯、猜灯谜、闹社火、吃元宵,庆贺团圆,寓意圆满。灯节时间,汉代仅限于正月十五一天,唐代延长到三天,宋代延长到五天,明代延长到十天,即正月初八点灯,正月十七落灯。到清代又缩短为四至五天。

② 饮食习俗 元宵又称汤圆、圆子、灯圆。吃元宵的习俗起源于何时何地,民间说法不一,一说始于春秋末年楚昭王命人仿制"浮萍果"的故事;二说始于西汉武帝时宫女元宵擅做此物而名之的故事。但传说不见于史载。据载,唐代有吃"粉果"(又称"油画明珠")的食俗,现在的元宵可能由此演变而来。元宵节吃元宵的最早记载见于宋代,当时称"浮圆子""圆子""乳糖圆子"等,但北宋元宵多无馅,南宋才包糖馅。明代吕毖的《明宫史》记载:"自初九日后……吃元宵,其制法,用糯米细面,内用核桃仁、白糖为果馅,洒水滚成,如核桃大。"已与今元宵制法相同。

元宵种类很多,有无馅、有馅之分,有馅元宵又有甜、咸之味,甜味多以白糖、核桃、桂花、芝麻、山楂、豆沙、枣泥等为馅;咸味可荤可素,风味各异。从制作来看,南方元宵(汤圆),多以包制为主,北方元宵多为滚制而成。其吃法,可水煮、油炸、蒸制而熟。正月十五吃元宵,取其圆形,寓意合家团圆、生活甜美、诸事圆满、万事如意。

此外,古时元宵节还有吃豆粥、蚕丝饭的习俗。

(三)清明节

① 节日由来 清明节既是我国重要的传统节日,也是二十四节气之一,时间在公历4月5日前后(农历三月间)。因"物至此时,皆以洁齐而清明矣",故名清明。唐代以前,清明节前一两天为古代的寒食节。

寒食节,又称冷食节、禁烟节,有禁用烟火、只食冷食(提前做好的熟食)的习俗。源于纪念春秋时期晋文公名臣介子推而设,禁火寒食,以寄哀思。也有说,寒食本由禁火,源于周代禁火旧制,以避免风大物燥的春季发生火灾,过后重新取火熟食,此即逢春改火之习。

约到唐代,寒食节与清明节合而为一,寒食节成为清明节的一部分。节日习俗主要有扫墓祭祖、踏青、插柳、植树、荡秋千等活动。饮食习俗主要有吃青团、馓子、鸡蛋、清明螺、枣糕、夹心饼、清明粽、清明粿等食品。

❷ 饮食习俗

（1）吃青团。

清明时节，江南一带有吃青团的食俗。青团是用"浆麦草"汁与水磨糯米拌和制皮，包入糖豆沙、玫瑰花、松仁、枣泥、糖猪油等馅心蒸制而成的。其色泽碧绿、清香扑鼻、糯韧绵软、甜而不腻、肥而不腴。既是江南居民清明祭祖必备，又是春季节令食品。

（2）吃馓子。

我国南北各地都有清明吃馓子的食俗。馓子是一种油炸食品，又称寒具、食馓、捻具、麻物子等。原为纪念介子推，寒食节禁火，而提前炸制的一种环状面食。屈原在《楚辞·招魂》中说"粔籹蜜饵，有餦餭些"。宋代词人、美食家林洪考证："餦餭乃寒具食，无可疑也"。北魏贾思勰《齐民要术》载："环饼一名寒具……以蜜调水溲面"。北宋苏东坡云："纤手搓来玉色匀，碧油煎出嫩黄深。夜来春睡知轻重，压匾佳人缠臂金。"现流行于汉族地区的馓子南北方也有差异：北方馓子大方洒脱，以麦面为主料；南方馓子精巧细致，以米面为主料。

馓子

（四）端午节

❶ 节日由来 端午节时间在农历五月初五，"端者，初也"；古代"午""五"相通，故名端午、端五、重午、重五，又称端阳、端节、蒲节、粽节、龙船节等。端午节的起源说法很多，有说源于远古华夏族的祭龙活动；有说是为纪念投江祭父的孝女曹娥、替父雪耻的伍子胥、含愤投江的爱国诗人屈原等人而设。南北朝以后，纪念屈原说由楚地逐渐传播到全国，为大部分地区所认可，并沿袭至今。

此外，古人认为阴历五月是恶月，"阴阳争，气血散"，人易病。因为此时时序已交夏令，气温剧升，蚊蝇滋生，百虫活动，人的健康易受到毒虫、病疫的侵害，于是为了消灾防病强身，人们在端午节习俗中，增加了整理卫生和"压邪"的内容。节日里，民间有赛龙舟、吃粽子、食咸蛋，饮雄黄酒、菖蒲酒，挂艾草、系香袋，吃蒜、挂蒜、插菖蒲等习俗活动。

❷ 饮食习俗

（1）吃粽子。

粽子是端午节最主要的节令食品，又称"角黍"。史载始见于汉代，是由上古祭祀社稷、"祈年"风俗演变而来，今多以纪念屈原说传。楚人有端午投粽于汨罗江以纪念屈原之俗。粽子初见于北方，后重于南方，北黍南糯。其制法是用泡煮过的粽叶（菰叶、芦苇叶或箬竹叶），包裹浸泡过的糯米或黍米，并加入豆沙、红枣、栗子、肉等馅料，以成三角锥形、方形、枕形、牛角形等形状，慢煮而成。可甜可咸，可素可荤。食粽之时也不限于端午，我国有些地方春节、元宵节、夏至日、七夕节也有食粽之俗。

（2）饮雄黄酒。

端午节，人们用菖蒲叶或菖蒲根、雄黄，或单用雄黄浸酒，制成菖蒲酒、雄黄酒。大人午时饮少许，余下的雄黄酒，涂儿童面额耳鼻，并挥洒房间，以逐虫毒。吃大蒜也是为了去食积，除败毒，防疾病。杭州及江南地区有吃"五黄"去"五毒"的风俗。"五黄"即黄鳝、黄鱼、黄瓜、咸蛋黄、雄黄酒;"五毒"即蛇、蝎、蜈蚣、壁虎和蟾蜍。江南水乡还有在儿童胸前挂一个用网袋装着的鸡蛋或鸭蛋,以消灾求福的习俗。

（五）中秋节

1 节日由来　中秋节时间在农历八月十五,因此时正逢三秋之半,故名中秋节、仲秋节、秋节、秋夕、八月节、八月半等,民间有赏月、祭月,以求合家团圆的习俗,故又称团圆节;因祭月多由妇女、儿童进行,故又称女儿节。

中秋节起源于先秦时的秋祀和拜月习俗。民间视月亮为月神,自古就有祭月活动。周代,每逢中秋之夜要举行迎寒和祭月活动;晋代已有赏月之举;至唐代,赏月、玩月已颇为流行;宋代定为中秋节,并沿袭至今。民间中秋节主要有祭月、赏月,吃月饼、瓜果、桂花糕,"摸秋""送瓜"等习俗活动。

2 饮食习俗

（1）吃月饼。

月饼原为古代祭月的供品,又称月团、小饼、团圆饼等,是中秋节最主要的节令食品。中秋吃月饼的习俗始于何时,因年代久远而说法不一。有说始于唐代,但当时并无"月饼"之称;"月饼"之名,始见于南宋吴自牧《梦粱录》,却四时皆有,并不专于中秋食用。真正使月饼与中秋结合起来,并盛行于民间的最迟是在明代。明代刘若愚的《酌中志》载:"八月……自初一日起,即有卖月饼者,至十五日,家家供奉月饼、瓜果。如有剩月饼,乃整收于干燥风凉之处,至岁暮合家分用之,曰'团圆饼'也。"清代关于月饼的记载已非常多,制法已极精细。今之月饼,种类繁多,工艺讲究,味道多样。按产地分有苏式、广式、京式、潮式等;以口味分有甜、咸、咸甜、麻辣味等;以馅心分有五仁、豆沙、莲蓉、火腿等。虽大小不一,但多为圆形,取团圆之意。

（2）吃桂花糕、喝桂花酒。

桂花不仅有观赏价值,更有食用、医用价值。屈原《九歌》中就有"奠桂酒兮椒浆""援北斗兮酌桂浆"的诗句。中秋前后,正是桂花怒放的时节,人们将桂花用糖或盐腌制,长期密封于容器中,制成桂花酱。制作糕点、菜肴、茶饮时,和米面以成桂花糕;拌蜂蜜而成桂花糯米藕;泡水即为桂花茶。中秋之夜,合家团圆,人们拜月、赏月,品尝月饼,闻着桂花香,吃着桂花糕,喝着桂花蜜酒,自是人间节日的美好享受。

八月中秋,正是果实成熟的季节,围绕着庆贺丰收,各地还形成了许多特殊的食俗。如广州民间,不少家庭有炒田螺的习俗,人们认为,中秋田螺,可以明目。潮州人有食芋头的讲究,寓意辟邪消灾。全国不少地方有"摸秋""送瓜"的风俗。

（六）重阳节

1 节日由来　重阳节时间在农历九月初九,又称九月九、重九节、登高节、茱萸节、菊花节、敬老节等。因为九为阳数之最,日月并阳,两阳相重,故名"重阳";两九相重,又名"重九"。古人认为九九重阳是个吉祥的日子。民间有登高、赏菊、吃重阳糕、饮菊花酒、插茱萸、迎嫁女归宁等习俗。

重阳节的由来,一般认为始于先秦,可能起源于古人秋天丰收祭天去灾的风俗;也有说起源于古人围猎骑射后的祭祀天地、登高饮宴之俗。后来在历史演变中又杂糅了许多民俗。如南朝梁吴均《续齐谐记》记载了东汉桓景拜费长房为师、登高避灾的传说。后历代相沿,亦成风俗。王维的《九月九日忆山东兄弟》就是重阳节习俗的真实写照。2012 年 12 月,我国以法律形式明确将每年农历九月初九定为老年节,重阳节又增加了敬老的内容。

2 饮食习俗

（1）吃重阳糕。

重阳糕,又称"花糕",因在重阳节食用而得名,是重阳节传统节令食品。今多流行于江浙沪地区。重阳糕的前身据说是先秦时已有的"蓬饵",南朝时已有文字记载,唐宋时已盛行。宋代孟元老在《东京梦华录》中说："九月重阳……前一二日,各以粉面蒸糕遗送,上插剪彩小旗,掺钉果实,如石榴子、栗黄、银杏、松子肉之类。又以粉作狮子蛮王之状,置于糕上,谓之'狮蛮'。"之后,随着时代进步,重阳糕更是不断推陈出新,品种繁多,既有蒸制的,也有烙制的,还有用糯米、黄米蒸熟捣成的。平原地区,人们在自制的米粉糕点上插一面彩色三角小旗,以"糕""高"谐音,取登高避邪之意。

重阳糕

(2)饮菊花酒。

菊花酒是用菊花、糯米、酒曲酿制而成的。古称"长寿酒",其味清凉甜美,有养肝、明目、健脑、延缓衰老的功效。在古代被看作重阳必饮,祛灾祈福的"吉祥酒",正所谓"无酒无菊不重阳"。南宋李清照的《醉花阴》中有"东篱把酒黄昏后,有暗香盈袖。莫道不销魂,帘卷西风,人比黄花瘦",是文人把酒赏菊、悲秋感怀心绪的描述。

此外,重阳节也是蟹脂满腹的时候,江南地区还有食蟹的风俗。

(七)腊八节

❶ 节日由来　腊八节时间在农历十二月初八,简称"腊八",亦称"佛成道节"。远古时期,人们在冬月将尽之时,用猎获的禽兽举行祭祀活动,称"猎祭"。古代"猎""腊"相通,又称"腊祭",故农历十二月被称为"腊月",腊月初八称"腊日"。佛教传入中国后,因传说释迦牟尼在十二月初八悟道成佛,而增加了喝腊八粥的习俗,故腊八节也称"佛成道节"。而后逐渐演化为敬神供佛、驱疫禳灾、欢庆丰收的节日。

❷ 饮食习俗　腊八节有喝腊八粥的习俗。腊八粥不仅是礼佛食品,也是民间小吃。是日,古代寺院要取香谷、果实等谷豆煮成粥糜以敬佛。民间也效法此样煮粥,以消灾除病。煮粥原料名义上是要凑齐八样,但也不拘泥八样,少者四五种,多者十多种均可。有些地方会用糯米、红糖加十几种干果、豆类掺在一起熬煮而成,十分隆重。但总体说来,北方人喜欢用糯米、红小豆、薏米、枣子、莲子、桂园、黄豆、松子等为原料,煮成甜味粥;南方人则喜欢用糯米、花生、黄豆、芋头、栗子、白果、蔬菜、肉丁、麻油等煮成咸味粥。我国北方不产或少产大米的地区,还吃腊八面。有些产玉米的山区,则以玉米代替稻米,做成"腊八麦仁"。南北差异,风味不同。

有些地区在腊八前后还要制作"腊米""腊酒""腊醋",储存"腊水"、腌菜等。

二、中国传统时令饮食习俗

(一)立春

❶ 时令由来　立春是我国二十四节气之首,又名正月节、岁首、岁节、改岁、岁旦等,时间在每年公历2月3日至5日前后。"立,建始也"(《月令七十二候集解》),立,有开始之意;"春,推也"(《说文解字》),即春阳抚照,万物滋荣,代表温暖、生长。中国古代,以干支纪元,寅月为正月,立春为岁首。立春既是岁之首,亦是春季的开始。此时,自然界虽仍春寒料峭,但阳气已经开始升发,万物逐渐复

苏,新一年的轮回已经开启了。因此,古人颇为重视立春。立春前后要举行拜神祭祖、祈岁纳福、驱邪禳灾、除旧布新等活动,有迎春、打春牛、咬春、踏青、立春祭等习俗。饮食习俗主要有咬春、食春饼、赠春盘、食春芽等。

❷ 饮食习俗

（1）咬春、食春饼。

咬春是立春食俗之一。汉代崔寔《四民月令》记载:"立春日食生菜……取迎新之意。"到了明清以后,"咬春"主要指立春日吃萝卜。明代刘若愚的《酌中志》载:"至次日立春之时,无贵贱皆咬萝卜,曰'咬春'。"清代富察敦崇的《燕京岁时记》亦载:"打春即立春……是日富家多食春饼,妇女等多买萝卜而食之,曰'咬春',谓可以却春困也。"

春饼是立春日的时令食品。从魏晋南北朝起,就有迎春食春饼的习俗。南北朝梁宗懔的《荆楚岁时记》载:立春之日,亲朋会宴,啖春饼、生菜,贴"宜春"二字。春饼是用面粉烙制的薄饼,一般要卷菜而食。

春盘,又名"五辛盘"（因盘中盛有五种辛辣味的蔬菜而得名）,是将春饼与生菜（蔬菜）、果品、糖果等以盘装之或拼为盘。蔬菜主要有豆芽、萝卜、韭菜、生菜等。既可自食,亦可馈送亲友,取迎春之意。杜甫《立春》云:"春日春盘细生菜,忽忆两京梅发时。"

田艾粿

春卷,又称春蚕。宋代陈元靓的《岁时广记》载:"京师富贵人家造面蚕,名曰'探官蚕',又因立春日做此,故又称'探春蚕'。"

（2）吃田艾粿。

田艾粿,又称田艾米粿,是广东粤西地区春季常见的时令食品。开春时节,人们采摘野生田艾嫩芽,和面粉为皮,包入馅料,裹木菠萝叶蒸制而成。有香馅和甜馅之分。香馅主要有萝卜、虾米、肥肉、绿豆等;甜馅主要有白糖、花生、椰丝、木瓜丝、芝麻等。民间既作为拜神、祭祀的贡品,以祈风调雨顺;也作为自食的时令食品,去腻化积,养身健体,避邪气、驱寒毒。

（二）立夏

❶ 时令由来 立夏是二十四节气中的第七个节气,夏季的第一个节气,标志着夏季的开始。时间在每年公历5月5日至7日前后。"夏,假也,物至此时皆假大也"（《月令七十二候集解》）。"假",即"大"之意,是说春天萌发的万物至此已经长大了。立夏之后,我国大部分地区,气温迅速升高,降雨增多,农作物进入了旺盛生长的最佳时节。南方正是采茶、早稻插秧的时期,北方冬小麦正在灌浆,油菜接近成熟,夏收作物年景基本定型,农谚有"立夏看夏"之说,因此,古人非常重视立夏礼俗,有迎夏仪式,有"称人"的习俗,小儿多有斗蛋之戏。江浙一带有"立夏尝新"的风俗。

❷ 饮食习俗 江南立夏习俗有所谓的"见三新",意即吃这个时节的鲜嫩物产,如樱桃、蚕豆、竹笋或青梅、麦子、豌豆之类。苏州地区"立夏见三新"的"三新"是指新熟的樱桃、青梅和麦子。人们先以"三新"祭祖,然后尝食。同时,还要吃螺蛳、面筋、白笋、芥菜、咸鸭蛋、青蚕豆等。无锡民间"立夏尝三鲜"的三鲜分地三鲜、树三鲜、水三鲜。地三鲜即蚕豆、苋菜、黄瓜（或有元麦、蒜苗为其一）;树三鲜即樱桃、枇杷、杏子（或有梅子、香椿头为其一）;水三鲜即螺蛳、河豚、鲥鱼（或有鲳鱼、黄鱼、银鱼、子鲚鱼为其一）。在常熟,人们立夏尝新,食品更为丰富,有"九荤十八素"的说法。浙江、江苏、湖北、湖南、江西、安徽等地,人们则保留着立夏吃乌米饭的习俗。乌米饭是一种紫黑色的糯米饭,是以野生植物乌桕树的叶子煮水,浸泡糯米,放入木甑中蒸制而成的。

（三）立秋

① 时令由来　立秋是二十四节气中的第十三个节气,秋季的第一个节气,标志着秋天的开始。时间在每年公历 8 月 7 日至 9 日前后。"秋,禾谷熟也"(《说文解字》)。立秋是阳气渐收,阴气渐长,由阳盛逐渐转为阴盛的节点。立秋之后,气温、降水逐渐减少,万物开始从繁茂生长趋向萧索成熟。在这节气变换的时节,古代有祭祀土地神、庆祝丰收、占卜天气凉热的习俗,有贴秋膘、咬秋等食俗。

② 饮食习俗

(1)贴秋膘。

俗语说"夏天过后无病三分虚"。炎炎"苦夏",人们往往胃口不好,加之饮食"贪凉",有些人在度过了盛夏之后,体重会有所减轻。在一般人看来,体重减轻,是掉肉了,因此,为了把消耗的亏空补回来,在秋天就要贴秋膘。所谓贴秋膘就是选择味厚、肥浓的美味食品来补贴身体。贴秋膘时首选吃肉,以肉贴膘。因此,立秋这天,全国许多地方民间要吃白切肉、红焖肉,以及肉馅饺子、烧鸡、炖鸭、红烧鱼等。

同时,中医讲究春夏养阳,秋冬养阴,秋冬需要进补,秋季适当进补是恢复和调节人体各脏器功能的最佳时机。但立秋时节,对我国大部分地区来说,还在"伏"内,天气依然炎热,贴秋膘也要有一个逐渐适应的过程,并且要根据现代饮食环境下每个人的饮食、膳食结构状况来进补。

(2)咬秋。

立秋还有"咬秋"的习俗。人们相信立秋时吃瓜可防秋燥,免除冬天和来年春天的腹泻。清代张焘的《津门杂记》中载:"立秋之时食瓜,曰'咬秋',可免腹泻。"清时人们在立秋前一天,把瓜、蒸茄脯、香糯汤等放在院子里晾一晚,于立秋当日吃下,为的是清除暑气,避免痢疾。民国时期出版的《首都志》载:立秋前一日,食西瓜,谓之啃秋。也有迎接秋天到来之意。

（四）立冬

① 时令由来　立冬是二十四节气中的第十九个节气,冬季的第一个节气,标志着冬天的开始。时间在每年公历 11 月 7 日至 8 日。"冬,终也,万物收藏也"(《月令七十二候集解》),意思是说,物至此时,秋季农作物已全部收晒完毕,收藏入库;动物也已躲藏起来,准备冬眠。自然界生气开始闭蓄,万物进入休养、收藏状态。此时,天气虽不甚冷,但随着时间的推移,日照时间会越来越短、气温会越来越低。因此,在这交节之时,我国部分地区有祭祖、饮宴、卜岁等习俗,以时令佳品向祖灵祭祀,祈求上苍赐予来岁以丰年。

② 饮食习俗　春耕夏耘,秋收冬藏。农耕社会的人们,在经历了一年的劳作之后,会利用冬闲的日子,休息一下,犒赏自己与家人。谚语说,"立冬补冬,补嘴空"。

在这秋冬季节的交节之时,全国各地有立冬吃饺子的习俗。有些地方特意要吃倭瓜饺子。秋天收获回来的倭瓜,经过一段时间的糖化后,用来做馅,味道既不同于白菜、萝卜,也与夏秋时的倭瓜有异,别有一番滋味。同时,古人认为瓜代表结实,《礼记》中就有"食瓜亦祭先也"之说。

绍兴地区立冬之日始酿黄酒。绍兴地区冬季水体清冽,气温低,可有效抑制杂菌繁育,又能使酒在长时间的低温发酵过程中形成良好的风味,是酿酒发酵最适合的季节。因此,绍兴人将从立冬开始到第二年立春这段最适合做黄酒的时间称为"冬酿"。以美酒祭祀祖先,犒劳自己。

此外,在闽中地区,立冬"补冬"要熬制草根汤,漳州乡下要用糯米舂"立冬糍",南京人则有吃生葱的习俗。

（五）冬至

① 时令由来　冬至又称冬节、亚岁、日南至等,时间在每年公历 12 月 21 日至 23 日前后。冬至既是二十四节气中的一个重要节气,也是我国民间的传统节日,民间素有"冬至大如年"之说。冬至日,太阳光直射南回归线(太阳直射点南行的极致),北半球白天最短,黑夜最长。冬至之后,一年中

最为寒冷的严冬开始到来,民间由此开始"数九"计算寒天。同时,太阳直射点向北折返,北半球白昼日渐延长,夜晚逐渐缩短,太阳高度不断升高,阳气慢慢回升,有"冬至一阳生"的说法,因此,古人是把冬至看作"大吉之日"来庆贺的,其重视程度不亚于立春岁节。在我国南方地区,有冬至祭祖、宴饮的习俗;在北方地区有吃饺子的习俗。

❷ **饮食习俗**　在我国北方地区,冬至日大多有吃饺子的习俗,有"冬至饺子夏至面"之说。因为此时我国北方地区开始进入一年中最寒冷的时节,吃饺子有"消寒"之意,至今民间还流行着"冬至不端饺子碗,冻掉耳朵没人管"的谚语。有的地方则吃馄饨。

冬至吃汤圆(甜丸)在江南尤为盛行。汤圆又叫"冬至圆",民间有"吃了汤圆大一岁"之说。在宁波的传统习俗中,番薯汤果、汤圆是冬至必吃的美食。"番""翻"同音,吃番薯意将过去一年的霉运全部"翻"过去。汤果,类似汤圆,小而无馅,又称"圆子"。取"团圆""圆满"之意。宁波人做番薯汤果时,习惯加入酒酿,称"浆饭",取"财运高涨""福气高涨"的好彩头。在广东潮汕、海南、福建等地,民间有冬至吃甜丸的习俗。

二十四节气

任务二　中国人生仪礼饮食习俗

任务描述

"民以食为天",在我们这个讲究饮食的国度里,人们在进入不同生活和年龄阶段时的纪念仪式自然也离不开饮食。食物在仪礼活动中除了具有基本的物质功能外,还被赋予了更多、更深远的精神意义。通过对本任务的学习,学生了解并掌握诞生、婚嫁、寿诞、丧事等人生仪礼活动中必要的饮食习俗知识,提高个人人生仪礼方面的文化修养,以更好地服务于本职工作。

任务目标

1. 理解人生仪礼活动中食物的寓意。
2. 掌握人生仪礼活动中基本的饮食习俗与代表食品。

任务实施

人生仪礼,又称个人生活仪礼,是指人一生中在进入不同生活和年龄阶段时所举行的相应的仪式和礼节。每个人一生中都必须经历诞生、成年、婚嫁、丧葬等重要的生活阶段,在进入、跨越这些阶段时,人们会用相应的仪礼加以庆贺或纪念,以使人的社会属性得到社会的承认和评价,从而形成了诸如诞生仪礼、成年仪礼、婚嫁仪礼、丧葬仪礼等人生仪礼。千百年来,中国人在人生仪礼活动中逐渐形成了一系列的人生仪礼饮食习俗,成为中华饮食文化的重要组成部分。

一、诞生饮食习俗

诞生仪礼是一个人的人生开端之礼。从对子嗣的祈求到婴儿的诞生,形成了有关婴儿诞生的一系列的民间饮食习俗。

(一)求子饮食习俗

长期处于农业社会的中国,不论是早期群落的发展,还是后来国家的壮大,抑或是家族的兴盛,都取决于人丁的多少。因此,自古以来,中国人就有求子的习俗,特别是求生男孩,并形成了"重男轻女"的观念。早期人类最初是向自然神灵求子,后来则向神佛求子。如孔子降生前其母颜徵在曾祈于尼丘山。唐代以后则多祭拜观音菩萨、碧霞仙君、百花神等。有的则是借某种食品或食物的寓意

Note

求子,如用红鸡蛋、南瓜、莴苣、子母芋头、枣、栗子、花生、桂圆、莲子、石榴、葫芦等作求子之用。有的地区故意不将食物做熟,以取"生"之意,如满族人结婚时,新娘要吃煮的半生不熟的"子孙饽饽"。

红鸡蛋

在我国民间,蛋被认为是促孕的灵验食品。远古岁月,就有简狄吞玄鸟(燕子)卵而生契(商部族的始祖)的传说。《诗经》就有"天命玄鸟,降而生商"的记载。这可能是中国吃蛋求孕的最早记载。在山东有些地方,至今仍有长期不孕的妇女在正月初一早上在门后吃一个煮鸡蛋的讲究。在长江中下游地区,女儿的嫁妆里必有一个朱漆的"子孙桶",里面放着许多煮熟的红鸡蛋,男方亲友中不孕的妇女,便会向主人讨要喜蛋吃。

此外,我国许多地方还有中秋"摸秋""送瓜"求子的风俗。清同治《长阳县志》载:"三五成群偷知好园中瓜菜,谓之'摸秋'。摸得南瓜,用鼓乐送无子之家,谓之'送瓜'。男南同音,瓜又多子,谓宜男也。"

(二)孕期饮食习俗

妇人怀孕,对一个家庭、宗族甚至部落来说都是十分重大而值得庆贺的事情,故民间俗称怀孕为"有喜"。对一般家庭,除首先给孕妇增加营养,确保胎儿正常发育外,人们还凭借个人的直觉联想,倡导、鼓励孕妇要多食某些食物,以食物的某些特征,寄托对婴儿美好的期望。如民间认为多吃龙眼,日后出生的孩子眼睛会像龙眼一样又大又亮;多吃黑芝麻,将来孩子的头发会像芝麻一样乌黑油亮;多吃莲藕,孩子会又白又聪明(藕多孔);等等。

同时,民间又认为有些食物孕妇不宜食用,称为饮食禁忌。今天看来,有些禁忌是有科学依据的,但有些禁忌,则未免有些牵强附会。如认为孕妇不可吃兔肉,以免胎儿豁嘴;不可吃生姜,以免胎儿生六指;有些地方讲究不能吃狗肉、骆驼肉、葡萄等。民间还有根据孕妇的饮食嗜好,来判断生男生女的,有"酸儿辣女"之说。中国人在注重孕期饮食禁忌时,还有注重胎教的优良传统。如孕妇要行正坐端,多听美言,不生杂秽之念,不动气,不出秽言,有的还诵读诗书,陈以礼乐。

(三)诞生后的饮食习俗

随着婴儿的呱呱坠地,新生命来到人间。为了迎接新生命的到来,为给孩子的未来祈福,民间形成了一系列的婴儿诞生后的仪礼习俗与饮食习惯。流行的诞生后仪礼常见的有报喜、洗三朝、满月和抓周等。

❶ **报喜**　孩子出生后,婆家要到娘家去"报喜"。全国因地域不同,风俗也各不相同。如湖北通城,家贫者用樽酒,富裕者用猪羊报知娘家。浙江地区报喜时,生男孩用红纸包毛笔一支,女孩则另加手帕一条。也有分别送公鸡或母鸡者,送公鸡代表生男孩,送母鸡代表生女孩。陕西渭南一带,则讲究带一壶酒,上系红绳为生男,拴红绸为生女。安徽淮北地区女婿去岳父家时,要带煮熟的红鸡蛋,生男孩,蛋为单数;生女孩,蛋为双数。

❷ **洗三朝**　婆家报喜后,娘家则要送鸡蛋、粥米等。送粥米,也称送祝米、送米、送汤米。有的

还要送红糖、母鸡、挂面、婴儿衣服等。

婴儿出生三天后，要"洗三朝"，也称三朝、洗三。是日，家人采集槐枝、艾叶、草药煮水，并请有经验的接生婆为婴儿洗身，唱祝词。洗毕，以姜片、艾团擦关节处，用葱打三下，取聪明伶俐之意。

❸ **满月** 婴儿出生一个月，称"满月"。一般家人要给孩子"做满月"或称"过满月"。置办"满月酒"，也称"弥月酒"。主家遍邀宾客，宾客以礼相贺。给婴儿第一次理发，俗称"剃头"。孩子满月后，要去外婆家居住一段时间，俗称"挪窝"或"出窝"。

❹ **抓周** 孩子出生满一年，称"周岁"。民间有"抓周"或称"试晬""试儿"之俗，借以预测孩子的性情、志趣或未来前程。抓周时，在孩子面前摆出笔、书、算盘、食物、钗环、各种工具的实物或模型等，任孩子抓取，以占卜未来。抓周时，主家往往会邀请亲朋好友前来观看，并设酒宴招待。

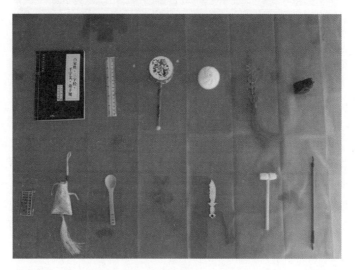

抓周道具

二、婚嫁饮食习俗

男大当婚，女大当嫁。婚嫁之礼是人生仪礼中又一大礼，历来受到个人、家庭和社会的重视，正所谓"昏（婚）礼者，礼之本也"（《礼记·昏义》）。但由于我国长期处于封建社会，青年男女的婚姻多遵从由父母做主的"父母之命，媒妁之言"。婚礼过程遵循纳采、问名、纳吉、纳征、请期、亲迎六个环节的"六礼"仪礼。近现代以来，婚俗改革，移风易俗，青年男女自由恋爱，婚嫁仪礼形式也大为简化。

（一）聘礼饮食习俗

聘礼是指男女订婚时所备的财礼，一般多指男方向女方所馈赠的财物。聘礼中除钱币、衣物饰品外，还有许多食物，这些食物除具有基本的可食性功能外，更多的是围绕婚嫁的主题，用来表达祝福、吉祥等寓意。

我国历代聘礼各有不同，各有其意。据记载，先秦至东汉时的聘礼多达 30 种。有的取其吉祥，以寓祝颂之意，如羊、香草等；有的取各物的特质，以象征夫妇好合，如胶、漆、鸳鸯等；有的取各物的优点、美质，以资勉励，如蒲、苇、雁等。至南北朝、隋唐以来，聘礼品种已大为减少，仅有 9 种：合欢、嘉禾、阿胶、九子蒲、朱苇、双石、棉絮、长命缕、干漆。各物自有其意。

到了宋代，茶也列为聘礼之一。取其"凡种茶树必下子，移植则不复生，故俗聘妇，必以茶为礼，义固有所取也"之意。意寓婚约一经缔结，便坚定不移。故聘礼称"下茶"，订婚礼称"茶礼"；女子受聘，谓之"吃茶"。

除此而外，聘礼中，一般还有鸡、羊、鹅、鱼、肉、酒、衣帛首饰、酒钱等。女家受礼后则要设筵款待客人。

（二）冠笄礼饮食习俗

冠礼是中国古代汉族男子20岁举行的成人礼，表示男子成年了，可以婚娶，并从此作为家族的成年人，可以参加各项活动。笄礼是中国古代汉族女孩的成人礼，俗称"上头""上头礼"。自周代起，规定贵族女子在订婚（许嫁）以后出嫁之前行笄礼，一般在15岁举行。如果一直待嫁未许人，则年至20岁也行笄礼。清代，冠、笄礼多移至婚嫁前夕。富家多在前三天，贫家则在前一天。当日，男家请尊长为加冠者取字、号，书悬于壁，亲友醵金来贺，男家则宴请宾客。女家则请族戚中有德行的妇女给加笄者修额，挽髻加簪，拜祖先和父母，开宴待客。冠笄礼往往还会邀请同龄亲朋参加。

（三）婚期饮食习俗

中国传统习俗中婚期一般持续三天。其间大小筵宴活动频繁，佳肴美酒成为婚庆活动的主角。人们借用食物的某种吉祥寓意，表达对新婚夫妇的美好祝愿和婚后美好生活的殷切希望。婚期与饮食有关的活动主要有：女家的送亲筵席、男家的婚筵、喝交杯酒、撒帐、闹洞房、新妇下厨、回门等。

全国各地风俗不同，但婚庆仪礼却大同小异。结婚当天早上，新郎在伴郎、亲友的陪伴下到新娘家"接亲"。一番挤门热闹之后，女家设筵席款待新郎、媒人等。女家亲友、邻里也来参加。然后，择时"发亲"。

到男家后，在司仪的主持下，举行婚礼仪式。新郎与新娘并立，合拜天地、父母、互拜，然后入洞房，合卺，即喝"交杯酒"（"合卺"是指新婚夫妇在新房内共饮合欢酒。宋代始称喝"交杯酒"，由始于周代的合卺之礼演变而来，意为新人自此已结永好）。

合卺

新人入洞房，有"撒帐"习俗。此俗始于西汉武帝时期。一般是由儿女双全被称为"吉祥人"的妇女将称为"子孙果"的花生、栗子、枣子、桂圆、瓜子、橘子等撒在床上，边撒边唱"撒帐歌"，歌词多是"郎才女貌好姻缘，早生贵子早福来"等吉祥话语。撒帐时，儿童们要争抢拾取，并认为越抢、越闹越好。"撒帐歌"及"子孙果"都是多子多福、早生贵子观念的体现。

婚礼礼成后，男家要举行盛大的酒筵大宴宾客。筵席的丰盛程度，虽由男家的财力而定，但一定是尽其所能。从入席到上菜，从菜品组成到进餐仪式，甚至桌席的布置、菜品的摆放，都体现出主家的诚意和谢意。酒筵期间，新人要拜见宾客，为客人敬酒。

闹洞房，又称"闹新娘""耍新娘"。时间一般在婚礼的当晚。时值洞房花烛之夜，民间有"闹喜事喜，越闹越喜"的说法，平辈、小辈、长辈，亲友、乡邻，不分辈分高低，男女老幼，都可祝贺新人，皆无禁忌。新人要准备瓜子、糖果等吃食，以待来客。

旧俗新婚第二天，有的地方还有婚俗活动。新人要一起拜谒舅姑（公婆）及男族各尊长，并敬献女工巧作之物，公婆及尊长要向新娘回赠礼物。有的地方还特意为新娘设宴，称"陪新姑娘"，尊长参加筵席。清代湖南永州地区，则要招待客人饮茶食果，谓之"拜水茶"。

旧俗新婚第三天，新娘要"三朝"下厨。届时，新娘要亲下厨房，为家人做一碗羹汤，陕西关中地区,则是擀一碗面,称为"试刀面",以示孝敬公婆,同时,也是显示新娘已经成为"家里人"。三朝下厨习俗由来已久。唐代诗人王建的《新嫁娘》载,"三日入厨下,洗手作羹汤。未谙姑食性,先遣小姑尝",正是这一习俗的写照。

下厨礼后,新娘要"回门"。回门也称双回门、归宁,古称"拜门"。一对新人带上礼品拜见岳父母。礼品称"回门礼",以酒、肉、糕点、挂面、糍粑等吃食为主。一对新人一起回门,取成双成对吉祥之意,有女儿成家后不忘父母养育之恩,女婿感谢岳父母恩德及女婿女儿婚后恩爱等意义。新郎至岳父母家,要依次拜岳父母及女族各尊长。岳父母家设筵招待。新郎坐上席,女族尊长陪饮。当天即可返回,也有小住几天的。

三、寿诞饮食习俗

奉亲养老是中华民族的传统美德,家庭生活中,除日常侍奉、孝敬老人外,为老人"做寿"也是这种传统的体现。做寿,也称"祝寿",通常指为老年人举办的庆寿活动。我国民间的庆寿活动,一般从50岁开始,每10年做一次。为年满60岁、80岁及以上老年人举行诞生日庆贺仪礼称为"做大寿"。庆寿一般邀请亲友来贺,晚辈与亲友要给老人送寿礼。礼品主要有寿桃、寿联、寿幛、寿面等。主家要大摆筵席,请饮寿酒。

做寿一般逢十,但也有逢九、逢一的,如江浙一些地方,凡老人生日逢九的那年,则提前做寿。因九为阳数之极,民间以九为吉祥数。寿辰当日,寿翁接受小辈叩拜。中午吃寿面,晚上聚宴。散席后,主人向亲友赠寿桃,并加赠饭碗一对,名为"寿碗",寓意受赠者可沾老寿星之福,有延年添寿之兆。

做寿要有寿面、寿桃、寿糕、寿酒。面条绵长,寓意延年益寿。寿面一般长约 1 m,每束须百根以上,盘成塔形,罩以红绿缕纸拉花,作寿礼敬献寿星。必备双份,祝寿时置于寿案之上。寿宴中,必以捞面为主。素有"面食之乡"的山西农村则讲究,宾客进食前,每人须从自己碗中挑一根寿面搭放于寿星面前碗上横放的葱白之上,待寿星吃过这碗面后,众人方可进食。

寿桃一般用面或米粉蒸制而成,染以红粉色,也有用鲜桃的,由家人置备或亲友馈赠。庆寿时,陈于案上。9桃相叠为一盘,3盘并列。以桃祝寿取自西王母瑶池做寿,设蟠桃宴以待群仙的神话传说。寿糕多用米粉、糖及食用色素制成,做成寿桃形,或饰以卷云、吉语等祝寿图案。

寿宴、菜品多扣"九""八"。寿宴如九九寿席、八仙席等;菜品多以"八仙过海""福如东海""白云青松"等寓意长寿、吉祥、美好的名称来命名。除前述面点外,还有白果、松子、红枣汤等。因"酒""久"谐音,故祝寿必用酒,常为桂花酒、竹叶青、人参酒等可延年益寿的酒类。

四、丧事饮食习俗

丧事,民间称"白事""送终""丧礼",古代视为凶礼之一。对于寿终正寝的人去世,民间称"白喜事"。

丧事礼仪中,饮食内容同样重要。一般来说,居丧之家,家人的饮食多有一些礼制加以约束,还有一些斋戒要求,现在虽已渐至简约,但茹斋蔬食者仍大有人在。吊丧的宾客饮食则较少受限制,丧席中不仅有肉,有的还有酒。

民间遇丧后要讣告亲友,而亲友则须携带香楮、联幛、酒肉等物品前来吊丧,丧家要设筵招待客人,各地风俗不一,丧席也有一定差异,如扬州丧席通常为"六大碗",即红烧肉、红烧鸡块、红烧鱼、炒豌豆苗、炒大粉、炒鸡蛋;四川一带的开吊席,多用巴蜀田席"九大碗",即干盘菜、凉菜、炒菜、镶碗、墩子、蹄髈、烧白、鸡或鱼、汤菜等。现在城镇丧席多在酒店中包席。

任务描述

中国社交饮食礼俗是中国饮食民俗的重要组成部分。通过对本任务的学习,学生了解中国社交饮食礼俗的起源;理解中国古代社交饮食仪礼的基本内容,中国用餐方式由分餐制向合餐制转变的过程,宴请礼仪与筵宴座次确定;掌握现代宴席礼仪知识,提高学生的个人饮食礼仪修养及宴事工作能力。

任务目标

1. 了解中国社交饮食礼俗的起源。
2. 理解中国古代社交饮食仪礼的基本内容,中国用餐方式的演变。
3. 掌握现代宴席礼仪的基本知识。

任务实施

中国素有"礼仪之邦"之称,讲礼仪、循礼法、崇礼教、重礼信、守礼义,是中国人的尚礼传统;学礼、行礼是中国人的立身之本。礼之起,起于祀神。"礼,履也,所以事神致福也"(《说文解字》)。远古时期的鬼神祭祀仪制,是人类文明发轫最早的礼,也曾是中国历史上最重要的礼。"夫礼之初,始诸饮食"是说:最初的礼仪是以向鬼神敬献食物开始的(而不是说:最初的礼仪制度是从饮食开始的)。食物在祭祀时,只是一种物质凭借,是祭祀演示过程中的道具和信物。只有当以食物这种物质为媒介的文化演示在演示人类自己进食过程中的生理需要与心理活动、感悟交流与交际关系时,人与人之间严格意义上的饮食礼俗才得以产生。

"衣食既足,礼让以兴"。饮食礼俗是人们在共餐场合的礼节或特有仪式,是大众通过风俗习惯而共同认同的饮食行为准则、道德规范和制度规定。因此,食礼是人们社会等级身份与社会秩序的认定和体现,也是在此基础上的诸般文化形态的演绎和展示。几千年来,中国饮食礼俗已浸透于社会生活的时时事事,方方面面,对中国人的社会生活产生了重大而深远的影响。

一、中国古代汉族食礼

(一)孔子倡导的食礼

孔子(公元前551年—公元前479年),子姓,孔氏,名丘,字仲尼。春秋末期鲁国陬邑(今山东曲阜)人,祖籍宋国栗邑(今河南夏邑),中国古代伟大的思想家、政治家和教育家,儒家学派的创始人。孔子所生活的时代,西周的宗法礼制已日渐崩溃,他以"克己复礼"为己任,希望通过自己的宣传、身体力行,恢复周礼,践行食礼。尽管他的一生总的说来,过的是平民生活,并未享受多少贵族身份的礼食,但他的食事言论,却让后人看到了他极力践行的食礼标本,即经历了夏商周三代,特别是西周贵族食礼下行后的食礼面貌与规范。

孔子极为重视宴饮活动中的礼。他强调"礼主于敬""夫礼者,所以定亲疏,决嫌疑,别同异,明是非也。礼不妄说人,不辞费。礼不逾节,不侵侮,不好狎。修身践言,谓之善行。行修言道,礼之质也"(《礼记·曲礼》)。意思是说,所谓礼,是用来确定人与人之间关系的远近,判断事情的疑惑怀疑,区别事情的相同与不同,明辨事情的正确与错误的。依礼而言,不随便取悦于人,不说做不到的事。依礼而行,做事不超过自己的身份,不侵犯侮慢他人,不因喜欢亲近而显得不庄重。涵养自己的德行,履行自己的诺言,就可以说是具有良好的品行。行为得到涵养,言谈符合规矩,这才是礼的本质。

❶ 宾主送迎相让及升堂行步之礼 《礼记·曲礼》载:"凡与客入者,每门让于客,客至于寝门,则主人请入为席,然后出迎客,客固辞,主人肃客而入。主人入门而右,客入门而左。主人就东阶,客就西阶。客若降等,则就主人之阶。主人固辞,然后客复就西阶。主人与客让登,主人先登,客从之,拾级聚足,连步以上。上于东阶,则先右足,上于西阶,则先左足。"意思是说,凡主人和客人一道进门,每到一个门口都要请客人先入。客人来至主人内室门口,主人要请客人稍等,容许自己先进去为客人设好席位,然后再出来迎接客人。主人请客先入,客人要推辞两次,主人这才引导客人入室。主人进门后向右走,客人进门后向左走,主人走向东阶,客人走向西阶。如果客人身份比主人卑下,就应随主人走向东阶,要等主人一再谦让,然后客人才又折回西阶。到了阶前,主客又互相谦让谁先登阶。谦让的结果是主人先登,客人随继,主人登上一阶,客人跟着登上一阶,每阶都是先举一足,然后举另一足与前足并拢,如此这般地一步接着一步地上去。上东阶的主人应先举右足,上西阶的客人应先举左足。

❷ 主客堂上交接之礼 《礼记·曲礼》又载:"帷薄之外不趋,堂上不趋,执玉不趋。堂上接武,堂下布武。室中不翔,并坐不横肱。授立不跪,授坐不立。"意思是说,在帷幕和帘子外不要快步走,在堂上,或端着玉器时不要快步走。堂上走路要用小碎步,堂下走路可以用大步;室内走路不可张开双臂,和别人坐在一起不可横起胳膊。把东西交给站立着的人时,不要用跪姿;把东西交给坐着的人时,则不应用站姿。

❸ 主为客扫除布席之礼 《礼记·曲礼》再载:"凡为长者粪之礼,必加帚于箕上,以袂拘而退,其尘不及长者,以箕自乡而扱之。奉席如桥衡,请席何乡,请衽何趾。席南乡北乡,以西方为上;东乡西乡,以南方为上。"意思是说,凡是为长者做席前扫除礼时,一定要把扫帚放在畚箕之上,双手持之入。扫的时候要用袖头在前遮掩着扫帚,倒退着扫,这样就不会灰尘飞扬,污及长者。收拾垃圾时,要使畚箕口朝向自己。双手捧席要像汲水用的桔槔上的横木一样左端高右端低。为尊者安放座席时,要问清面朝哪个方向;安放卧席时,要问清脚朝哪个方向。若东西方向设席,席首向西,与宴者成面北、面南坐向,以西方为尊;倘南北方向设席,席首向南,与宴者成面东、面西坐向,以南方为尊。

❹ 宾主进食之礼

(1)菜品摆放位置。

《礼记·曲礼》中规定:"凡进食之礼,左殽右胾。食居人之左,羹居人之右。脍炙处外,醯酱处内,葱渫处末,酒浆处右。以脯修置者,左朐右末。客若降等,执食兴辞,主人兴辞于客,然后客坐。主人延客祭,祭食,祭所先进,殽之序,遍祭之。三饭,主人延客食胾,然后辩殽。主人未辩,客不虚口。"意思是说,凡陈设便餐时,带骨的大块熟肉放在左边,没有骨头的大块熟肉放在右边。饭食放在人的左手方,羹汤放在人的右手方。细切的肉和烤熟的肉放在盛殽胾的器皿外侧,离人远些;醋和肉酱放在盛殽胾的器皿内侧,离人近些。蒸葱等放在醋和肉酱之左,酒和浆放在羹汤之右。如果还要摆放干肉、干脯等物,则弯曲的在左,挺直的在右。如果客人的身份较主人卑下,就应端着饭碗起立,说自己不敢当此席位,这时主人就要起身对客人说些敬请安坐的话,然后客人才落座。主人请客人和他一起祭食。祭饭食的方法是,先吃什么就用什么行祭,食祭于案,酒祭于地,按进食的顺序遍祭。吃过三口饭后,主人要请客人吃切好的大块肉,然后请客人遍尝各种肴馔。如果主人尚未吃完,客人不可漱口表示已经吃饱。

(2)进食之礼。

《礼记·曲礼》载:"共食不饱,共饭不泽手。毋抟饭,毋放饭,毋流歠,毋咤食,毋啮骨,毋反鱼肉,毋投与狗骨,毋固获,毋扬饭。饭黍毋以箸,毋嚃羹,毋絮羹,毋刺齿,毋歠醢。客絮羹,主人辞不能亨。客歠醢,主人辞以窭。濡肉齿决,干肉不齿决,毋嘬炙。"

意思是说,多人一起进食时,不可不考虑别人只顾自己先吃饱;在共同的饭器中取食,手不能相搓,一定要洁净(两手互搓会被认为手不洁)。不要取饭作团,挖取过多(是欲争饱,非谦也);不要将粘在手上的饭放回盛器中;不要大口地喝汤(一则易发出声响,二则吃相不雅)。吃菜时,不要在口中弄出怪声(那样好像是在嫌主人的饭食做得不可口);吃带骨的肉,不要啃出响声(会使人误以为主人提供的食物太少,客人不得不以啃骨头充饥,另外,吃出声响会不礼貌,样子也有伤大雅);不要将自己咬过的鱼肉再放回盛器,也不要将骨头扔给狗吃(有轻视主人饭食之嫌)。不要觉得某道菜好吃就专注于这道菜,不要做扬饭的动作,吃黍饭不要用筷子(应用汤匙舀着吃,不可用筷子夹食;春秋末期之前的宴会上箸主要用于叉取肉类);羹中有菜喝到口中应咀嚼,不可直接咽下去(否则易被认为贪吃失礼)。不要自行向羹中加入调料(有嫌主人羹味不好之意,显得对主人不够尊重);不要在席间剔牙(不雅观),不要喝肉酱。客人自行向羹中加入调料,主人就要对此表示歉意,说明自己不善烹调,以致烦劳客人自己调味;客人喝肉酱,主人也应表示歉意,因为家贫,没有足够的钱买盐,以致酱味太淡(客人的行为难免会使大家尴尬,属于失礼)。吃湿软的肉,可以用牙齿咬断;吃干肉不要用牙齿咬断(要用手撕)。吃烤肉时,不要一口就吃下去,要先尝一下,再放在砧板上切食。

❺ 卒食之礼　《礼记·曲礼》载:"卒食,客自前跪,彻饭齐,以授相者。主人兴辞于客,然后客坐。"意思是说,食毕,客人要从前面跪着收拾盛饭菜的食器并交给在旁服务的侍者,这时主人要连忙起身,说不敢劳动客人,客人再坐下。

❻ 侍尊长食与饮之礼　《礼记·曲礼》载:"侍食于长者,主人亲馈,则拜而食。主人不亲馈,则不拜而食。"意思是说,陪伴侍候长者吃饭,如果主人亲自布菜,要拜谢之后再吃;主人不亲自布菜,就不必拜谢,可以径自动手取食。

"侍饮于长者,酒进则起,拜受于尊所。长者辞,少者反席而饮,长者举未釂,少者不敢饮。长者赐,少者、贱者不敢辞。"意思是说,陪伴侍候长者饮酒,看见长者将给自己斟酒就要赶快起立,走到放酒樽的地方拜受。长者说不要如此客气,然后少者才回到自己的席位准备喝酒。长者尚未举杯饮尽,少者不敢饮。长者有所赐,作晚辈的、作僮仆的不得辞让不受。

(二)封建时代的食礼

❶ 分餐制与合餐制　在漫长的筵宴文化发展过程中,中国人的用餐形式经历了由分餐制向合餐制的转变。转变时间大约始于唐代中期,结束于宋代。一般来说,唐代中期以前以分餐制为主,宋代以后合餐制开始流行起来。

所谓分餐制,即用餐者每人一组食具及相应的食物,各自独立凭案而食的用餐形式。原始社会时期,生产力水平极为低下,食物极度匮乏,为了以有限的生存资料最大限度地维持群体的生存与发展,分餐而食成为当时条件下最可行的办法与无奈的选择。这是分餐制的最初形态。

进入阶级社会后,在夏商周时期,特别是西周时期,等级森严的奴隶制礼乐制度逐渐得到完善。在饮食活动中,不同的等级地位,在用餐的食礼、座次、食具的数量、食物的种类等方面都表现出明显的差异。秦汉以后,特别是西汉时期,中国封建社会早期的儒家礼法制度逐渐确立起来。为了定等级、明贵贱,维护和体现礼制等级制度,在结合当时人们的日常生活起居习惯后,中国古代传统的分餐

鸿门宴中的分餐制

制开始形成。在大量的典籍及考古发掘的壁画、画像石上,经常可以看到这种席地而坐、一人一案的宴饮场面。《史记·项羽本纪》中描述的鸿门宴实行的也是分餐制。

但自魏晋南北朝时期开始,随着北方少数民族纷纷内迁中原,游牧民族的胡床、胡椅等坐具逐渐传入汉地,引起汉族生活习惯的改变。于是带足坐具开始出现,同时,传统低矮的案几、床榻也随着

坐具的不断升高而升高、加宽,高桌大椅等高足家具逐渐得到广泛使用。这些新出现的家具约在唐代开始兴起,五代渐趋定型,宋代已普遍使用(明代出现八仙桌,清代出现圆桌,清代中期大圆桌开始流行)。高足家具的出现使人们的饮食起居习惯由原来的跽坐逐渐改变为垂足而坐。

隋唐以后,随着经济的发展,人们的饮食水平不断提高,饮食品种越来越丰富,有限的桌面与大量的餐具需求,使得一菜(饭)一盘(盆)、同盘而食的合餐制用餐形式更有利于餐具、空间的有效利用。同时,烹饪工艺的进步,原料加工的精细化,使最后熟化的食物不再需要进行分割、去骨等辅助性分餐加工,完全可以直接上桌,趁热而食。此外,在魏晋之后,逐渐形成了一股自由解放的思潮。在经历了隋唐开放包容、兼收并蓄及宋代市井文化的发展演变之后,在观念上,人们将饮食当作一种人际交往、情感交流的手段,平等、轻松、和合、富有人情味的氛围成为饮宴的需要,而合餐制最大限度地营造出了这种氛围。由此,分餐制逐渐转变为合餐制。

当然,由分餐制向合餐制的转变,是一个缓慢、逐渐的过程,中间还经历了一个"合食制"的过渡阶段。即多人共用一张大长桌、几条长凳或多把座椅,仍然是每人一份食物的同桌分餐就食的形式。这种同桌不同盘的用餐形式是以分餐为实、合餐为形的过渡时期的饮食形式,也称会食。这种就餐形式,在唐代壁画中就有不少反映,如在陕西西安发现的唐代韦氏家族墓中的《野宴图》,就反映出分餐制已过渡到合食制。再如南唐画家顾闳中的《韩熙载夜宴图》中,南唐名士韩熙载及几位士大夫面前的桌子上都放有一份完全相同的食物,碗边还放着包括餐匙和筷子在内的一套进食器具,互不混杂,说明在当时虽然合食制已成潮流,但分餐制仍同时存在,这似乎是贵族怀古心绪的一种显露。但宋代以后,真正的合餐制就已流行起来。不论是《清明上河图》中,汴京餐馆里摆放的高桌大椅,还是宋墓壁画中夫妇同桌共饮的场景,特别是《东京梦华录》《老学庵笔记》中都提到的"白席人",都说明合餐制已普及、深入民间。中国人的用餐形式由分餐制发展到合餐制,既是朝代更迭过程中人们社会价值观转化、社会风俗变迁和思想观念转变的体现,也是多元民族文化相互影响、交流的结果。

唐代韦氏家族墓中的《野宴图》

❷ **宴客的宴请礼仪**　中国有句俗语:摆席容易,请客难。如何邀请客人前来赴宴,在中国古代是有很多礼仪讲究的。虽然各代宴请礼俗有所区别,但敬达请帖的礼俗却是很早就有的,从中体现出中国独特而深刻的文化内涵。下面以明代社交宴请为例加以说明。

明代上流社会宴请之前有三封请帖之邀。一般来说,要置办一场隆重的宴会,主人会在数天(三天或三天以上)前以极谦恭诚恳的语气向拟邀请的客人呈上第一张请帖,亲自(或派人,视拟邀请客人的尊贵程度)送到客人的寓所(敬称为"府上"),以便客人提前安排自己的事情或为赴宴做准备,以体现对客人的尊重。否则会被认为失礼。民间有送头帖"三日是请客,二日是拉客,一日是抓客"的说法。除非是稔熟交深的亲朋故旧,或遇有特殊情况,可破例。

南唐画家顾闳中的《韩熙载夜宴图》

宴会当天递上第二张请帖,开宴一个时辰(2 h)前再送上第三张请帖。三张请帖分别起"请""促""迎"的作用,其形制也略有不同。

拟邀请的客人在收到请帖后,一般亦有回帖(由主家的下帖人持回)。内容主要是表明自己很荣幸被邀请,并一定准时赴宴的谦虚、感谢之语。这自然是人际交往的客套谦词。如果不能或不愿出席,亦应以感谢之情,陈述(或选择)理由婉辞,方不为失礼。

宴事请帖,在中国历史上出现得很早,请帖的形态、功用及称谓,都经历了不断演变的过程,有着不同时代的历史文化内容。

③ **筵宴座次** 中国古人筵宴历来讲究座次。清代学者凌廷堪在《礼经释例》中讲:室中以东向为尊,堂上以南向为尊。为什么会出现如此情况呢?这就需要了解中国古代的堂室制度。

堂室是中国古代宫室建筑的主要组成部分,前堂后室,堂大室小。堂位于宫室主要建筑物的前部中央,坐北朝南,是贵族们用来议事、交际(如接见、宴饮等)的场所;室位于堂之北,以住人。在堂室中举行的礼节活动不外乎两种:一是堂上,二是室内。室内座次的尊卑情况如下:东向最尊,南向其次,再次为北向,最次为西向。这一礼仪在《史记·项羽本纪》鸿门宴的座次中可清晰地反映出来:"项王、项伯东向坐,亚父南向坐。亚父者,范增也。沛公北向坐,张良西向侍。"意即项羽东向坐,是自居尊位而当仁不让,项伯是他叔父,不能低于他,只有与他并坐。范增是项羽最主要的谋士,乃重臣,故位次虽低于项羽,却高于刘邦。刘邦势单力薄屈居亚父之下。张良是刘邦手下的谋士,在五人中地位最低,自然只能敬陪末位,也就是"侍坐"。一般而言,只要不是在堂上,就属于"室中以东向为尊"的类型,坐西朝东为贵。

堂室结构及方位尊卑示意图

堂上的座次。堂和室之间隔着一堵墙,墙南属堂,墙北属室。在这堵墙上,靠西边有牖,靠东边有门。堂东、北、西三面有墙,东墙叫东序,西墙叫西序,南边无墙、无门,只有两根楹柱。在堂上举行活动时,以面南为尊。堂上席位的次序如下:主宾席在门牖之间,面南而坐;主人席在东序前,西向而坐;介(陪客)则在西序前,东向而坐。

古人宗庙中的神主位次排列大体类似室中的情况,如有祭祀活动,祭拜者西向跪拜。

二、现代社会饮食礼俗

(一)宴席座次

现代中式宴席一般使用圆桌或方桌待客,每席可坐 8～12 人。宴客礼仪中同样讲究席位座次,要突出"上座",即"首席",一般定在正对大门的室壁位置。其他各席位的安排往往因地因人而异。一般有以下几种情况。

❶ **一席二人的座次** 图中正对图是正常的坐法,傍对图是客人礼让不肯正坐时的坐法。

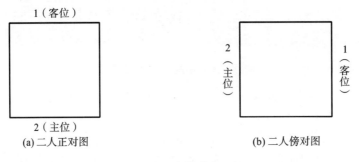

(a)二人正对图 (b)二人傍对图

一席二人的座次

❷ **一席三人的座次**

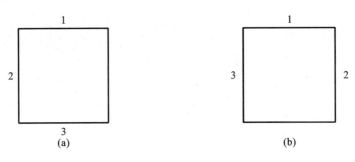

(a) (b)

一席三人的座次

❸ **一席四人及以上的座次** 上述席中的末座者,通常是第二主人,或主人的晚辈亲属,在宴饮中负责接菜、递盘等。

(二)餐桌排列

餐桌排列要视宴席桌数、宴会厅大小与形状、主体墙面位置、门的朝向以及客人情况等因素而定。其中最需要关注的是强调、突出主桌的位置。一般而言,主桌应设在面对宴会厅大门、背靠主体墙面的位置。桌子之间距离要适当,整体平面布局要匀称、平衡。各个座位之间的距离要相等。

一般情况下,宾主入座时,如果所请者是平辈,则年长者在前,年幼者在后;所请者辈分有高低,则按高低依次入座;若是长辈请晚辈,晚辈虽是客人,也应礼让长辈;所请者有亲疏,疏者应逊让在后;宾主人数超过两桌时,主人应坐第一桌。有些地区对一些特定宴席有特别讲究,如外甥结婚,则舅舅坐首座;岳父母庆寿,则女婿入首座;其他客人无论辈分多高,年岁多大,在这两种宴席上也应该礼让。

(三)宴席上的礼仪

中国人在宴席中十分讲究礼仪。虽然各地情况不尽相同,但总体来说,宴席中的一般礼仪包括如下内容。

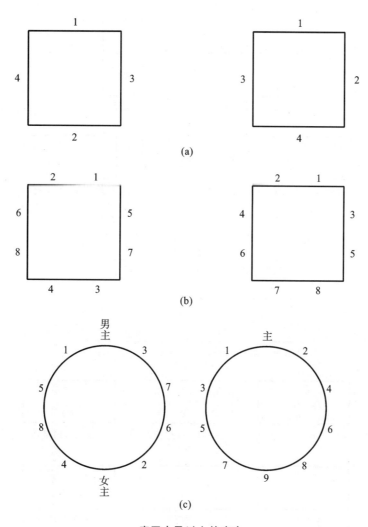

一席四人及以上的座次

一般来讲，在接到请帖或口头邀请时，能否出席应尽早给予答复，以便主人安排，除非有极其重要的事情，否则都应该赴宴。

参加宴会时，应注意仪容仪表。赴喜宴时，应穿着颜色艳丽、喜庆的衣服；而参加丧宴时，则以黑色或素色衣服为宜。出席宴会不要迟到、早退。如果逗留时间过短，一般会被认为失礼或冷落主人。如果确实有事需要提前退席，在入席前应告知主人。告辞时间，可以选择在宴席中最名贵的菜肴上桌之后。吃了宴席中最名贵的菜，就表示领受了主人的盛情，便可以在约定的时间离开。

赴宴时应"客随主便"，听从主人安排，注意自己的座次，不可随便乱坐。邻座有年长者，应主动协助他们先坐下。开席前，若有仪式、演讲或行礼等，应认真倾听。若是丧席，应该庄重，不应随意欢笑。若是喜宴，则不必过于严肃，可以轻松些。

在宴客时，主人应率先敬酒。敬酒时可依次敬遍全席，而不要计较对方的身份地位。敬酒碰杯时，主人和主宾先碰。人多时可同时举杯示意，不一定碰杯。在主人与主宾致辞、敬酒时，应暂停进餐，停止碰杯，注意倾听。席间，客人之间可以互相敬酒以示友好，并活跃气氛。当遇到别人向自己敬酒时应积极响应、示意，并回敬。饮酒要注意不要过量，以免醉酒失态。

宴饮时应注意举止文明礼貌。取菜时，一次不要取得太多，最好不要站起来取菜。如果上菜或主人夹菜时遇到自己不喜欢吃的菜肴，不要拒绝，可取少量放在碗内。进餐时应闭嘴咀嚼，不要发出声响。嘴内有食物时，不要说话，更不要大声谈笑，喷出饭菜、唾沫，喝汤不要啜响。如果汤太烫，可待其稍凉后再喝。嘴内的鱼刺等应放在桌上或规定的地方，不要乱吐，并且不要当着别人的面剔牙、挖耳朵等。

83

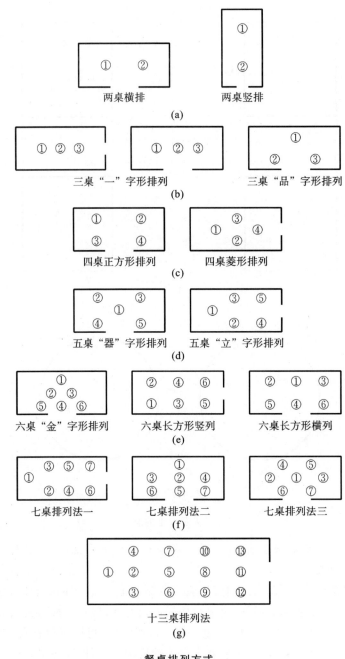

餐桌排列方式

任务四　中国少数民族饮食习俗

任务描述

　　56 个民族 56 朵花,中华饮食文化的百花园中姹紫嫣红、百花争艳。通过对本任务的学习,同学们可理解由于自然、人文等因素的差异而形成的我国千姿百态的各民族饮食习俗,感受浓郁的地域文化特色和鲜明的民族饮食风情,掌握、吸收、借鉴各民族饮食文化特色,提升餐饮服务工作能力。

任务目标

1. 理解我国少数民族饮食习俗形成的影响因素。
2. 掌握我国少数民族主要的饮食习俗与主要代表食品。

任务实施

我国自古就是一个多民族的国家,各民族由于所处的地域、气候不同,历史发展进程各异,在漫长的岁月中,逐渐形成了风格各异的民族饮食习俗。从区域文化差异和各民族文化关系来看,大致可分为东北及华北地区少数民族饮食文化,西北地区少数民族饮食文化,西南及中南地区少数民族饮食文化,华东及东南地区少数民族饮食文化。

一、东北及华北地区少数民族饮食习俗

东北及华北地区自古以来就是我国少数民族聚居地之一。由于自然条件的限制,这里的少数民族在古代多以狩猎、畜牧为生,后来,有些民族转向以农业生产为主。生活在这里的少数民族主要有蒙古族、满族、朝鲜族、达斡尔族、鄂温克族、鄂伦春族、赫哲族等。

(一)蒙古族饮食习俗

蒙古族主要聚居于我国内蒙古自治区,其余多分布于新疆、辽宁、吉林、黑龙江、青海等地。蒙古族被誉为"马背上的民族",传统的蒙古族居民的生产方式以畜牧和狩猎为主,现在有些地区的居民则采用半农半牧的生产方式。蒙古族居民的饮食习惯多为一日三餐,每餐离不开奶、肉。奶及奶制品的蒙古语为"查干伊德",即"白食",主要有鲜奶、酸奶、奶酒,以及奶皮子、奶酪、奶酥、奶油、奶豆腐等。肉及肉制品的蒙古语为"乌兰伊德",意为"红食"。肉类主要是牛肉、绵羊肉,其次是山羊肉、骆驼肉,狩猎季节也捕猎黄羊。红食代表肴馔有烤全羊、烤带皮整羊、手扒羊肉等。面食类主要有炒米、烙饼、面条、蒙古包子、蒙古馅饼等。植物类食材以采集的野生品为主,主要有蒙古葱、野韭菜、野蘑菇等。由于地域的原因,蒙古族民众不吃鱼虾等海味,以及鸡、鸭的内脏和肥猪肉,也不爱吃糖、醋,过辣及带汤汁的菜肴。

蒙古族民众每天离不开茶。除饮砖茶、红茶外,几乎都有饮奶茶的习惯。奶茶中有时还要加入黄油,或奶皮子,或炒米等,口味芳香,咸爽可口。大部分蒙古族民众喜欢饮酒,多饮白酒、啤酒和马奶酒。蒙古族一年中最大的节日是"年节",也称"白节"或"白月"。

烤全羊

(二)满族饮食习俗

满族主要分布于我国辽宁、吉林、黑龙江、河北、内蒙古等地。早期先民多以游猎和采集为生,现主要从事农业生产。过去以高粱、小米、大豆等为主粮,现以小麦、稻米、玉米为主粮。主食品种主要有饽饽、煮饽饽(饺子)、米饭、酸汤子等。满族人喜食黏食和甜味食品,其中饽饽是满族的特色食品,各种黏饽饽是用黏高粱、黏玉米、黄米等磨成面粉制成的。含糖、油较重的"萨其马"是满族人喜食的特色点心。

满族人肉食以猪肉为主,有"多畜猪,食其肉"的习惯。年节、祭祀等节日都要吃"福肉"(清水煮的白肉)。惯吃白肉血肠,白肉血肠是满族风味名菜,涮火锅的历史悠久。除喜食猪肉外,满族人还

85

悖悖

喜食牛、羊肉及野鸡、河鱼、哈什蚂等。蔬菜主要有种植的白菜、辣椒、葱、蒜、土豆等,有时也会采集蕨菜、刺嫩芽、木耳、蘑菇等。冬季以酸菜(腌制的大白菜)、豆腐为主要食材,常见的菜肴有猪肉炖酸菜、白肉血肠酸菜、酸菜白肉火锅等。

满族许多节日与汉族相同,过年节要杀年猪,腊月初八吃腊八粥,除夕吃饺子。

（三）朝鲜族饮食习俗

朝鲜族主要居住于我国东北三省、内蒙古等地,适宜于水稻种植,以农业生产为主。过去有一日四餐的习惯,除早、中、晚餐外,农村地区普遍在晚上增一顿夜餐。朝鲜族民众喜食米饭,擅做米饭。米制品有片糕、散状糕、发糕、打糕等。肉类以猪肉、牛肉、鸡肉和各种鱼肉为主,喜食狗肉。常食八珍菜、"酱木儿"(大酱菜汤)、泡菜、辣椒等。其中,八珍菜是用绿豆芽、黄豆芽、水豆腐、干豆腐、粉条、桔梗、蕨菜、蘑菇八种原料制成的菜肴;大酱菜汤是用小白菜、秋白菜、大头菜、海带等以酱代盐而制成的汤菜。朝鲜族极具代表性的食品是泡菜、冷面、打糕、狗肉汤等,人们喜饮用糯米酿成的米酒"麻格里"。

朝鲜族讲究礼俗礼仪,敬老尊老。在家庭进餐时,一般要为老人单摆一桌,全家人进餐时,不许在长辈面前饮酒、吸烟。注重依不同季节调整饮食,如春天食用"参芪补身汤",清明节必食明太鱼、伏天食用狗肉汤等。

二、西北地区少数民族饮食习俗

西北地区疆域辽阔,物产独特,自古也是我国少数民族聚居地之一。现今居住于此的少数民族主要有回族、维吾尔族、哈萨克族、东乡族、柯尔克孜族、撒拉族、土族、锡伯族、塔吉克族、乌孜别克族、俄罗斯族、保安族、裕固族、塔塔尔族等。这些民族中有许多信仰伊斯兰教,相同的宗教信仰,使他们既有着基本相同的饮食禁忌和相近的饮食心理,又有着因民族发展差异,而形成的不同膳食结构、饮食礼仪与习俗,各具特色。

（一）回族饮食习俗

回族主要聚居于我国宁夏回族自治区,甘肃、新疆、青海、河南等地分布较为集中,全国各地都有分布,具有大分散、小聚居的特点。

由于居住分散和自然地理条件的差异,各地回民饮食习惯也有所不同。从主食来看,南方及北方的宁夏贺兰山东麓、银川平原等产大米地区,以大米为主食,面食为辅;其他地区以面食为主食,兼食大米、小米、玉米等。面食品种主要有馒头、花卷、面条、烧卖、包子、烙饼及各种油炸面食。油香、馓子是回族人民喜爱的食品,也是节日馈赠的礼品;兰州拉面是甘肃回民首创的食物。

受伊斯兰教影响,回民禁食猪、驴、骡、狗和一切自死动物、动物血,禁食一切形象丑恶的飞禽走兽,不食无鳞鱼,不嗜烟酒等。特色食品主要有夹饭、牛干巴、发子面肠、手抓羊肉、羊肉泡馍等,甘肃一带的回民喜食"浆水"。回民好饮茶,并以茶待客。甘肃、青海、宁夏地区回民好饮盖碗茶、八宝茶,宁夏南部山区回民好饮罐罐茶、油茶等。

传统节日主要有开斋节(肉孜节)、古尔邦节(尔德节、献牲节、宰牲节)、圣纪节(圣忌节),节日期间有相应的节庆食品以待客。

(二)维吾尔族饮食习俗

维吾尔族主要聚居于我国新疆维吾尔自治区,粮食主要有小麦、水稻、玉米、豆类等。实行一日三餐制,餐食以面食为主,喜食牛肉、羊肉,辅以蔬菜、瓜果和奶制品。常食的主食有馕、羊肉抓饭、包子、面条等。其中,形状、风格各异的馕及被誉为"十全大补饭"的羊肉抓饭是极具民族特色的食品。烤羊肉串、烤全羊等是颇具地方特色的菜品。维吾尔族人喜饮奶茶、红茶、酸奶等。

维吾尔族人吃饭时,会在地毯或毡子上铺"饭单",长者坐上席,全家共席而坐,饭前必须洗手,用手帕或布擦干,忌讳顺手甩水。饭后,由长者做祷告。如果客人临门,要请客人坐上席,摆馕、糕点、冰糖、瓜果,给客人上茶或奶茶。客人吃完饭后,需待主人收拾完食具后,方能离席。维吾尔族人多数信仰伊斯兰教,节日食俗及饮食禁忌与回族大致相同。

(三)哈萨克族饮食习俗

哈萨克族主要居住于我国新疆维吾尔自治区北部,习惯一日三餐。日常食品主要是面食、肉类和奶类。肉食主要有羊肉、牛肉、马肉、骆驼肉及少量野禽兽肉等。手抓羊肉是其日常美食。奶类食品主要有牛奶、羊奶、奶疙瘩、奶皮子、奶酪、奶豆腐等。面食主要有油馃子、烤饼、油饼、面片等。以奶油混合幼畜肉装进马肠里蒸制而成的"金特",是哈萨克族的风味美食。哈萨克族人常饮茶、奶茶,奶茶是哈萨克族牧民的必需食品。

哈萨克族人尊敬老人,热情好客。进餐时请长辈先坐,并把最好的肉让给老人。若有客至,主人就会拿出最好的食品招待。在饮食活动中,年轻人不准在老人面前饮酒,不准用手乱摸食物,不准跨越或踏过餐布。每年夏天举办的"阿肯弹唱会"及辞旧迎新的纳吾鲁孜节,也是美食的欢乐季。

(四)西北地区其他少数民族饮食习俗

乌孜别克族主要散居于我国新疆维吾尔自治区各地,大多从事商业,少部分从事农业、牧业和园艺业。日常饮食以面食、大米为主,肉类和蔬菜为辅。一日三餐,面食以馕为常见,大米多用作抓饭。肉食以牛肉、羊肉、马肉为主,喜食抓肉,烤肉、"库尔达克"(土豆炖肉)、"尼沙拉"(用蛋清、白糖制成的甜食)、"纳仁"(用熟肉、洋葱、胡椒、酸汤子、肉汤拌和而成)、手抓肉是乌孜别克族人的风味食品,多在重大节日和待客时享用。平时多饮奶茶、红茶和茯茶。

俄罗斯族在我国主要分布于新疆维吾尔自治区北部。主食多是自制的面包及各种馅饼,常食包子、饺子、各式面条和抓饭。副食品多为用各种蔬菜及牛肉、羊肉、牛奶等加工成的俄式热菜。喜食黄瓜、西红柿等生菜,常食用以青西红柿、胡萝卜、黄瓜、圆白菜腌制而成的酸菜。喜欢喝有牛肉和土豆的菜汤,以刀、叉、勺进食,盛饭大多用盘子,一日三餐。奶茶是生活中必不可少的饮品。男子多喜饮白酒、啤酒。忌食马肉、驴肉,少数人不食狗肉,有些人也不吃猪肉。

三、西南及中南地区少数民族饮食习俗

西南及中南地区是我国少数民族最为集中的地区,居住于此的少数民族主要有壮族、苗族、彝族、藏族、侗族、瑶族、傣族、白族、布依族、土家族、哈尼族等。由于各民族居住地的自然环境不同,社会经济发展水平不一,民族信仰与民族风俗各异,因此各民族的饮食习俗各有千秋。

（一）壮族饮食习俗

壮族是我国人口最多的少数民族，主要聚居于广西壮族自治区，云南、广东、湖南、贵州等地也有分布。主要从事农业生产，是典型的稻作民族。习惯一日三餐或四餐，以大米、玉米为主食，肉食主要是猪肉、牛肉、羊肉、鸡肉、鸭肉、鹅肉等，有些地区爱吃狗肉和野味。酒饮多为自酿的米酒、红薯酒、木薯酒等。

壮族节日众多，民族特色浓郁。春节食品中较重要的是年猪、公鸡、大年粽。杀年猪、灌猪肠是壮族人的节日活动。除夕宴席一定要有整煮的大公鸡，习俗认为无鸡不算过年。桂南的大年粽以糯米、板栗、绿豆、猪肉等为馅，经包裹、蒸、煮而成，大者十多斤，既可祭祖，亦可自食。此外，五色糯米饭，又称乌饭、青精饭、花米饭，也是壮族有名的传统美食，是将糯米在紫蕃藤、黄花（或栀子花）、枫叶、红蓝草汁液中染色，蒸制成紫、黄、黑、红、白五种颜色的糯米饭。每年"三月三"、清明节、"四月八"等节日，壮族人民都会做五色糯米饭，以作赶歌圩食用，或祭祀神祖之用。南瓜、红薯糯米饭是山区壮族人民喜爱的风味食品。桂南壮族喜食油炸馃。壮族好客，如有客来，必定热情招待。

（二）苗族饮食习俗

苗族主要分布于我国贵州、云南、湖南、湖北、广西、四川和海南等地，以农业生产为主，狩猎为辅。一日三餐，以大米、玉米为主食。喜食糯米，常制成糯米粑粑。蔬菜主要有豆类、瓜类、青菜、萝卜等，肉类多为猪肉、牛肉、狗肉、鸡肉、鱼肉等。四川、云南等地的苗族人喜食狗肉，有"苗族的狗，彝族的酒"之说；嗜好酸辣，有"三天不吃酸，走路打蹿蹿"的俗语。苗族人喜欢将蔬菜、鸡、鸭、鱼等腌成酸味食用，酸菜、酸鱼是苗族的传统食品。一些地区讲究"无辣不成菜"。广西隆林、田林等地常以用骨头、辣椒、生姜、酒、盐加工而成的"埃敲"（辣椒骨）作为辅料。苗族煮肉有放米的习惯，久而久之，形成苗家肉粥，味道鲜美，营养丰富。

苗族人好饮酒，常以酒示敬，以酒传情，饮酒为乐。酒品有白酒（土酒）、甜酒、刺梨酒等。敬酒方式有拦路酒、转转酒等。以牛角盛酒敬客是盛行于黔、滇及川南等地苗族最隆重的待客方式。日常饮料以油茶最为普遍。

（三）彝族饮食习俗

彝族主要分布于我国四川省凉山彝族自治州及云南、贵州、广西等地，主要从事农业生产，高原山区兼从事畜牧业。农作物主要有玉米、小麦、荞麦、土豆等，河谷平坝地带以水稻为主。以杂粮、面食、大米为主食。肉食主要有猪肉、羊肉、牛肉、鸡肉等，喜切大块（拳头大小）煮食，称"砣砣肉"。大部分彝族人禁食狗肉，不食马肉。蔬菜除鲜食外，还可制成酸菜食用。喜食酸辣，嗜酒，以酒待客，民间有"汉人贵茶，彝人贵酒"之说。饮酒时，多席地而坐，围圈依次轮饮，称"转转酒"。有"饮酒不用菜"之习。彝族常用玉米、高粱、糯米等配制咂酒，在西南地区颇负盛名。民间传统节日主要有十月年、火把节等，其间多盛装宴饮。

（四）藏族饮食习俗

藏族主要聚居于我国西藏自治区，散布于青海、四川、甘肃、云南等地，大部分藏民从事畜牧业，少数从事农业。畜牧品种主要有藏系绵羊、山羊、牦牛、犏牛等，农作物主要有青稞、小麦、豌豆、荞麦、蚕豆等。大部分藏民日食三餐，农忙时也有日食五六餐者。日常食物是糌粑、牛肉、羊肉及奶制品，喜饮酥油茶。其中，糌粑即炒面，是把青稞炒熟磨成面粉，用奶茶、酥油、奶渣、盐或糖等在木碗中拌和后，捏团而食。四川一些地区的藏民还经常食用蕨麻（俗称人参果）、"炸馃子"（糖面油炸食品）以及将小麦、青稞去皮和牛肉、牛骨熬成的粥；青海、甘肃的藏民常食烙薄饼和"搅团"，以及用酥油、红糖、奶渣做成的"推"（形似大奶油蛋糕）。

藏族副食以牛肉、羊肉为主，猪肉次之，过去很少吃蔬菜。食肉讲究新鲜，大块炖煮，刀割而食；以牛血、羊血制血肠，以猪肉制猪膘肉（又称琵琶肉）。奶制品种类丰富，有酥油、酸奶、奶酪、奶疙瘩、奶渣等,酥油茶、奶茶是人们家中必备的饮料。藏民喜欢喝用青稞酿制的青稞酒,饮食不习用筷,刀割碗拌,以手抓食。

藏民普遍信奉藏传佛教,民族节日众多。藏历新年是最盛大的节日,届时,家家要炸馃子、酿青稞酒,制作"五谷斗"(内装酥油糌粑、炒麦粒、人参果等食品)。此外,雪顿节、望果节、沐浴节等节日,也有相应的节令食品,以款待客人。

(五)侗族饮食习俗

侗族主要居住于我国贵州、湖南、广西等地,主要从事农业,兼从事林业和渔猎,手工业发达。侗锦编织、鼓楼与风雨桥建筑是侗族文化的标志。侗族人一般一日三餐,有的地方一日四餐,即两茶两饭。茶指油茶,是用茶油、茶叶炒、煮后,加入爆米花、炒黄豆、猪肝或红豆、花生等制成的汤羹,既是日常饮食,又是待客佳品。以大米为主食,平坝地区多吃粳米,山区多吃糯米,香禾糯有"糯中之王"之称。

侗族人嗜酸辣,有"侗不离酸"之说,喜欢用酸汤制作各种酸菜、酸鱼、酸鸡、酸鸭等,几乎"无菜不腌,无菜不酸"。腌制荤性食材多用木筒,蔬菜多用坛。侗族人普遍喜爱饮酒,以酒待客。客人进寨有"拦路酒",入席后要换酒"交杯",有"苦酒酸菜待贵客"之说。宴客要打桐粑。在贵州黎平、湖南通道和广西三江、龙胜一带,最为隆重的待客礼俗是摆长桌宴(合拢宴)。在侗族人的心目中,糯米饭最香,甜米酒最醇,腌酸菜最可口,叶子烟最提神,酒歌最好听,宴席上最欢腾。

(六)瑶族饮食习俗

瑶族主要分布于我国广西、广东、湖南、云南、贵州等地,是比较典型的山地民族,主要从事农业生产,兼从事狩猎、捕捞和采集。习惯一日三餐,一般为两饭一粥或两粥一饭,农忙时三餐食饭。瑶族人以玉米、大米、红薯等为主食,过去常在粥或米饭中加玉米、小米、红薯、木薯、芋头等,也有将大米、薯类磨成粉做成粑粑吃的。居住于山区的瑶族人,为便于田间劳作时携带和就餐,粽粑、竹筒饭成为他们喜爱的食品。

蔬菜常被制成干菜或腌菜。云南地区一些瑶族人喜食清淡的蔬菜,基本上是加盐后白水煮食,有的直接用白水煮熟后,与以盐、辣椒等配制的蘸水一同食用。盐在瑶族人的饮食中占有特殊的地位。副食的猪肉、鱼肉、鸡肉、鸭肉等常被加工成腊肉和"鲊肉","鸟鲊"是瑶族独具风味的著名食品。瑶族人喜食虫蛹。桂北地区的一部分瑶族聚居地盛行"打油茶",并有敬三碗的讲究:一碗疏,二碗亲,三碗见真心。瑶族人大多喜欢饮酒,酒一般用大米、玉米、红薯等自酿而成。云南瑶族喜欢用醪糟泡制水酒饮用。

鲊肉

（七）傣族饮食习俗

傣族主要聚居于我国云南省西双版纳和德宏地区,临沧、普洱等地也有分布,主要从事农业生产,种植水稻。大多日食两餐,以粳米和糯米为主食,通常是现舂现吃。习惯用手捏饭吃,竹筒饭是其特色。田间劳作时就餐,常用芭蕉叶或竹盒盛糯米饭,以随身携带的盐巴、辣子、酸肉、烧鸡、酱、青苔松等佐食。日常肉食有猪肉、牛肉、鸡肉、鸭肉等,也喜食鱼、虾、蟹、螺蛳等,不食或少食羊肉,善用野生植物调味。烹调方法主要是烤、蒸、煮、腌等,喜食酸、辣、苦味品。佐餐菜肴及小吃以酸味为主,如酸笋、酸豌豆粉、酸肉、干酸菜及野生的酸果。青苔可入菜,是傣族特有的风味菜肴。

傣族人嗜酒好茶。酒多系家庭自酿,用谷米酿制,度数不高,味香甜。茶饮只喝不加香料的大叶茶,喝时在火上略炒,冲泡而饮,略带煳味。每年傣历六月的泼水节是傣族最盛大的节日,届时,要大摆筵席,宴请宾客。

（八）西南及中南地区其他少数民族饮食习俗

白族主要聚居于我国云南省大理白族自治州,贵州省毕节及四川省凉山州等地也有分布。白族主要从事农业生产。平时日食三餐,农忙或节庆期间,则多加早点和午点。平坝地带以大米、面食为主食,山区则以玉米、土豆、荞麦为主食。主食多蒸制。饮食口味偏酸、辣、冷,善制腌菜与酱品。肉食以猪肉为主,兼有牛肉、羊肉、鸡肉、鸭肉和鱼鲜,善制火腿、腊肉、香肠等腌腊食品。特色小吃有炖梅、雕梅、饵块、乳扇等。菜品有砂锅弓鱼、猪肝鲊、生皮等。白族人大多喜饮烤茶,晨茶称"清醒茶",午茶称"休息茶""解渴茶"。常以"三道茶"待客。白族人重节庆,各节日都有特定的饮食。

布依族主要聚居于我国贵州省,其余散居于云南、四川、广西等地,大部分从事农业生产,餐制上过去有闲时两餐、农忙时三餐的习惯。以大米为主食,普遍喜食糯米。善于制作咸菜、腌肉和豆豉,尤以盐酸腌菜独具特色,独山盐酸菜最负盛名。其以青菜与按比例配成的糯米酒、酒糟、辣椒、大蒜、烧酒、冰糖、盐等辅料拌匀,加灰碱揉搓,入坛腌制而成,既可自食,亦可馈赠。布依族人喜食酸辣食品,有"三天不吃酸,走路打偏偏"的说法。酸菜和酸汤几乎每餐必备,妇女最为喜食。此外,还有血豆腐、香肠及用干、鲜笋和各种昆虫加工制成的风味菜肴。荤菜中,狗肉、狗灌肠和牛肉汤锅为上肴,也可将猪血、肉末加调料煮制成菜,作为待客佳肴;腊肉也是待客的常备食材。部分地区有捕食松鼠、竹鼠和竹虫的习惯。布依族人喜欢饮酒,每年秋收后,常自酿大量米酒,以备常年饮用。过大年(春节)要杀年猪、舂糯米粑粑,有的地方的人还要吃鸡肉稀饭,以鸡头、鸡肝、鸡肠敬上宾。

四、华东及东南地区少数民族饮食习俗

（一）畲族饮食习俗

畲族主要聚居于我国浙江省,散布于福建、江西、广东、安徽等省的部分山区。一般日食两餐,以大米为主食,也常将大米制成各种糕点,统称为"馃"。过去,曾一年四季以番薯、玉米等杂粮为主食。番薯除直接煮食、蒸食外,还用来制成淀粉、番薯干等食材。畲族人嗜辣重咸,喜食野味、河鲜,善腌制食品。肉食中食用最多的是猪肉,其次是鸡、鸭肉,也有少量的牛、羊、兔肉以及野味、河鲜。除常见的蔬菜外,常食豆腐及以辣椒、萝卜、芋头、鲜笋和姜做成的卤咸菜。畲族人喜热食,多于桌上架炉,随煮随吃,类似于今之火锅。畲族人善酿酒,善饮酒,多是自家酿制美酒,认为没有酒就不算过节。茶饮多是自产的烤青茶。传统节日食品有农历三月三食用的"乌米饭",端午节食用的"菅叶粽",春节、"七月半"及冬节食用的糍粑等。

（二）高山族饮食习俗

高山族主要居住于我国台湾地区,也有一部分散居于福建、浙江等沿海地区。高山族是我国台湾地区南岛语系各族群的统称,现包括十多个族群。大多从事农业生产,兼从事狩猎和采集。以谷类和薯类为主食,一般以粟、稻、薯、芋为食,配以杂粮、野菜和猎物。山区以粟、旱稻为主粮,平原地

乌米饭

区以水稻为主粮。在主食的制作上,高山族人大多喜将稻米煮成饭,或将糯米、玉米面蒸成糕与糍粑。蔬菜来源较为广泛,大部分为人工种植,少量为野生。高山族人普遍喜食姜,有的人直接用姜蘸盐当菜吃,有的人用盐加辣椒腌制而食。肉类来源主要为饲养的猪、牛、鸡,有的地区依靠捕鱼和狩猎,特别是原住于山林的部族,捕获的猎物几乎是日常肉类的主要来源。高山族人的典型食品是腌肉。无饮茶的习惯,但不论男女,都嗜酒,常饮自家酿制的米酒、薯酒等。

项目小结

本项目讲述了中国传统岁时节令饮食习俗、中国人生仪礼饮食习俗、中国社交饮食礼俗、中国少数民族饮食习俗等内容。传统岁时节令饮食习俗部分阐述了我国主要传统节日、节气的由来及节日饮食活动与代表食品;中国人生仪礼饮食习俗部分阐述了中国人一生中诞生、婚嫁、寿诞及丧事等几个重要阶段的饮食习俗与代表食品;中国社交饮食礼俗部分阐述了中国饮食礼俗的起源,分餐制向合餐制的演变过程,中国古代饮食礼俗以及现代宴席礼仪知识等相关内容;中国少数民族饮食习俗部分阐述了我国东北、华北、西北、西南、中南、华东以及东南地区的主要少数民族的饮食习俗及代表食品。

课程思政策略

民俗是一个国家或地区,一个民族世代传承的基层文化,它既蕴藏于人们的精神生活传统里,又表现于人们的物质生活传统中,并通过民众口头、行为和心理表现出来。民俗的属性与功能,决定了它不仅在人类社会发展中起着承前启后的作用,在现代物质文明和精神文明建设中,亦有不可低估的重要作用。

因此,本项目教学中,教师进行教学设计时,要依据教学内容,注意研究、整理中国饮食民俗中的中华民族优秀文化遗产,挖掘教学中所涉及的大量具有积极向上精神、体现正能量的人物、文化事象,通过教师讲述、学生拓展学习等多种方式,介绍这些人物的生平、事象的文化内涵,去伪存真、去粗存精,对学生进行世界观、价值观、人生观、传统文化、职业精神、科学精神等全方位、全过程的思想教育,以增强学生的民族自豪感和民族自信心,对待职业的精益求精的工匠精神、饮食制作过程中的科学精神等。

同步测试

一、填空题

岁时节令	时间	民俗活动	饮食活动与代表食品
春节			
	农历正月十五		
清明节			
	农历五月初五		
		祭月	
	农历九月初九		
	农历十二月初八		
立春			
		尝三鲜	
	公历8月7日至9日前后		
		绍兴地区始酿黄酒	
		"数九"	

二、简答题

1.简述中国历史上分餐制向合餐制的演变过程。

2.中国传统宴席座次有何讲究?

3.简述参加中式宴会应注意的问题。

4.我国各地区主要少数民族的饮食习俗有哪些?

中国筵宴文化

扫码看课件

项目描述

　　中国筵宴文化是中国饮食文化的重要组成部分,历史悠久,种类丰富。本项目将较全面地阐述中国筵宴的基本概念、起源与发展,并对中国筵宴的分类进行较详细的解释,有助于学生掌握规律和方法,针对筵宴的主题和特性应用所学知识进行设计。

项目目标

　　1.了解中国筵宴的基本概念。

　　2.了解中国筵宴的种类、特征及代表性筵宴。

　　3.能根据中国筵宴的主题和要求进行主题宴会的设计。

任务一　中国筵宴的特征与类别

任务描述

　　首先介绍筵宴的概念及特征,通过阐述筵席、宴会、筵宴三者的区别与共同点,进而了解筵宴的发展历程。最后阐述不同规格、不同类别筵宴的主要表现形式。本任务的重点是了解筵宴的基本概念及特征,掌握常见筵宴的分类并运用于日常宴会活动中。

任务目标

　　1.掌握筵席与宴会的概念与区别。

　　2.了解筵席的主要种类。

　　3.能按照筵宴的分类方法对名宴进行归类。

　　4.学习归纳中国代表性筵席的特点。

任务实施

一、筵宴的概念与特征

（一）筵宴的概念

　　筵宴,古称宴集、宴飨,是指礼仪性、社交性的饮食活动,是筵席和宴会的统称。筵席和宴会词义相近,也有一些差异。酒席、宴会、会饮等,现在统称为宴席。

　　❶ **筵席**　筵席,古称"燕饮"或"会饮",现在称酒席或宴席,是宴饮活动时食用的成套菜点及其

Note

93

台面的统称。古人宴客多席地而坐,筵与席原来都是指铺在地上的竹、草编制的坐具或垫具,后来才演变为酒席的专称。

从呈现效果来看,筵席是人们精心准备和制作的一整套食品,是茶、酒、菜肴等的艺术组合。无论举办什么类型的筵席,都需要选择优质原料,用以精湛烹调工艺,辅以隆重礼节,来显示主人的情谊和态度,给予宾客难忘的物质与精神享受,也体现了一个民族或地区的饮食文化。

从实质上来看,筵席中的整套食品,还与欢聚目的、办宴规格、待客礼仪有着内在联系。凡是筵席,都具有功利性,或疏通关系,或酬谢恩情,具有明显的目的性。其办宴规格指的是筵席的档次。规格高低,受主办人经济条件、办宴目的及宾客身份等多个方面因素的制约。而待客礼仪,包括礼节、礼貌、礼俗等,宾主双方都需要遵从。

所以,筵席的定义可总结为:人们为着某种社交目的的需要而隆重聚餐,并根据办宴规格和礼仪程序精心安排制作的一整套菜品。既是菜肴的艺术组合,又是礼仪的表现形式,还是公关社交的工具。

❷ **宴会**　宴会又称为酒会、会饮,是因民间习俗和社交礼仪的需要而举行的宴饮式聚会。其形式有国宴、专宴、便宴、家宴等。由于宴会必备筵席,两者性质和功能相近,因而常被合称为筵宴。

与筵席相比,宴会更注重社交功能和接待礼仪,因而除了食谱设计之外,宴会设计也十分重要。宴会设计,要求主题鲜明,展示民俗文化,而且美观大方,舒适安全;在场景、台面、程序等方面都考虑周全,并通过训练有素的服务人员协助主人完成筵席社交的任务。从此点来看,宴会大多数比较大型隆重,费时费力费钱,规格比一般的酒席高。所以,现在普通的宴饮,大多称作筵席而不称作宴会。

（二）筵宴的特征

由于筵宴具有聚餐和社交的特性,且有一定的程式规格,所以它与一般日常餐饮有着明显的区别。

❶ **聚餐形式**　中国筵席历来是在多人围坐、亲密交流的氛围中进行的。一般不像西餐宴会的分餐制,也不像冷餐会,没有固定的座位,随走随拿随吃。中国传统筵席习惯 8～10 人一桌,寓意"十全十美"。至于桌面,有方形、长条形、八角形和圆形等,但以大圆桌为主,寓意"团团圆圆"。赴宴者通常由四种身份的人组成,即主宾、随从、陪客和主人。其中主宾为筵席的中心人物,通常坐在最显著的位置,筵席中的所有行为活动都围绕着他来进行;随从是主宾带来的客人,地位仅次于主宾,也应礼待;陪客是主人请来陪伴主宾与随从的人,有半主半客的双重身份,在烘托筵席气氛、协助主人待客等方面起着重要的作用;主人即东道主,筵席要听从他的安排,并达到他的目的。

❷ **程式规格**　筵宴之所以不同于便餐,还在于它的档次和规格。它要求全桌菜品配套,应时应季,餐具雅致,服务周到热情。所有菜品均按照质量和比例,分类组合。与此同时,在宴会场景装饰、筵席节奏把控、接待人员选用、服务程序配合等方面都需要考虑周全,使正常宴饮保持欢快轻松的氛围。

❸ **社交性质**　人们常常在品尝佳肴的过程中,疏通关系,互相了解,解决一些在其他场合不容易或不便于解决的问题,从而实现社交目的。

古往今来,无论什么类型的宴会,都强调突出主旨和统筹规划,注重食谱和接待礼仪,讲究进餐环境美化和台面点缀设计。久而久之,筵宴形成一套传统规范,作为礼俗世代相传,成为中华饮食文化的重要组成部分。

二、筵宴的规格与类别

（一）筵宴的规格

筵宴的规格又称档次,是就其等级而言的。古代,在宗法思想支配和贫富不均的影响下,等级划分尤其明显,不同阶级的人享受不同档次的酒宴。如餐具的规格是"天子九鼎,诸侯七,卿大夫五,元士三也";食品的数量是"天子之豆二十有六,诸公十有六,诸侯十有二,上大夫八,下大夫六"。现今筵宴一般分作低、中、高、特四档,衡量档次的标尺有五个方面,即菜点的质量、原料的价位、烹制的难易程度、进餐环境档次和接待的礼仪。其中,菜点的质量是关键,它直接决定筵宴规格的高低。至于宾主选择何种档次的筵宴,取决于他们的购买能力和动机。

❶ **低档筵宴**　用料多为猪肉、羊肉、普通鱼品、四季蔬菜和粮豆制品。肴馔以乡土菜品为主,制作简易,讲求实惠,多用于民间红白喜庆以及中小型企事业单位的公关活动。

❷ **中档筵宴**　用料以鸡肉、鸭肉、猪肉、名鱼、蛋奶、珍蔬和精细粮豆制品为主,可搭配20%左右的山珍海味。多由地方名菜组成,烹制较为精细。餐具整齐,格局比较讲究,经常用于较大的庆典活动或重要的商务宴会。

❸ **高档筵宴**　用料多为动植物原料的精华部位,山珍海味约占40%。常搭配知名度高的风味特色菜品,花色彩拼和工艺菜占比较大。多用于接待知名人士或外宾,礼仪隆重。

❹ **特档筵宴**　用料多为全国各地的名特产品,山珍海味常常占60%以上。需配置享誉海内外的肴馔,工艺菜比重大,并且常以全席的形式出现。菜名典雅,盛器名贵,席面壮观,多接待显要人物或贵宾。

上述规格的划分,只是大致的标准,并没有绝对的界限。为了清晰显示筵宴的等级并遵循"按质论价"的原则,我国筵宴规格通常用售价来表示,不过也只是相对而言。首先,不同档次的餐馆毛利率不同,因此在同一售价时,其成本有多有少,反映在筵宴中便有数量和质量上的差异。其次,由于地区烹调技术、物价和消费水平差异大,故而筵宴的售价常常拉开很大的距离。最后,淡旺季的差异,物价的涨落以及企业出于竞争进行的调价,也会使筵宴价位出现浮动。所以,用售价表示筵宴规格,必须考虑具体时间和环境。

（二）筵宴的类别

筵宴的分类通常有三个体系,即教材分类法、行业分类法和情采分类法。

❶ **教材分类法**　即按照筵宴的民族文化特性,分作中国传统筵宴和中西结合酒宴两大类。中国传统筵宴可细分为宴会席和便餐席两档,前者包括国宴、专宴和各地风味宴等,后者包括家宴、便宴和菜席等。中西结合酒宴则有招待会、茶会、自助餐小宴、冷餐酒会等多个类型。

❷ **行业分类法**　即按筵宴的商品属性和销售习惯进行划分,同时据此给筵宴命名。不仅能体现筵宴的风采,也与餐饮业经营结合紧密。这种分类法有很多类型。例如,按地方风味可分为鲁菜席、苏菜席、川菜席等。每种风味菜系下面可以再细分,如川菜席中便包括成都菜席、重庆菜席等。由于地方风味特点突出,故而这样区分,可使名店、名师、名菜与优质服务一体化,便于宾客选用。按菜品数目可分为四六席、三蒸九扣席、六六大顺席等。如此分类,一方面可以从数量上体现筵宴规格,便于计价和调配;另一方面可以满足人们企丰求盛的心理。按头菜名称可分为燕窝席、烤鸭席等。用头菜分类,实质上是定出一个标杆,可以从质地上显示档次,也利于其他菜品配套。按烹调原料可分为山珍席、蔬果席等。如此分类,可强调某些土特产,或突出民族饮膳风情,或照顾宗教人士的生活习惯。按主要用料可分为全羊席、全凤席等。所有菜品主料相同,不同的是辅料、技法和风味。按时令季节可分为元宵宴、端午宴等。这类筵席重视选用应时应季的鲜活原料,还注意搭配食医结合的滋补菜和药膳菜,强调饮食养生。

❸ **情采分类法**　即按筵宴的审美情趣分类,以特殊韵味展示饮食文化。类型很多,如以风景名胜划分的长安八景宴;以文化名城划分的开封宋菜席;以少数民族划分的蒙古族账房宴;以文化名人划分的东坡席等。大多注重格调,以精、雅、灵、秀著称。

三、历史名筵

筵席随着生产的发展和时代潮流的演变,呈现出常变常新的态势。各个时代和地区,在筵席的

全羊席

称谓、规模、席位、菜点、食序和礼仪方面，都不相同，不断推陈出新，展现出筵席强大的生命力。在中国筵席历史上，有古宴、大宴、奇宴、名宴。

论说古宴，上古有周代八珍宴、鹿鸣宴，后有隋炀帝龙舟宴、曹植平乐宴；唐代有烧尾宴，宋代有万寿宴，元代有诈马宴，清代有满汉全席。

论说大宴，主要有满汉全席、国宴、孔府宴、红楼宴、南北全席。

论说奇宴，主要有全羊宴、饺子宴、豆腐宴、洛阳水席。

在我国几千年的宴饮发展史上，筵宴种类繁多，不同时代产生了不同风格的筵宴名品。以下介绍历史上比较著名的、影响较深远的筵宴名品。

❶ 烧尾宴　唐代是我国历史上的鼎盛时期，也是中华饮食文化的辉煌时期。盛世带来了君臣上下的美酒欢宴。"烧尾宴"就是这个时期的美食风尚。初唐的"烧尾宴"一般是新官上任时的宴会，或大臣进献皇帝、新官宴请同僚的宴会。宋代陶谷所撰《清异录》中，记载了韦巨源拜尚书令左仆射时设"烧尾宴"所留下的一份不完全的食单，使我们得以领略这种盛宴的概貌。食单共列菜点58种，其中除"御黄王母饭""长生粥"外，共有单笼金乳酥（酥油饼）、贵妃红（红酥饼）、曼陀样夹饼（炉烤饼）、巨胜奴（芝麻点心）、婆罗门轻高面（笼蒸饼）、生进二十四气馄饨（二十四种馅料馄饨）等糕饼点心数十种，其用料之考究、制作之精细，令人叹为观止。

筵席上有一种工艺菜，主要用作装饰和观赏，称"看菜"。这张食单上的"看菜"是由素菜和蒸面做成的一群仙子般的歌伶舞女，共有70件，可以想见当时的情景多么华丽壮观。食单中的菜肴有32种。从原材料来看，有北方的熊、鹿、驴，南方的虾、蟹、蛙，还有鸡、鸭、鹅、猪、牛、羊、兔等，真是山珍海味，异彩纷呈。其烹调技艺更是别出心裁。

"烧尾宴"是一种极其奢靡的宴会，是唐代达官贵人、富商大贾的豪华奢侈生活的写照，但是其对饮食烹饪事业的发展却具有极大的推进意义。"烧尾宴"是这个时期丰富的饮食资源和高超的烹调技艺的集中表现，是初唐饮食文化艺苑中的一朵奇葩。

❷ 曲江宴　曲江宴是唐代著名的筵宴之一。因在古都长安的曲江园林举行而得名。曲江，又称曲江池，是当时长安最著名的风景名胜区，因其水曲折得名。这里风景秀丽，烟水明媚，其南是皇家园林——紫云楼、芙蓉园，是半开放式游赏、宴饮胜地，人们把在这里举行的各种宴会通称为"曲江宴"。

曲江宴主要分为三种：一是上巳节举行的宴会。这天，皇帝通常会在曲江园林大宴群臣，凡在京城的官员都有资格参加,而且允许他们携妻妾子女前来;作为一种惯例,延续百年,特别是开元、天宝年间,每年都要举行。此宴规模宏大,有万人参加,长安城中所有民间乐舞班社齐集曲江,宫中教坊和左右教坊的乐舞人员也都去往曲江演出助兴。这天的曲江园林,香车宝马,万众云集,盛况空前。从紫云楼到池中彩舟画舫,绿树掩映的楼台亭阁、沿岸花间草地,处处是宴会,处处是乐舞。二是浪漫的文化盛宴,为新科进士举行的宴会。新进士及第,皇帝例行在曲江举行盛大的宴会,以示鼓励。曲江新进士游宴,实际上是京城长安的一次规模盛大的游乐活动。整个曲江园林,人流如潮,乐声动地,觥筹交错。三是京城仕女春日游曲江时举行的宴会。此宴最具风韵,长安仕女多盛装出行,并常常以草地为席,四面插上竹竿,然后将亮丽的红裙连接起来挂于竹竿之上作宴幄,肴馔味美形佳,人人兴致盎然,这便成了临时饮宴的幕帐,此宴会也称为"裙幄宴"。

❸ **诈马宴**　诈马,蒙古语意为去除毛发的家畜,是一种分食整羊、整牛的传统名词。诈马宴被誉为蒙古族的第一宴,是蒙古族的"满汉全席"。罗布桑却丹的《蒙古风俗鉴》中记载,蒙古食谱中最为贵重的膳食是整牛、整羊宴席,蒙古人统称"诈马宴"。这种席面是蒙古族庆典中较为隆重的宴席。诈马宴是元代宫廷或亲王在行使重大政事活动时所举行的宴会。史料记载,凡是新帝即位、皇帝寿宴、祭祀等都要举行这种大宴。此筵席展现了蒙古王重武备、重衣饰、重宴飨的习俗,一般欢宴三天,不醉不休。菜品原料主要是羊,以烤全羊为主,还有各种奶制品,用酒很多,且多为烈性酒。大宴上,皇帝多对大臣进行赏赐,有时也商议军国大事,带有浓厚的政治色彩。

诈马宴是古代蒙古族最为隆重的宫廷宴会,是融宴饮、歌舞、游戏和竞技于一体的娱乐形式。滥觞诈马宴,又称质孙宴,它是蒙古帝国和元朝时期的内廷大宴。"质孙"是蒙古语中"颜色"的音译。因为质孙宴是众多宴会中最为盛大的一种,所以赴宴者必须穿戴质孙服,故称质孙宴。诈马宴是宫廷最高规格的食飨,它的宗旨是纵情娱乐,增强最高统治集团的凝聚力。它有适宜的地点、固定的场所,对赴宴者的身份、服饰均有严格的规定。

《蒙古族食谱》一书记载,在蒙古族历史上,喜庆大典或者隆重祭祀,都要摆诈马宴,这是蒙古全羊席的一种,全称为绵羯羊整羊诈马宴。制作诈马宴时,以蒙古族宰杀羊的传统方法为宜,整羊煺毛,剖开胸腔,去掉内脏,清理干净,将盐和五香调料纳入腹腔内,然后将开膛处缝好,放入有盖的大海锅或者特制的烤炉中蒸制或者烤制。上席前要弃其角、四蹄,再用大木盘或者大铜盘把整羊做成站立式或者卧式上席摆宴。羊头朝主客(一般是年长者)献于席面上。

诈马宴

❹ **千叟宴**　千叟宴是清代宫廷中举行的规模最大、参加人数最多的盛宴,始于康熙时期,盛于乾隆时期,嘉庆后期不再举行。因赴宴者多数在千人以上,故名。史料考证,清代历史上共举行过四次千叟宴,其中康熙年间两次,乾隆年间两次。康熙五十二年(1713年)是康熙六旬万寿,他在畅春

园分别宴请了65岁以上的现任和休致的大臣、兵丁等两千多人。康熙六十一年(1722年)正月,他再次召请65岁以上大臣及百姓等1020人,赐宴于乾清宫前。宴间,康熙与满汉大臣作诗纪盛,名《千叟宴》,"千叟宴"始成名。乾隆年间,曾两度于乾清宫举行千叟宴,规模更为宏大,参宴者竟达3000人。千叟宴的举行,反映了清代所提倡的"养老尊贤""八孝出悌"和优老政策,是清统治者笼络民心的方式,有维护朝廷统治的作用。

千叟宴礼仪环节较多,所有参宴人员均需由皇帝钦定并由衙门行文通知。由于参宴人员众多、规模盛大,宴前需要做大量准备。桌席排列要按照严格的封建等级制度,餐具和膳品也有明显的区分。王公大臣可当即跪领赏物,并叩谢天恩,三品至九品官员则被引至午门外行礼后按名单发放礼品。

❺ **满汉全席** "满汉全席"简单来说就是由"满菜"和"汉菜"组合成的席面。满汉全席融合了宫廷菜的特色和地方风味的精华,是一种融合满、汉饮食文化特色的席面,是满、汉文化融合的特色产物。从康熙乾隆年间满席、汉席独立并行,到嘉庆道光年间的满汉席合筵,再到清末民初满汉全席正式出现,中间历时两百多年。满汉全席不是一个既定的筵席,更没有一个既定的席单。

满汉全席是清代兴起的一种规模盛大、程序复杂、由满族和汉族饮食精粹组成的筵席,包括红白烧烤、各类冷热菜肴、点心、蜜饯等,入席品种达200余种。到清朝末期,其风格日渐奢侈豪华。不同地区也逐渐融入一些当地的风味菜肴,继而形成各具特色的满汉席。

满汉全席兼用满、汉两族的风味肴馔,用料上多取用汉食的山珍海味,重满食的面点;程序烦琐,礼仪隆重;菜品丰富多彩,可分多次进餐;席面多按大席套小席的模式设计。

❻ **孔府宴** 孔府是孔子后人居住的地方,是典型的中国大家族居住地和中国古文化发祥地,经历2000多年长盛不衰,兼具家族和官府职能。孔府不仅举办过各种民间家宴,还要迎接皇帝、钦差大臣,各种宴席无所不包,集中国宴席之大成。孔子认为"礼"是社会的最高规范,宴饮是"礼"的基本表现形式之一。孔府宴是山东曲阜孔府中所举办的各类筵席的总称。孔府宴礼节周全,程序严谨,是古代宴席的典范,具有严谨庄重、讲究礼仪的特点,秉承孔子"食不厌精,脍不厌细"的精髓。至今,孔府还留存一套清代制作的银质满汉餐具,计404件。孔府宴的菜点丰富多彩,选料广泛,用料讲究,注重保持原汁原味,技法全面,具有独特风味。

孔府宴席名目繁多,等级森严,具体的接待规则和宴会格局都有严格的规定。一般来说,掌事人会根据事务大小、参宴者官阶高低、眷属亲疏等决定设宴的规模,菜肴的珍贵、精细程度和数量以及餐具盛器的贵重程度。孔府宴主要分为寿宴、花宴、喜宴、迎宾宴、家常宴等。

任务二 中国筵宴设计

红楼宴

任务描述

自教育部推行全国职业技能大赛以来,高职类的烹饪技能大赛多以中餐主题筵宴的设计、制作为形式进行竞赛。因此,本任务主要介绍各类筵宴的设计及注意事项。本任务的重点是根据不同的宾客需求、主题选择不同的设计方法,并且熟练掌握筵宴设计的每个环节。

任务目标

1. 了解中国筵宴设计的基本要求与原则。
2. 能应用中国筵宴基础知识进行主题筵宴设计。

Note

任务实施

一、筵宴设计的原则与要求

(一)筵宴设计的原则

筵宴设计是依据主办方的要求、宾客的构成情况以及承办方物质技术条件等,对筵宴内容、程序与标准统筹规划,并拟出实施方案的过程。同时,筵宴设计也属于烹饪美学的应用范畴。它要求重视礼仪,突出饮食文化色彩,有鲜明的时代气息和民族风格,设计者要有较强的审美能力。筵宴设计应当遵循的四项原则如下。

❶ **突出主题,强化意境** 始终突出主宾是筵宴的核心。因为凡是请客备宴,都带有预期的目的,所以筵宴设计就要按照主人的意愿,在整个宴会活动中紧扣主题,烘托主宾,完成社交任务。例如,国宴的主题多为友好交流与合作,要给予主宾最高的礼遇,其气氛应当是真诚、庄重、大方的。

至于意境,是客观景物与主观感受相融合的产物,也是渲染筵宴气氛、表现主人情谊的手段。意境贵在创造,并应与主题相统一,凭借食器选用、菜点配置来做文章,以营造特定的环境氛围。像老人百岁大寿,就要悬挂寿屏、寿帐,高燃寿灯、寿烛,摆放寿桃,选用"五子献寿"等应景菜点。

❷ **展示民俗,铺陈礼仪** 民俗是对悠久的历史文化的传承,是一种约定俗成的精神信仰,融入人们言行、心理中的生活惯例。礼仪是表示敬意而隆重举行的仪式,在筵宴中则体现在仪容服饰、礼貌用语、迎宾形式和服务细节上。民俗与礼仪常交织在一起,体现一个国家或民族的精神文明。两者融合得好,可使筵宴收到奇效。不少接待外宾和归侨的宴会,都因此设计而声名远扬。

很多方面可以体现民俗和礼仪,如在餐厅中陈列地方工艺品,着民族服饰,适当使用方言,安排乡土名菜,列队迎宾,讲究卫生等。

❸ **美观大方,舒适安全** 筵宴中所指的美,是自然美、形式美、艺术美、社会美的有机和谐统一,体现在场景、台面、台型、服务等方面。在进行设计时,优秀的设计师要规避过度雕琢的设计习惯,设计应尽量大方自然、返璞归真。很多园林式酒家和少数民族宴有着得天独厚的优势,多依托天然条件,而不是人为搭建,这样观感会更加自然。

舒适的定义范围非常广,都是赴宴者对所处环境的主观评价。因此,在设计时要研究好宾客的喜恶、心理过程和个性特征,尊重民族感情、宗教信仰、饮食偏好。除此之外,在菜点制作过程中,要注意饮食安全,严格遵守"食品卫生五四制"。同时还应考虑进餐环境的卫生与美观。

❹ **方便实用,程式严谨** 每份筵宴方案在设计时都要考虑其可行性。方便指的是每个环节包括器械的准备、原材料的选购、场景布置、菜点制作等都是容易达成的。方便也对应着实用。任何形式上的铺张、内容上的胡乱拼凑、细节上的过分雕琢,不仅耗费人力物力,增加成本,还会使用餐时间过长,影响宾客的体验。

(二)筵宴设计的基本要求

筵宴是一种高级的餐饮形式,一种愉悦情志的社交活动,因此有许多要求应当掌握。

❶ **主旨的鲜明性** 筵宴设计中要重点强调贴合主题,突出主旨。明晰的主旨会强化环境效应,提升社交效果。对于承办方来说,确切的主题可使准备工作及各环节配合更加高效,能又快又好地满足宾客的需求。

❷ **配菜的科学性** 食谱设计是一项复杂的技术,其中最关键的就是科学配菜。所谓配菜,即筵宴中菜品的安排,包括排多少,排什么菜,如何排等。它涉及计算成本售价、分清规格类别、清楚宾主偏好、搭配时令季节等,都需要通盘考虑,平衡协调。

配菜时主要有五个方面的考虑:一是宾主的愿望,切合主题,满足偏好;二是筵宴的类别和规模,根据参宴人数和整体规模来确定配菜的种类和数量;三是货源的供应,优先选择货源充足的物品;四是设备条件,参考制约条件;五是自身的技术力量。五者相互制约,互相配合。

❸ **接待的礼仪性** 接待的礼仪性,是筵宴的特征之一。在宴会活动中,全程都需要服务人员保持高度的礼仪性。这不仅仅是宴会的需求,也是承办部门工作人员精神面貌的体现。良好的礼仪服务,可提升宾客的筵宴体验。

❹ **筵席的艺术性** 筵席是烹饪艺术的最高表现。筵席由各种菜点组成,但整体设计、组合和制作上和一般菜点不一样。在整体设计上,要注重各方面美学的融会贯通。

首先是整体美。单个菜肴的成功不等于筵席的成功。要以菜点的美为主体,结合周围环境提升美感。菜单所构成的菜点之间也要有机统一,以突出整体美。菜点之间不是并列和简单的叠加,而是相互依存、相互衬托的关系。在对筵席口味进行调节的同时,要体现出筵席整体的风格和等级。因此在设计筵席时,不能只考虑菜肴本身的味道,还要统一风格,给宾客完整的视觉、味觉享受。

其次是节奏美。把控好上菜节奏,上菜太快太频,会使宾客局促不安;上菜过迟过慢,会给人拖沓和疲乏的感受,影响整体的气氛。分析就餐宾客的类别,根据其心理和情绪有节奏地上菜,可以提升整体的味觉审美。

最后是雅致美。宴会的等级、规格可以不一样,但总体来说格调应是雅致的。即使是普通菜肴,在筵席的大环境下,取料和制作方法上也要与一般情况有所区分。高雅不仅仅是指菜点不俗,所采用的器具、环境和服务也要与档次相协调。

二、筵宴设计的内容

筵宴设计涉及面广,但其重点主要是如下六项。

(一)场景设计

场景设计指宴会承办方根据主办方的设宴目的,结合主题、地点、宾客性质等因素,利用其他装饰物、色彩搭配、光照等客观条件对宴会活动进行统筹规划,形成实施方案的全过程。

❶ **绿化** 绿植一般放置在宴会厅外两侧、宴会厅入口、房间边角处或隔断处、舞台边沿等,整个装饰区域和数量受宴会厅空间限制。近些年,许多场合会选用鲜花来进行布置,但要注意根据宾客喜好和习俗禁忌选择花色品种。

除了绿植之外,还可选择盆栽,如盆花、盆草、盆树等。一般来说,大型和喜庆宴会适合选用盆花;典雅为主的宴会多用观赏性的植物,如竹子、兰花等;有时也可选用高大型植物作为空间隔断,亦能达到庄重的效果。

❷ **装饰** 宴会厅内张贴的各种横幅、徽章、标语都属于宴会标志,是表现主题最直接的方式,一般要根据承办方的要求和宴会特性来设计。大如国宴的设计,就要悬挂主客双方的国旗,菜单上要印国徽;如婚宴,可悬挂大红喜字或其他吉祥图案。

宴会厅四周的墙壁上也可张贴或悬挂字画、匾额等墙饰,可对整个环境起到衬托和美化的作用。同时,也可通过人工布景,借用人造的微型景观,突出宴会主题风格。

❸ **光照音色** 宴会的色彩和灯光要与宴会主题相搭配,考虑到色调等多方因素,从美学角度进行设计。通过柔和的色调、宽敞的空间布局和舒缓的音乐,可以最大限度满足宾客的进餐需求,延长其就餐时间。

根据宴会厅基本条件,将自然光源、人工光源和混合光源等光线类型与强、弱、明、暗等照明强度相匹配,形成固定的宴会照明设计方案。无论什么主题,尽量使用暖色调,避免使用灰色和黑色,根据不同宴会厅设计个性化配色方案。同时,根据宴会厅面积大小来选择扬声器规模,扬声器通常应包括会议系统和扩声系统两个部分;还可以增设远程视频会议等功能,使宴会进程中的声音与画面完美结合,以满足主办方和承办方的需求。音乐选择要符合主题和宾客需求,如国宴演奏中华人民共和国国歌,生日宴播放《祝你生日快乐》;婚宴播放《婚礼进行曲》等,也可以增添观赏表演。

（二）台型设计

台型设计是根据宴会主题、人数、规格、时令和宴会厅的结构、面积、光线、设备等情况,设计宴会餐桌排列的总体形状和布局。要合理利用宴会厅条件,体现规格、烘托气氛,便于服务人员席间服务。

❶ 席位安排

(1)席位排列原则:①前上后下,在排列时以前为尊,前排高于后排。②右高左低,在排列时以右为尊,右侧高于左侧,就座高于站立。③中间为尊,在排列时中央高于两侧。④面门为上,面对正门为正桌上座,背对门为下座;面对观景为上座,背靠墙面为上座。

(2)中餐宴会席位:首先确认主人席位,即正对大门、背靠特殊装饰的席位。其他席位要根据具体桌形排列。首先要看离主人席位的远近,以右为尊、主客交叉。以圆桌为例,男主人右上方为主宾,主陪右上方为第二主宾。桌次的高低也同理,离主桌越近便越高。

(3)西餐宴会席位:与中餐宴会席位大致相同。主人席位在席上方和正中位置,右边是主宾席,左边是副主宾席,其他宾客则按照从上到下、从左至右的习惯排列。当然会因不同国家、地区和民族的习惯而有不同的处理,没有统一不变的标准。

❷ 台型设计要求 台型设计内容包括区域规划、主桌安排、台号编排等。总体来说,台型设计要根据宴会规模,适应厅房面积大小,最重要的是突出主桌,其他餐桌可根据餐厅形状依次进行摆设。当桌数较多时,除了主桌外,其他餐桌均需要编号,双数在左边,单数在右边,大于30桌次的按照剧院座位排号法编号。

❸ 中餐宴会台型设计基本组合

(1)"一"字形排列:除了主桌之外,其余餐桌根据宴会厅宽度呈"一"字形。

(2)"品"字形排列:主桌为最上面的"口"字,余下依次递增,餐桌间距保持一致。

(3)圆形排列:各区域以主桌为圆心排列成圆形。

(4)五角星形:以5桌为一组排列成五角星形,顶角正对宴会厅房门,即为主桌。

❹ 西餐宴会台型设计基本组合 受用餐习惯、餐饮用具、食物原料、价格因素等影响,除了在大中城市较特殊的节日里,有较正规的大型西餐宴会举行外,其他时间、地点参加西餐宴会的人数都不是很多。西餐宴会以中、小型为主,大型则主要采取自助餐的形式。餐桌多为长桌、条桌或圆桌。

（三）台面设计

台面设计也称餐桌布置装饰,是基于宴会主题,采用多种搭配方法和手段,将各种宴会台面用品进行合理摆设和装饰,使整个台面形成组合艺术形式的实用艺术创造。

❶ 分类

(1)**按餐饮风格分类**:可分为中餐宴会台面、西餐宴会台面和中西餐合璧宴会台面。中餐宴会台面用于中餐宴会,一般使用圆形桌面和中式餐具,造型多为中国传统吉祥图饰,如大红喜字、鸳鸯图案等。西餐宴会台面用于西餐宴会,常用方形、长条形、半圆形桌面,一般摆西式餐具。中西餐合璧宴会台面适用于既有中国人又有外宾的情况,在设计摆设时采取中西融合的方法,既有中餐宴会的特点,也有西餐宴会的特点。餐具既包括中餐宴会用的筷子、骨碟、汤碗,还包括西餐宴会用的餐刀、餐叉、餐勺和各种酒具等。

(2)**按台面用途分类**:可分为看台、餐台和花台。看台又称观赏台面,根据宴会性质、内容,用各种装饰物品摆设成各种图案,供宾客在就餐前欣赏。开宴上菜时,撤掉所有观赏性物品,分发小件餐具。这种台面多用于民间主题宴会和各种风味宴会。餐台的餐具要按照实际就餐人数、菜单的编排和宴会标准来摆设。所有餐具、用具,间隔距离要适当,摆放整齐。各种装饰物品必须摆放整齐,并尽量集中。花台又称艺术台面,是使用鲜花、盆景和花篮及多种工艺美术品、雕刻品,点缀构成的各种新颖的艺术台面,既方便宾客就餐,又能便于宾客观赏,将艺术性与实用性融为一体。

台面设计要依托宴会的主题和规格,突出主要内容。图案设计要结合宴会特点和宾客喜恶,具有一定的代表性和时代性。在强调艺术新颖和造型独特的同时,还要方便宾客就餐。

❷ **命名方法**

(1)根据台面的形状命名,如中餐的圆桌台面、方桌台面;西餐的长台、"T"形台等。这种命名方法简单、直接。

(2)根据每位宾客面前的小件餐具件数命名,如5件餐具台面、7件餐具台面等。这种命名方式便于宾客了解宴会的规格和特点。

(3)根据台面造型及寓意命名,如百鸟朝凤席、庆功宴、花好月圆席等。这种命名方法便于突出宴会主题。

(4)根据宴会菜肴名称命名,如全羊席、全鸭席等。这种命名方法便于展示菜肴内容及设计。

❸ **设计搭配用品**

(1)公共物品,如台布、台裙、椅套和转盘等。

(2)餐位用品,如筷子、骨碟、口布、汤勺、酒具等。

(3)装饰用品,如各种花卉、盆景、雕刻品等。

(4)吉祥用品,如包含龙、凤、鸳鸯、寿桃等各种造型的用品等。

❹ **设计基本要求**

(1)根据宾客的要求进行设计。要根据宾客用餐及工作人员席间服务的方便性,对餐位大小、餐位间距、餐具的选择和摆放进行合理设计。

(2)根据宴会的主题和档次进行设计。台面设计要突出宴会主题,其档次高低决定了厅房的规模、餐位的大小、装饰物的数量和质量。

(3)根据宴会餐点和酒水特点进行设计。餐具和装饰物的选择和布置,必须由宴会餐点和酒水特点来确定。不同的宴会配置不同类型的餐具及装饰物,不同的酒水也应该分别摆设不同的酒具。

(4)根据美观性要求进行设计。在满足基本的实用性后,还应结合美学、主题文化进行创新设计,起到烘托宴会气氛、增进宾客食欲的作用。同时,也要体现出主办方和承办方的审美水平,并实现其办宴的社交目的。

(5)根据卫生要求进行设计。要确保摆台所用的餐具均符合安全卫生标准,操作时要注意卫生,不能直接用手接触餐具、杯具或接触食物。

婚宴宴会设计

（四）席谱设计

席谱又称为菜谱、菜单，是指按照宴会主题、规格和要求，将酒水、热菜、冷菜、甜品等按照一定比例和程序编写出的菜点清单。设计时要保持严谨的态度，注重与主办方、承办方之间的有效沟通，掌握宴会的结构和要求，遵循菜单的编制原则，考虑宾客的饮食禁忌及要求，采用正确的方法，合理选配菜品。菜单不仅仅是采购原料、生产菜品、接待服务的依据，更是所有宴会设计流程工作的前提，也是宴会参与多方交流的桥梁。

❶ 分类

（1）按设计方式与特点分类：可分为固定式宴会菜单、专供性宴会菜单和点菜式宴会菜单。

固定式宴会菜单是由宴会承办方预先设计的列有不同价格档次和菜品组合的系列宴会菜单。价格档次由高到低，包括了常规宴会范围，每个档次也涵盖不同菜品的组合，供宾客挑选。但对于有特殊需求的宾客来说，还是过于笼统，需要进行针对性设计。

专供性宴会菜单是承办方根据宾客的要求和特点，结合自身情况专门设计的菜单。针对性比较强，有明确的设计目标。在实际生活中应用比较广，是目前宴会菜单的主要应用模式。

点菜式宴会菜单是根据宾客自身的喜好，在餐厅的原料菜单中自主选择菜品进行组合而形成的菜单。通常来说，由承办方提供基本的点菜菜单模板，由主办方在其中选择菜品，或者从承办方提供的原料清单中确定烹调方法、味型等组合成宴会套菜菜单，承办方可对原料或模板做情况说明、提供建议和补充。

（2）按菜品排列方式分类：可分为提纲式宴会菜单和表格式宴会菜单。

提纲式宴会菜单是根据宴会规模和宾客要求，按照上菜顺序依次列出各种菜肴的名称和类别，清晰又整齐。这种菜单主要应用于餐饮企业中。

表格式宴会菜单是将所有相关因素全部列出来，包括菜品类别、上菜程序、菜名、主辅料种类及数量、主要烹调技法、色调、成本及售价等。菜单设计比较详尽，适用于风格比较突出的宴会。

（3）按菜单使用时间长短分类：可分为固定性宴会菜单、阶段性宴会菜单和一次性宴会菜单。

固定性宴会菜单也称为长期菜单，不受季节、宾客、宴会主题等因素影响，一般以地方特色菜系口味为主要设计原则。

阶段性宴会菜单指的是在规定时间内使用的菜单，受季节、时令等因素影响。

一次性宴会菜单又称为即时性宴会菜单，是专门为某一个宴会特定设计的菜单，适用于规格档次比较高的宴会。

❷ 设计原则

（1）按需配菜，要考虑宾主的要求，只要是条件范围内允许，都应当尽量满足。同时也要考虑宴会类别和规模，类别不同，菜品也需要变化。许多客观条件会影响宴饮效果，所以要考虑货源的供应条件、设备条件及厨师的技术能力等。

（2）随价配菜。按照优质优价的原则，合理定价，合理选配宴会菜品。一般来说，高档宴会，料贵质精；普通酒宴，料贱质粗。既要保证餐厅合理收入，又不应使宾客吃亏。在搭配时，可选用多种原料，适当增加辅料的比例；或以名贵菜品为主，地方特色菜品为辅；也可采用成本低又能装饰烘托席面的菜品；巧用粗料，精细烹调；合理处理边角余料，物尽其用不浪费。

（3）因人配菜。根据宾主的国籍、民族、宗教、职业、年龄、个人喜好，灵活安排菜品。国籍不同，口味嗜好和原料选择上会产生差异。例如，欧美国家的膳食结构以肉制品为主，而亚洲则以植物性原料为主；不同民族，不同宗教信仰，对于原材料的选择也是不同的，如回族不食用猪肉及血污性肉类；不同职业和工作量也会使饮食习惯产生差异，如体力劳动者对菜品的分量要求一般比脑力劳动者多。

（4）应时配菜。设计宴会菜单时要符合时令的要求。原料的选择、色泽的变化、口味的调配都需视气候变化而定。春多酸、夏多苦、秋多辛、冬多咸。夏秋季温度较高,以汁稀、色淡的菜居多;春冬季气温低,以汁浓、色深的菜品居多。

(5)营养平衡。随着人们生活水平的提高,对宴会菜品的要求已经从可口性逐渐转变为营养性。设计菜单时要从宏观上考虑整桌菜品营养是否均衡合理,选用食材是否利于消化。根据营养学的概念,食品要种类齐全,数量充足,比例适当,提倡高蛋白、低脂肪、低盐的饮食方式。应适当增加植物性原料的摄入,以清鲜为主,重视烹制工艺,突出原料原汁原味。

(五)服务设计

宴会服务是指承办方根据整体宴会设计为接待宴会宾客而进行的相关服务工作。其质量高低直接体现宴会规格的高低,也间接影响整场宴会的气氛。

❶ 宴前服务

(1)大型中餐宴会开始前摆放好冷菜,注意保持盘间距相等。根据情况准备酒水饮料,备好酒篮、冰桶、开瓶器等用具。西餐宴会开始前要将面包、黄油摆放在面包盘和黄油碟内,在座所有宾客的面包、黄油的数量和种类都应是一致的。

(2)组织工作就绪后,宴会承办方要对各环节的卫生问题、设备状况、服务人员的素质和仪容仪表等做一次全面检查,以保证宴会的顺利进行。

(3)宴会开始前召开宴前会,强调各服务环节的注意事项,对宴会准备工作、宴会服务和宴会结束工作进行分工并定好负责人。隆重的大型活动在举办前要进行彩排。

❷ 宴会服务

(1)迎宾:根据宴会的入场时间,工作人员提前在宴会厅门口迎接宾客,服务人员站在各自负责的餐桌旁准备服务。待宾客到达,热情迎接,微笑问好,引领宾客至指定位置或休息室。

(2)入席服务:当宾客来到席位附近时,服务人员要微笑服务,帮助宾客入座;待宾客坐定,帮助其打开餐巾、拿走席位卡,撤走花瓶和冷菜上的保鲜膜。西餐宴会还需要帮助宾客铺餐巾,斟倒冰水,派发黄油、面包。

(3)斟酒服务:从主宾开始先斟葡萄酒,再斟烈性酒,最后斟饮料;葡萄酒倒七成,烈性酒和饮料倒八成。服务人员应认真观察宴会节奏,在宾客互相敬酒时,随时准备添酒。

(4)菜品服务:上菜时一般要侧对着主人或主宾进行,有利于向来宾介绍菜品名称、口味,严禁从主人和主宾之间或来宾之间上菜。

中餐宴会在宴会开始之前就要将冷菜端上餐桌;宴会开始,待冷菜用到一半时,开始上热菜。服务人员应注意观察宾客进餐情况,并控制好上菜节奏。上菜顺序严格按照菜单顺序进行。

西餐宴会要先上头盘,并据此搭配相应的酒类,先斟酒,再上头盘。宾客用完后要及时从宾客右侧撤盘,连同头盘刀叉一齐撤下;上汤时要加垫盘,用完汤后,依然从宾客右侧连同汤匙一齐撤下;服务主菜时,一般需要值台服务员为宾客分派,并分配蔬菜和沙司。上菜时还要斟好红葡萄酒,并视情况为宾客补充黄油和面包;待宾客用完主菜后,服务人员应及时撤走主菜盘、刀叉等,摆上干净的点心盘;用完甜品后,可为宾客送上咖啡或红茶。

(5)席间服务:保持台面整洁。宾客席间离座时,应主动帮其拉椅;待宾客回座时应注意拉椅,递铺餐巾。时刻保持转盘及席面餐具的清洁卫生。

(6)送客服务:上菜完毕后即可做结账准备。清点所有酒水、香烟及宴会菜单外的加菜费用并算出总额。宾客示意结账后,按照规定手续办理。宴会结束后,服务人员要提醒宾客带齐物品,视情况决定是否欢送宾客至门口。宾客离席后,清理台面。整理桌椅,并收好所有餐具送往后台分类摆放。

收尾工作结束后,相关负责人要检查并做好记录。一般大型宴会结束后,宴会主管人员要召开总结会。待所有收尾工作检查完毕后,全部工作人员方可离开。

(六)安全设计

安全设计的目的是保证宾客的人身及财产安全。任何大型宴会活动的成功举办,都应配备专职保安人员、机动服务人员及备用车辆。各部门间也要积极配合,将隐患消灭在萌芽状态。

❶ 宴会安全设计要点

(1)按照宴会主管的安排,每台的服务人员为该宴会台安全工作的负责人,应熟悉整个流程并负责台面的疏散路线,工作人员应设计安全疏散示意图。

(2)保持疏散通道畅通,不得随意堆放物品。消防通道、消防栓前不放置物品,消防器材不得随意移动。

(3)宴会厅入口设置显著指示牌。

(4)仔细查验请帖、邀请函等入场票据,防止闲杂人员进入,避免危险发生。

(5)入场前,提醒宾客易燃易爆物品不得带入场地内。

(6)在宾客存放个人物品时,要提醒宾客贵重物品等不予存放。

(7)随时随地注意明火,防止着火,发生火灾。

(8)提醒宾客注意个人物品,随身携带手机、钱包等贵重物品。

(9)宴会活动进行时,要关注宾客状态,及时发现宴会服务中的问题,并妥善为宾客解决,防止问题扩大。

(10)散场后,检查宴会厅桌面及椅子、台布下等位置,防止宾客遗失物品。

(11)出现问题随时与承办方安保部门联系。

❷ 宴会常见突发事件　宴会承办方要预先设想各类宴会可能出现的突发事件,做好预案并对负责区域的服务人员进行培训,形成规范化工作程序与标准,将损失降至最小。

遇到各类突发事件后,工作人员要及时向上级部门负责人汇报,并第一时间赶赴现场处理问题。各级领导接到汇报,要立即到现场组织、维护秩序,积极配合其他部门人员。加强与宾客的交流沟通,从宾客角度出发,满足宾客的需求。事件处理完要记录到工作日报中,并开会讨论,避免再次发生类似事件。

常见的突发事件如下。

(1)宾客物品丢失和遗留物品处理:认真听取失主对丢失财物过程各个细节的描述,明确时间、地点,并如实通知上级领导。如果丢失财物数额或价值较大,可根据宾客要求向公安机关报案。在公安人员到来之前,保护好现场。调查处理时,要摆事实,讲道理,重证据。若未能找到财物,须请宾客填写丢失物品表及联系电话,以备联系。

时刻追踪进展情况,对于找到的物品,宾客认领时,要携带有效证件,若情况属实,可予以认领并签字。若确属酒店原因导致物品丢失,要根据酒店相关规定,联系宾客予以赔偿。

(2)物品被盗及人员被骗事件处理:评估现场情况及被盗财物价值,可向公安机关报案。对于已经得出调查结论的事件,应将调查结果报上级领导批准后执行。确定为案件后,保安部应把案发情况和结果填写在案件登记簿,形成材料,整理存档。

(3)宾客损坏酒店财物情况处理:首先,核对被损坏的财物,并向宾客调查财物的损坏过程。其次,礼貌地向宾客讲明酒店相关赔偿制度,并要求赔偿(可用现金或信用卡支付)。最后,将处理过程记录在工作日报中,及时通知有关部门。

(4)宾客受伤事件处理:仔细询问宾客伤情,若伤情严重,及时送往医院就诊。与医院保持联系,并及时向上级领导汇报,为受伤宾客提供酒店能给予的一切帮助。详细记录整个过程,进行存档。

(5)停电紧急情况处理:停电时,应迅速了解停电原因,采取补救措施。启用备用照明系统,事后做好停电记录。打开应急灯,相关部门人员应急到位。及时将情况汇报上级领导,并积极对宾客的询问给予回答。向宾客致歉,解释停电的原因并告知正在处理,满足宾客的需求。事后,做好日志记录,日常配备必要数量的应急灯。

(6)恶性事件处理:发生打架、抢劫等恶性事件时,工作人员要立即向保安部或上级领导报备。保安人员携带必要器材赶赴现场。根据现场事件恶劣程度灵活处理,必要时请示上级领导并向公安部门报案,协助公安部门勘探现场。检查现场伤者状况,若伤情严重,应及时与急救中心联系。现场负责人员清点设备、设施是否遭受损坏,核实损坏的程度、数量,直接经济损失等,并记录肇事者资料,以备索赔。

(7)食物中毒事件处理:看护中毒宾客,保护好现场。视中毒严重程度,送往医院或拨打急救电话。对可疑食品及有关餐具进行专门控制,以备查验和防止他人中毒。向宾客做解释,稳定情绪。由相关部门分别通知公安机关和卫生防疫部门,餐饮部和办公室分别做好接待工作,并协助调查。将中毒宾客的资料、家属信息、警车/救护车到达及离开的时间、警方负责人信息等登记备案。通知中毒宾客的家属,向他们说明情况,协助做好善后工作。

(8)火灾及事故处理:发现火情要及时拨打火警电话,清楚交代起火具体地点、燃烧物及火势。有条件、有经验的酒店可以先灭火,并同时报消防中心,保护好现场。如火情不允许,立即按下各通道各楼层墙面上的红色紧急报警按钮报警。确认火情后,要及时报告给酒店总指挥及有关部门领导,待其安排专业人员赶赴现场进行调查。发生火灾时应迅速组成领导小组,负责组织指挥灭火工作。

国宴背后的
故事

任务三　筵宴改革与推行分餐制

📋 任务描述

明确中国筵宴的发展历程及特点,学习并了解筵宴改革的原因,把握不同时期的筵宴历史沿革,分析推行分餐制的必要性和重要性,查阅相关书籍,更加全面、系统地掌握分餐制推行的方式方法。

📋 任务目标

1.了解中国筵宴改革的主要原因。
2.能熟悉把控筵宴改革的方向。
3.理解推行分餐制的必要性及操作难度。

📋 任务实施

一、筵宴改革

筵宴的发展经历了许多过程:发展源于围塘歌饮,滥于钟鸣鼎食,雅于曲水流觞,兴于曲江游宴,俭于四菜一汤,繁于满汉全席,盛于融汇创新。随着时代的发展,创新筵宴大量涌现,西餐宴会文化也逐渐融入中式筵宴特色文化之中,各式筵宴改革势在必行。

(一)改革的原因

中国筵宴源远流长,种类丰繁,大多具有如下特点:席面大,菜品多,以动物性原料为主体,重视选用山珍海味和名蔬佳果,工艺精湛,讲究火候与调味;因时、因地、因人、因事、因景而设,以某一种风味取胜,强调气势与文采,注重铺排,突出礼仪;餐室雅丽,餐具秀美,服务周到,有一股庄重、华贵的气质;耗费大量人力、物力和财力,成本高,时间长,主要消费对象是中上层社会人士,适应面较窄;受封建礼教熏染,常被作为政治斗争和社会应酬的工具,功利作用明显;膳食配伍不尽科学,有些技法不符合营养卫生要求,存在着形式主义问题。

显然,这里面有可借鉴的成分,也有应当摒弃的东西,要仔细分辨,决定取舍。例如,谨严选料,细心调配,认真操作,菜品与酒水巧妙组合,餐具配套,强调食礼和食趣,注重环境气氛的调适,发挥

Note

"酒食所以合欢也"的作用,今天仍然有用,应当继承和发扬。但是,通过筵宴斗富,铺张浪费,搜奇猎异,编排过分雕琢,烹制故弄玄虚,菜品数量过大,饮宴时间过长,忽视膳食平衡与营养卫生,以及不雅的席规与余兴之类,则需剔除。

随着新的社会制度的建立和意识形态的改变,中国筵宴尽管有了明显改进,但仍存在许多不尽如人意之处。特别是近年来诸多原因促使筵宴再度恶性膨胀,产生了五大弊端:片面追求奇珍异馔,肆意捕食国家明令保护的动植物;过分讲究排场,出现影响社会风气的"超级大宴";营养比例失调,有碍于身体健康;浪费现象严重,造成社会公害;滥用公款吃喝,助长不正之风。因此,群众意见很大,舆论多有批评。凡此种种,都使筵宴改革显得迫切。

(二)改革的方向

筵宴必须改革。改革要把握一些基本原则。第一,不能失去聚餐式的形式、规格化的内容、社交性的作用这三大本质特征;注意风格的统一性、工艺的丰富性、配菜的科学性、形式的典雅性、接待的礼仪性和审美的教育性。只能是在借鉴中扬弃,在继承中创新。如果把中国筵宴合理内核都抛掉,"全盘西化"或"全盘简化",那就不能称其为筵宴,广大群众也难以接受。第二,要兼顾我国数千年来的饮食文化传统和社交礼仪观念,使筵宴具有一定的规格与气氛,能显示待客的真诚和友情的分量,表达对客人的敬意。如果全部改作"四菜一汤"或"分餐制";如果纯粹地按医院的营养餐调配筵宴食谱;如果限制在几十分钟内吃完,没有任何余兴,那实质上是取消筵宴,不符合人民生活需要。第三,必须考虑到市场筵宴具有商品属性。严禁公款宴请,对于外宾、归侨筵宴的特殊要求,还须尽量满足。只有灵活对待,才符合商品经济的规律,适应第三产业发展的需要。因此,筵宴改革须正确引导。

筵宴改革的方向应当是从中国现阶段的国情、民情出发,顺应社会潮流,科学地指导与调整食物消费,切实保证卫生,注重实际效益,努力树立时代新风尚。总的要求是小、精、全、特、雅,保留东方饮食文化风采,强化科学内涵和时代气息。

(1)"小",指筵宴的规模与格局。私宴应当注意席面的精致、小巧,使之具有吸引力;公宴则可以制定必要的条文,从赴宴人数、席面等级、承担费用上加以限制,遏止公务活动中的不正之风。

(2)"精",指菜品的数量和质量。新式筵宴既应适当控制供食量,防止堆盘叠碗的现象,又需努力改进烹调技艺,精益求精,重视菜品的口味与质地,克服粗制滥造。

(3)"全",指用料广博,荤素调配,营养配伍全面,菜点组合科学。在原料的选用、食品的配置、筵宴的格局上,都要符合平衡膳食的要求,经受住营养卫生科学的检验,有益于人体健康。

(4)"特",指地方风情和民族特色,不能从东到西、从南到北都是一个"味"。对待外地宾客,在兼顾其口味嗜好的同时,还应该适当安排本地名菜,显示独特风韵,以达到出奇制胜的效果。

(5)"雅",指讲究卫生,注重礼仪,废除不文明的席规、酒令及余兴,强化筵宴情趣,提高服务质量,体现中华民族饮食文化的风采,进而陶冶情操,净化心灵。

至于进餐方式,目前不少地区提出了试行方案,可以继续实验,通过比较,以定优劣。另外,传统的大件整份菜的制作方法,传统的筵宴设计和服务接待形式,也要有所突破。

(三)改革的深化

目前筵宴改革初见成效,各地推出了不少新式席面,受到社会舆论的欢迎,特别是仿古宴、原料开发宴、民族风情宴、旅游宴、养生宴、自助餐宴、会议桌菜的勃兴,给筵宴市场注入了新的活力。但是,改革的广度、深度和力度都还不够,发展也不平衡,这就要动员全社会的力量广泛参与。

(1)应对传统筵宴进行深入系统研究,总结出一些可供参考的经验,古为今用。

(2)整理一批现今仍有生命活力的古典席单和民间传统席单,投入市场,继承中国筵宴的健康传统。

(3)创制一批款式新颖、营养丰富、规格多样、物美价廉、适应现代社会潮流的中低档筵宴,满足广大群众的需求。

（4）组织烹饪学家、食品学家、营养学家、社会学家、民俗学家、经济学家通力合作，建立有中国民族特色的筵宴理论体系，用以指导改革实践。

只有如此，中国筵宴的发展才能日新月异。

二、推行分餐制

（一）重提分餐制

"分餐"可以追溯到我国商周时期。2020年以来，新型冠状病毒肺炎（简称新冠肺炎）疫情在全球肆虐，对我国经济社会发展的各个方面造成不同程度的冲击，也使公众开始重新审视传统合餐饮食方式的科学性和合理性。在疫情影响下，公众的文明就餐意识明显提高，公众对健康饮食的需求增加，餐饮行业和大众重新看到了这一名词——"分餐制"，这也为推动分餐制的常态化提供了良好契机。现如今，倡导文明的用餐方式已经不再是某个人的事情，越来越多的人已经意识到这点，此时是倡导"分餐制"，使其意识成为社会共识的好时机，全国各地也应以多种形式来引导人们养成文明用餐的良好习惯，宣传使用公勺公筷。

合餐，是指传统的、多人围桌而食的就餐方式，分餐与其相对应，在用餐过程中，实现餐具、菜品的不交叉、无混用的饮食方式。分餐制的实行，绝不仅是就餐形式的简单改变，而是涉及餐具、设施、菜单、菜品、装配、传送、上菜等系列要素的改变，甚至会带来整个服务流程链条的重构和重塑。现今主要是从国家层面制定分餐制和使用公筷公勺指导标准，对分餐的"分派式""位上式""公筷公勺自取式"和"自助餐式"进行统一，明确操作细则和管理要求，并纳入精神文明创建工作考核。新冠肺炎疫情期间，出现过许多次"聚集性疫情"，分餐制又逐渐被提起，其主要作用如下。

（1）可以减少消化道和呼吸道传染病的交叉感染。当前，食源性疾病是受全球关注的公共卫生问题之一。食源性疾病多由病毒、细菌或寄生虫等因素导致，是引起疾病或死亡的常见原因。合餐在一定程度上增加了人与人之间的体液接触，用餐者自身口、鼻腔内的细菌会通过勺、筷传到菜品中。而相当一部分食源性疾病的致病原，如幽门螺杆菌、甲型肝炎病毒、流行性感冒病毒、口腔真菌等，是通过唾液、口腔出血、受感染的口腔黏膜等传播的，因此存在用餐人群交叉感染的风险。加之大多数传染病存在一定潜伏期，极易造成"一人感染，全家中招"的结果，为个体健康埋下较大安全隐患。

（2）可以简化筵席程序，减少菜品，避免浪费。传统合餐，因为就餐人数多，按照中国人"多点菜"的传统习惯，往往会造成浪费。此外，由于是多人就餐，很多客人不会选择打包。这不仅对社会、环境造成影响，更对我国粮食安全构成了风险。因此，改变传统合餐制造成的食物浪费刻不容缓。

（3）降低营养健康监控难度。合餐制不仅增加自我监控难度，也不利于对儿童、老年人等重点群体进行营养健康管控。合餐制无法科学把握不同个体的营养摄取情况，难以直观观察并记录个体膳食摄入情况，增大了个体自我营养健康管理的难度。合餐为儿童偏食、挑食创造条件，不利于及时发现并纠正其不良饮食习惯，对于其养成营养均衡、独立进食等饮食习惯带来一定难度。老年人身体代谢减慢，免疫功能下降，是高血压、心脑血管疾病等的高发人群，更应加强饮食护理，如定量进餐、营养均衡与荤素搭配等，使传统就餐方式科学化。

（二）阻碍分餐制开展的因素

❶ 根深蒂固的合餐制饮食习惯 合餐制自唐代初步形成以来延续至今，历经千余年的演变与发展，已成为人们重要的饮食习惯。合餐制的宴席更是被附加了诸多社会交往和情感交流的属性，既寓意着和谐、圆满，也蕴含着崇尚礼节、热情好客等理念。尤其是婚宴、生日宴等，均在特定范围、

特定时间内举办。合餐制建立在农业生产模式和勤俭持家的基础之上,历来被认为合理、合情、合法,适用于进餐时增进感情。突然改变,对于大多数人来说难以适应。

从深层次看,分餐制与合餐制在就餐方式、理念等方面均存在较大差异。分餐制的提出实际上是一次打破传统饮食习惯的革命性行动,是传统饮食习惯与现代文明理念的一次博弈,在一定程度上与"爱面子""讲排场"的餐桌人情文化产生巨大的碰撞。因此,仅依靠舆论动员、媒体宣传或企业引导等单一的方式难以促使其真正改变。

❷ **部分传统特色菜品不适合分餐** 中国传统饮食注重食物"色、香、味、形、器"的协调,重视菜肴的造型和整体美感;菜品也经常被赋予一定的寓意,这充分体现传统饮食文化中精神与物质的统一——味觉与视觉的双重享受。例如,"糖醋鲤鱼"寓意年年有余,"清蒸鲈鱼"寓意吉庆有余,"凤凰粟米羹"寓意金玉满堂,这些菜品皆通过食物造型来表达美好祝福。正是这些特色菜品,不仅对色、香、味有严格要求,更讲究整体造型和完整性,加之品味的方式、进餐的节奏等均有特定的流程,导致实施分餐具有一定的困难。此外,餐前分餐可能会对菜品制作流程、菜品温度、整体造型、就餐传统礼仪带来一定程度的影响。以鱼类菜品为例,相对"水煮鱼"等经切片处理后的菜品,以整条鱼造型呈现的菜品更注重制作流程、切分方式等,以避免由于口感、造型、服务等因素降低宾客满意度。

❸ **分餐制会增加餐饮企业相关成本** 餐饮企业成本主要包括店铺租金、职工工资、原材料成本、易耗品费用、水电费用等。分餐制的实施,需要在每客一套餐具的基础上增加2~3个碗碟,特殊情况亦需要提供更多的餐具,由此造成碗筷等易耗品增加,餐后洗消更多餐具也会导致水电成本增加。

就过程而言,分餐制要求餐饮企业的培训内容更加精细化,服务流程会更加烦琐,服务内容和服务时间延长,由此造成人力成本的增加。分餐制下频繁的员工流动可能会进一步增加企业的培训成本,降低服务质量与队伍稳定性,导致企业运营成本增加,对其经济效益产生一定负面影响。

❹ **千百年来牢固形成的中国烹调工艺体系已与合餐制密不可分** 古今中外各种中式筵席菜,基本上是以10人合餐制定量。这个10人量的标准,是厨房设施、炊具选用、菜谱设计、菜点制作和成本核算等制订的前提条件。一旦改变,还牵带着厨师的培训计划、原料成本的改变。

❺ **筵席中的服务接待流程多是围绕合餐制而实施的** 由于宾客的人数、口味、喜好、饭量等存在较大差异,服务环节容易出现失误,进而影响宾客用餐感受。如何提供精准化的服务以满足不同宾客的需求,成为餐饮企业面临的一个新挑战。分餐制在一定程度上会增加餐厅的服务成本,如服务流程、备餐时间等。尤其在就餐高峰期,门店的翻台率可能受到一定影响,对营业收益产生冲击。若要提高翻台率,则需要从经营管理、菜品口感、就业培训、宾客服务等多方面进行优化与创新;还需要通过独特化经营创造消费需求空间,扩大竞争优势。但是,这些步骤给餐饮企业的正常经营带来了众多不确定性。比如席间服务的各个环节,如上菜分菜、上茶斟酒、点菜、撤台等。如果改变这套规范,一是要对服务人员进行重新培训,二是分餐制服务增加了工作量,也伴随着人工成本的上涨。

❻ **餐厅设计布局多建立在合餐制的基础上** 中式酒店包房的设计、圆台转台的使用、翻台率的关注,都直接与合餐制相关。与分餐相比,合餐可使餐厅的客容量提升,从而能获得更大的经济效益。

综上所述,推行分餐制需要对千百年来形成的筵席习惯、服务方式、餐厅环境各方面进行改造。在现今社会,推行分餐制必须遵循市场经济的规律,找到让国家、企业、消费者三方都能认可的方式方法来进行改革。

(三)积极推行分餐制的方法

❶ **积极宣传,正面引导** 大力宣传推广分餐制饮食方式,引导广大民众自觉实行分餐制饮食方

式。事实上,全面废止合餐制是不符合现实的,我们需要足够的时间,使分餐制逐渐取代占领主流的合餐制,形成社会群体共识和全民文明饮食习惯。

因此,在宣传时,从上到下全面宣传:国家层面积极宣传推广,将分餐制的优点、悠久的文化传统、卫生健康,以及合餐制的弊端和风险普及给大众,让民众在思想意识层面逐渐改观;各餐饮企业可以开始试点推行,配备合理科学的分餐制设施设备条件,有关部门积极引导餐饮业转型;在学校方面,要积极引导,让学生形成分餐的文明饮食观念,推动全民饮食习惯转变;在社会方面,一些重要社会组织、群体要有社会责任感,积极主动进行宣传引导,推动整个社会逐渐形成分餐的习惯。

宣传时,统一印制推行分餐制的海报、告示牌等宣传资料,采用进机关、进社区、进校园等方式,在全社会范围内普及分餐制和健康饮食等相关知识,讲述分餐—合餐的历史文化故事,促使公众接受分餐理念。

创新宣传方式,充分发挥新媒体的传播优势,借助知名网络平台和综艺节目,邀请有正能量和影响力的公众人物参与,扩大分餐制宣传的影响力。结合社区、机关、学校的党团建设活动,强化多部门联动,组织形式多样、生动活泼、参与度高的宣传活动,充分发挥党员、团队等带头示范作用,加快营造良好的社会氛围。

❷ 变革烹调工艺,更新服务程序 加快中国烹调工艺现代化的速度,总结出一套与分餐制相适应的厨艺规程;重新加强服务人员培训,确立分餐服务规范;改良中国传统餐厅的厅堂设施,按照分餐制要求配置器物等。

具体来说要改革以下几点:一是推行"一菜一夹子,一汤一勺子,一人一盘子"的分餐模式。为避免误将公筷当作自用筷子使用的现象发生,建议餐饮企业将公筷改成夹子,并通过不同材质、颜色等将公用餐具与个人餐具区分开来。二是在外用餐时,企业可以试推行"位上菜"。"位上菜"即按位上菜,一人一份,消费者可以根据自身需求来进行选择,更符合文明用餐和人们的卫生习惯,减少餐饮浪费。三是将推进分餐制与城市建设、文旅创新融合起来,深度挖掘地区文化和餐饮文化的"共通点",并以此作为突破点。

结合分餐需求,推动餐饮业新技术和新设备的研发与应用,开发节能、高效、环保的厨房炊具、餐具和洗涤设备等,推动行业降本增效。由行业协会牵头,龙头企业带动,创新食材处理方式,联合研发具有区域特色、适合分餐的新菜品。通过业内推荐、新品试吃、线上投票、顾客回访等方式,增加企业与消费者之间的互动,加大新菜品的研发与推广力度。

民以食为天,中华民族拥有博大精深的饮食文化。实行分餐制,是对用餐方式的革新,也是对优秀传统文化的继承与创新。培养文明健康的用餐观念既是对个人负责,也是对他人负责,这是包括餐饮从业者和消费者在内所有人应当形成的共识。对于分餐制,我们不仅要将其作为疫情防控形势下的用餐方式,还应着力培养、长久保持,使其成为一种良好的生活方式,形成现代中华饮食文化的新风尚。

 项目小结

本项目主要学习中国筵宴文化,包括中国筵宴的概念;筵宴与宴会的区别与联系;中国筵宴的分类与特征;宴会的设计原则、方法与内容等。通过本项目的学习,学生能够了解中国筵宴的发展过程、古代代表性筵宴的特征;掌握中国筵宴的分类标准与划分方法;掌握主题宴会的设计方法并依据要求设计主题宴会。更为重要的是学生能够运用本项目中的理论知识为将来进行中国筵宴市场的改革、创新打下基础。

| 课程思政策略 |

可以说，几乎所有中国人都知道"满汉全席"，它是中国顶级的宴席。来宾人数之多、地位之高；宴会场面之大、菜肴之多、食物之精美；用餐时间之长都可以担得起"顶级"二字。

满汉全席既有宫廷菜肴的特色，又有地方风味的精华。它突出了满族菜点特殊风味，烧烤、火锅、涮锅等几乎都是不可缺少的菜点，同时又展示了汉族烹调的特色，扒、炸、炒、熘、烧等兼备，是中华菜系文化的瑰宝和最高境界。满汉全席中的八珍，听着就让人流口水。

不仅如此，满汉全席的器具也很讲究。多用铜制器具，雕制考究，餐中用粉彩万寿餐具，大件的瓷器仿照鸡、鸭、鱼、猪等造型，设有火家具（火锅），上层放菜，下层以酒点火。载水家具则用锡制，分内、外两层，内层放汤，外层放沸水，便于保温。

满汉全席上菜一般至少108种（南菜54道和北菜54道），分3天吃完。但一般来说，清代摆设满汉全席时，一般先吃满菜，再吃汉菜，其间需换桌面，谓之"翻台"。宾客进入宴席大厅先奏乐，坐下后先用点心，宾客到齐后，将四整鲜撤下，行敬酒礼，大菜才会奉上，整个过程先后共换桌面四次，调换满、汉菜式，俗称"翻桌"。此后渐渐流传到民间，成为达官显贵一展奢华的象征。

但是如今，由于有些动物已经成为保护动物，加上部分烹调技巧也已经失传，所以再制作一场如同清朝年代的满汉全席，几乎不可能。但是"满汉全席"对中国菜肴影响深远，所以中国各个地方的人们仍能吃到结合地方特色、大胆创新的"满汉全席"，这也表达了人们对正宗满汉全席的景仰。

小组讨论：谈谈你对满汉全席的认识和评价。满汉全席在设计及制作环节都需要注意哪些事项？结合孔子"食不厌精，脍不厌细"的思想，谈谈你对筵席设计的理解和感悟。谈谈作为当代餐饮人应该如何继承和发扬这些文化财富。

同步测试

扫码看答案

一、填空题

1.举行正式宴会的时间，一般安排在＿＿＿＿＿＿。

2.清代最有名的筵席是＿＿＿＿＿＿。

3.确定宴会主题，首先应考虑举办宴会的＿＿＿＿＿＿。

4.宴会厅色彩宜采用＿＿＿＿＿＿色调。

二、判断题

1.高档宴会安全检查之一：应检查宴会所需燃料等易燃品是否有专人负责。（　　　）

2.强调进餐速度是礼貌待客的要求之一。（　　　）

3.宴会结束工作主要包括结账、征求意见、送客、清理、整理宴会厅、宴会后总结。（　　　）

4.零点餐厅餐桌布相对固定，无须餐餐变化。（　　　）

5.宾客入座时撤走花瓶。（　　　）

6.宴会服务中临时增加人数时,除需及时增加餐椅、餐具、饮料外,还要及时通知厨房增加的人员数量。(　　)

三、名词解释

1.宴会

2.宴会摆台

四、选择题

1.国宴、正式宴会、便宴和家宴的分类方法是(　　)。

A.按目的分　　　　　B.按餐别分　　　　　C.按规格分　　　　　D.按时间分

2.宴会设计,首先要确定(　　)。

A.宴会主题　　　　　B.宴会菜单　　　　　C.宴会服务　　　　　D.宴会环境

3.能营造出中国式喜庆气氛的冷餐宴会的主菜台桌形是(　　)。

A.五角星形　　　　　B."U"形　　　　　C."V"形　　　　　D.串灯笼形

4.宴会厅使用的最佳光源是(　　)。

A.自然光　　　　　B.烛光　　　　　C.白炽光　　　　　D.荧光

5.中餐宴会厅使用较多、功能最多的一种餐桌是(　　)。

A.转台　　　　　B.长条台　　　　　C.圆台　　　　　D.方台

项目六

中国茶文化

扫码看课件

项目描述

　　中国是世界上最早发现和利用茶叶的国家,作为世界茶叶和茶文化的发祥地,中国被称为"茶的祖国"。茶文化在中国饮食文化长河中占有重要的历史地位,中国茶文化是博大精深的中华文化在茶叶和茶事活动中的渗透和发展,是几千年中华文明发展的历史见证,也是中外文化的传播媒介。通过本项目的学习,理解中国茶文化的相关概念,中国茶道所倡导的基本精神;了解中国茶文化的发展进程,不同民族的饮茶习俗;掌握中国茶的分类方法和中国名茶具备的基本特征。

项目目标

　　1.了解中国茶文化的发展历程。
　　2.熟悉再加工茶类;掌握基本茶类、中国十大名茶的品质特征。
　　3.了解中国常见的饮茶方法和部分民族的饮茶习俗。
　　4.理解中国茶艺与茶道精神。
　　5.感受中国茶文化的历史人文情怀,培养自身的民族自豪感,体会中国茶文化的博大精深。

任务一　中国茶文化的起源与发展

任务描述

　　中国茶文化根植于源远流长的中华文明,是中华饮食文化的组成部分。"柴米油盐酱醋茶""琴棋书画诗酒花茶",在历史长河中,茶已经完全融入人们的日常生活中。中国茶文化经历了起源、形成、发展、深入等阶段。

任务目标

　　1.了解茶文化的核心内涵。
　　2.掌握中国茶文化的发展历程。
　　3.理解不同时期中国茶文化的特征。

任务实施

一、中国茶文化的起源——汉魏六朝士大夫饮茶之风与茶文化的出现

　　茶因作为饮品而驰名,茶文化实质上是饮茶文化,是围绕饮茶活动所形成的文化现象。从汉代

113

开始,众多文人开始关心茶事,并且留下了引人注目的文字。文人与茶的密切联系,推动了茶文化的萌发。

(一)茶与宗教结缘

汉魏六朝时期,是中国本土宗教——道教的形成和发展时期,同时也是起源于印度的佛教在中国传播和发展的时期,茶以其清淡、虚静的本性和疗病的功能广受宗教徒的青睐。

(二)茶进入文化精神领域

茶在经历含嚼吸汁、生煮羹饮后,到汉魏六朝时期,开始进入烹煮饮用阶段。此时,茶作为自然物质进入文化领域,人们将饮茶作为一种高级享受和精神力量,赋予茶超出其本身使用价值的精神价值,茶文化得以出现,一经出现,就作为一种健康、高雅的文化产物与两晋的奢侈之风相对抗。

(三)茶艺萌芽

杜育的《荈赋》中有对于茶艺的描写,"水则岷方之注,挹彼清流",择取岷江中的清水(择水);"器择陶简,出自东隅",茶具选用产自东隅(今浙江上虞一带)的瓷器(选器);"沫沉华浮,焕如积雪,晔若春敷"煎好的茶汤,汤华浮泛,像白雪般明亮,如春花般灿烂(煎茶)。

两晋南北朝时期,佛教、道教徒与茶结缘,以茶养生,以茶助修行。茶文学初步兴起,产生了《荈赋》等名篇。这一切说明,汉魏六朝时期是中华茶文化的起源时期。

二、中国茶文化的形成——唐代"茶道大行"茶文化的确立

(一)煎茶道的形成与流行

中国茶道最初的表现形式就是煎茶道,陆羽的《茶经》奠定了煎茶道的基础。"茶道"首见于陆羽的至交、诗人、茶人皎然的《饮茶歌诮崔石使君》,"孰知茶道全尔真,唯有丹丘得如此"。茶道大行,王公朝士无不饮者。煎茶道形成于8世纪后期的唐代宗、德宗时期,广泛流行于9世纪的中晚唐,并远传朝鲜半岛和日本。

法门寺出土的唐代宫廷茶具

(二)茶文学兴盛

唐代是文学繁荣时期,同时也是饮茶习俗普及和流行的时期,茶与文学结缘,促进了茶文学的兴盛。唐代茶文学的成就主要在诗,其次是散文。唐代第一流的诗人都写有茶诗,如李白、杜甫、白居易、元稹等,无不撰有茶诗,留下许多脍炙人口的诗句。尤其是卢仝的《走笔谢孟谏议寄新茶》更是千

古绝唱,为古今茶诗第一,"卢仝七碗"成为茶文学的经典。

（三）茶书的创著

茶书的撰著始于唐代,现存唐代(含五代)的茶书总共有六部,完整留存的为陆羽的《茶经》、张又新的《煎茶水记》、苏廙的《十六汤品》、毛文锡的《茶谱》,部分留存的为裴汶的《茶述》、温庭筠的《采茶录》。《茶经》的问世,奠定了中国古典茶学的基本构架,创建了一个较为完整的茶学体系,它是茶叶百科全书,是茶学、茶艺、茶道的完美结合。

此外,唐代尚有茶事绘画、书法的出现,茶馆也在中唐产生,茶具独立发展,越窑、邢窑南北辉映。唐代文化发达,宗教兴盛,特别是陆羽《茶经》的问世,推动了茶文化的发展。

《茶经》

三、中国茶文化的发展——宋代"盛造其极"的境界

（一）点茶道的形成与流行

点茶道形成于五代宋初,流行于两宋时期,鼎盛于北宋徽宗时期。宋太祖赵匡胤嗜茶,在宫廷中设立茶事机关,宫廷用茶已分等级。茶仪已成礼制,赐茶已成皇帝笼络大臣、眷怀亲族的重要手段。宋徽宗以帝王的身份,撰著茶书,倡导茶道,有力地推动了点茶道的广泛流行。点茶道远传朝鲜和日本,是高丽茶礼和日本抹茶道的源头。

（二）民间茶文化的兴起

宋以前,茶文化几乎是上层人物的专利,到宋代城市集镇大兴,民间茶坊也随着兴起,以茶进行人际交往的作用也显现出来。民间茶文化主要是把饮茶作为增进友谊、社会交际的手段,北宋汴京则有这样的民俗,迁往新居,左右邻舍要彼此"献茶";邻舍间请喝茶则被称为"支茶"。宋代使茶文化逐渐成为全民族的礼仪与风尚。

（三）茶书的撰著

现存宋代茶书有陶谷《荈茗录》、周绛《补茶经》、叶清臣《述煮茶小品》、蔡襄《茶录》、宋子安《东溪试茶录》、审安老人《茶具图赞》等十二种。其中十一种撰于北宋,唯《茶具图赞》撰于南宋末年。

此外,宋代书法四大家苏轼、黄庭坚、米芾、蔡襄均有茶

点茶法

宋代市井斗茶图

事书法传世,赵佶《文会图》、刘松年《撵茶图》、辽墓茶道壁画反映点茶道的风行。都城汴梁、临安的茶馆盛极一时,建窑黑釉盏风行天下,并流传日本。中国茶文化在宋代的发展可谓盛极一时。

四、中国茶文化的深入——明代的多元互动

（一）泡茶道的形成与流行

明太祖朱元璋罢贡团饼茶,促进了散茶的普及,但明朝初期,延续着宋元以来的点茶道。直到明朝中叶,饮茶改为散茶直接用沸水冲泡的方式。明人沈德符的《野获编补遗》载:今人惟取初萌之精者,汲泉置鼎,一瀹便啜,遂开千古茗饮之宗。泡茶道在明朝中期形成并流行,一直流传至今。

（二）茶书的大量撰述

现存明代茶书有三十五种之多,占了现存中国古典茶书一半以上。其中嘉靖以前的茶书只有朱权《茶谱》一种,嘉靖时期的茶书有五种,隆庆时期有一种,万历时期有二十二种,天启、崇祯时期有六种,仅万历年间茶书就超过明代茶书的一半以上。

明代丁云鹏《煮茶图》

金瓜贡茶

（三）紫砂茶具勃兴

明中期至明末的上百年中,宜兴紫砂艺术突飞猛进地发展起来。紫砂壶造型精美,色泽古朴,光彩夺目,成为艺术作品。张岱在《陶庵梦忆》中说:"宜兴罐以龚春为上""一砂罐,一锡注,直跻之商彝周鼎之列而毫无愧色",名贵程度可想而知。从万历到明末是紫砂器发展的高峰,前后出现"四名家""壶家三大"。"四名家"为董翰、赵梁、元畅、时朋。董翰以文巧著称,其余三人则以古拙见长。"壶家三大"指的是时大彬和他的两位高足李仲芳、徐友泉,时大彬在当时就受到"千奇万状信手出""宫中艳说大彬壶"的赞誉,被誉为"千载一时"。李仲芳制壶风格趋于文巧,而徐友泉善制汉方等。

明代的茶事诗词虽不及唐宋,但在散文、小说方面也有所发展,如张岱的《闵老子茶》《兰雪茶》等对茶事进行了细致的描写。茶事书画也超过了唐宋,具有代表性的有沈周、唐寅、丁云鹏、陈洪绶的茶画,徐渭的《煎茶七类》(书法)等。

五、中国茶文化的再次辉煌——异彩纷呈的现当代

(一)茶道的复兴

自 20 世纪 80 年代起,沉寂了两百多年的中华茶道开始复兴。茶艺、茶道、茶文化团体和组织纷纷成立,为普及中华茶艺,弘扬中华茶道,做出了积极贡献。理论研究也异常活跃,近二十年出版的有关茶艺、茶道、茶文化著作的数量,超过中国历史上茶书数量的总和。并且,现代中华茶艺已走出国门,不仅传播到东亚、东南亚,还远传欧美。

(二)茶艺馆的兴起

20 世纪 80 年代以来,中华茶文化全面复兴,茶馆业的发展更是突飞猛进。现代茶艺馆如雨后春笋般涌现,遍布大街小巷。此外,许多宾馆、饭店、酒楼也附设茶室。中华人民共和国劳动和社会保障部(现为中华人民共和国人力资源和社会保障部)于 1999 年将茶艺师列入国家职业分类大典,茶艺师这一新兴职业走上中国社会舞台。2001 年,又颁布了《茶艺师国家职业标准》,规范茶馆服务行业。茶艺馆成为当代茶产业发展中靓丽的风景。

(三)民族茶文化的勃发

中国有 55 个少数民族,由于所处地理环境、历史文化以及生活风俗的不同,形成了不同的饮茶风俗,如藏族的酥油茶、维吾尔族的香茶、回族的罐罐茶、蒙古族的咸奶茶、白族的三道茶等。当代,少数民族的茶文化也有长足的发展,民族茶文化异彩纷呈。

(四)茶文化书刊推陈出新

不少专家学者对茶文化进行了系统的、深入的研究,已经出版了数百部茶文化相关的专著,还有众多茶文化专业期刊和报纸、报道信息、研讨专题,使茶文化活动具有较高的文化品位和理论基础。

任务二　中国茶的种类及名茶

 任务描述

中国茶叶生产历史悠久,茶区分布较广,茶树品种繁多,中国人在几千年对茶的利用过程中,逐

Note

步对茶叶加工工艺加以改良和完善,使茶叶的种类不断发展和丰富。根据各种茶类制作方法和品质特征,中国茶叶可分为基本茶类和再加工茶类两个部分。

1.了解中国茶的分类。

2.熟悉基本茶类的特点。

3.认识再加工茶类和中国十大名茶。

一、中国茶的分类

茶叶界有句行话:茶叶学到老,茶名记不了。说明我国茶叶品种繁多,茶类丰富,即使从事茶叶工作的人一辈子也不见得能全部记清楚。茶学界在各种茶类制法的基础上结合其品质特征,将中国茶叶分为基本茶类和再加工茶类两个部分。

中国茶的分类表

基本茶类	绿茶	炒青绿茶	眉茶	珍眉、秀眉等
			珠茶	雨茶
			细嫩炒青	龙井、大方茶、碧螺春等
		烘青绿茶	普通烘青	闽烘青、浙烘青、皖烘青、苏烘青
			细嫩烘青	黄山毛峰、太平猴魁、高桥银峰等
		晒青绿茶		滇青、川青、陕青等
		蒸青绿茶		煎茶、雨露等
	红茶	小种红茶		正山小种、烟小种等
		工夫红茶		滇红工夫、祁门工夫、川红工夫、闽红工夫等
		红碎茶		叶茶、碎茶、片茶、末茶等
	乌龙茶（青茶）	闽北乌龙		大红袍、武夷水仙、武夷肉桂等
		闽南乌龙		铁观音、奇兰茶、黄金桂等
		广东乌龙		凤凰单从、凤凰水仙、岭头单从等
		台湾乌龙		冻顶乌龙、包种乌龙等
	白茶	白芽茶		白毫银针等
		白叶茶		白牡丹、贡眉、寿眉等
	黄茶	黄芽茶		君山银针、蒙顶黄芽等
		黄小茶		北港毛尖、沩山毛尖、温州黄汤等
		黄大茶		霍山黄大茶、广东大叶青等
	黑茶	湖南黑茶		安化黑茶等
		湖北黑茶		湖北老青茶等
		四川边茶		南路边茶、西路边茶等
		滇桂黑茶		普洱茶、六堡茶等

	花茶	茉莉花茶、珠兰花茶、玫瑰花茶、桂花茶等
再加工茶类	紧压茶	黑砖茶、茯砖茶、方茶等
	保健茶	杜仲茶、罗布麻茶、苦丁茶等
	果味茶	柠檬红茶、荔枝红茶等
	萃取茶	速溶茶、浓缩茶等
	茶饮料	茶可乐、茶汽水等

（一）基本茶类

依据制作工艺、品质系统性以及茶多酚的氧化程度,基本茶类分为绿茶、红茶、乌龙茶(青茶)、白茶、黄茶、黑茶六大类。

❶ 绿茶

(1)地位作用:绿茶是我国产量最大的一类茶叶,其品种之多占世界首位。我国绿茶占世界绿茶总产量的 70% 左右,占世界绿茶出口量的 80% 左右。

(2)基本工艺:杀青→揉捻→干燥。

(3)品质特点:绿茶属于不发酵茶类。色泽碧绿、翠绿或黄绿,白毫显露,条索紧实,清香味醇,饮后回甜。绿茶以春茶最好,夏茶最差。冲泡时水温应该控制在 80 ℃ 左右。

(4)主要产区:我国 18 个产茶省区都有绿茶生产,主要集中于浙江、安徽、江西三省,其次是湖南,四川、台湾等地也有生产。

绿茶

❷ 红茶

(1)地位作用:我国最早出现的红茶是福建崇安(现武夷山市)一带的"小种红茶",后发展演变为工夫红茶,传至安徽祁门一带,继而在江西、湖北、台湾等地发展。

(2)基本工艺:萎凋→揉捻→发酵→干燥。

(3)品质特点:红茶属于全发酵茶。色泽乌润,条索紧实(或碎片均匀),汤色红亮,具有红茶特有的香气和滋味。冲泡水温应在 90 ℃ 左右。

(4)主要产区:小种红茶主产于福建;工夫红茶主产于云南、安徽、四川和福建;红碎茶主产于四川、云南、广东、广西、海南、湖南、湖北等地。

❸ 乌龙茶(青茶)

(1)地位作用:乌龙茶是我国的特产,并有"茶中明珠"之称,闻名中外。因其树种的不同而形成

红茶

各自独特风味,产地不同,品质差异也十分显著。

(2)基本工艺:晒青→晾青→摇青→杀青→揉捻→干燥。

(3)品质特点:乌龙茶属于半发酵茶。叶底边缘呈红褐色,中间部分呈淡绿色,形成奇特的"绿叶红镶边"。香久益清,味久益醇,且滋味醇厚回甘,有独特的"喉韵",即似嚼之有物。冲泡时宜用100℃沸水。

(4)主要产区:主产于福建、广东和台湾,其中福建产量最大。

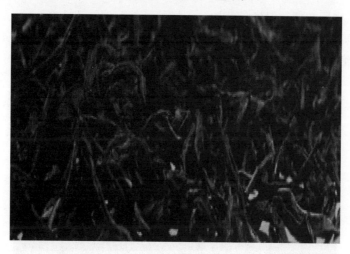

乌龙茶

❹ 白茶

(1)地位作用:白茶是我国的特产,世界上仅有中国(起源于福建)和斯里兰卡有生产。早在唐、宋时就有"茶贵白"的记述,认为茶色白者是品质上乘的象征。

(2)基本工艺:萎凋→晒干→烘干。

(3)品质特点:白茶属于微发酵茶。外表满披白毫,呈白隐绿,茶芽完整,形态自然,清淡回甘,香气清鲜,茶汤浅淡,毫香显露,持久耐泡。主要品尝毫香气。冲泡时水温应控制在80℃左右。

(4)主要产区:主产于福建,我国台湾地区也有少量生产。

❺ 黄茶

(1)地位作用:最早出现在明朝,产量少,是珍贵的茶叶品种。

(2)基本工艺:杀青→揉捻→闷黄→干燥。

（3）品质特点：黄茶属于微发酵茶。色黄、汤黄、叶底黄,滋味浓醇清爽,汤色橙黄明净。冲泡时水温应控制在 80 ℃左右。

（4）主要产区：主产于湖南、四川、安徽、湖北、浙江等地。

白茶 　　　　　　　　　　　　　　　　　黄茶

⑥ 黑茶

（1）地位作用：黑茶产量较大,仅次于绿茶、红茶,多销往边疆少数民族地区,是少数民族日常生活的必需品。

（2）基本工艺：杀青→初揉→渥堆→复揉→干燥。

（3）品质特点：黑茶属于后发酵茶。叶粗梗多,干茶褐色,汤色棕红,香气醇正,滋味醇和,耐泡耐煮,可存放较久。冲泡时最好在沸水中煮几分钟。

（4）主要产区：主产于湖南、四川、云南、湖北、贵州等地。

黑茶

（二）再加工茶类

以基本茶类作原料进行再加工制成的产品称再加工茶类,主要包括花茶、紧压茶、保健茶、果味茶、萃取茶、茶饮料等。

（1）花茶：用茶叶和香花进行拼合、窨制,使茶叶吸收花香而制成的香茶,称花茶。现在花茶的种类很多,有茉莉花茶、白兰花茶、玫瑰花茶等。各种花茶各具特色,色泽视茶类而有别,有少许花瓣存在,香气鲜灵浓郁,滋味浓醇鲜爽。

（2）紧压茶：以红茶、绿茶、乌龙茶、黑茶为原料经加工蒸压成形而成。普洱沱茶、米砖茶、茯砖茶等都属于紧压茶。紧压茶色油黑，味醇和，茶汤橙黄或橙红。

（3）保健茶：由茶叶与某些中草药拼合、调配后制成，具有防病治病的功效。如杜仲茶、苦丁茶、罗布麻茶等。

（4）萃取茶、果味茶与茶饮料：以成品茶或者半成品茶为原料，提取茶叶中可溶成分，加入果汁或干果等制成茶饮。此类茶即开即饮，非常方便。

二、中国名茶

（一）名茶的特点

名茶是指具有一定知名度的优质茶，通常具有独特的外形和优异的色、香、味等品质。

名茶的特点如下。

（1）饮用者共同喜爱，认为与众不同。

（2）历史上的贡茶，至今仍存在的。

（3）国际博览会上比赛得过奖的。

（4）新制名茶全国评比受到好评的。

（二）中国十大名茶

❶ 西湖龙井　西湖龙井产于浙江省杭州市西湖山区的狮峰、龙井、云栖、虎跑、梅家坞，故有"狮""龙""云""虎""梅"五品之称，并以"香清、味鲜、色翠、形美"而著称。龙井的品质特点为色绿光润，形似碗钉，藏锋不露，匀直扁平，香高隽永，味爽鲜醇，汤澄碧翠，芽叶柔嫩。沸水降到 85 ℃ 冲泡为宜。

西湖龙井

❷ 黄山毛峰　黄山毛峰产于安徽省著名风景名胜地黄山，其以香清高、味鲜醇、芽叶细嫩多毫、色泽黄绿光润、汤色明澈为特质。冲泡细嫩的毛峰茶，芽叶竖直悬浮汤中，继之徐徐下沉，芽挺叶嫩、黄绿鲜艳，颇有观赏之趣。冲泡水温以 90 ℃ 为宜。

❸ 太平猴魁　太平猴魁产于安徽省太平县（现为黄山市黄山区）猴坑，叶裹顶芽，有"猴魁两头尖，不散不翘不卷边"之称。芽藏锋露尖，顶尖尾削形成两端尖细的特殊形状。汤色绿翠明澈，香高持久，味厚鲜醇，回甘留香，冲泡杯中芽叶成朵，升浮沉降，与叶翠汤清相映成趣，并有兰花香。以 90 ℃水冲泡，芽叶成朵。

❹ 碧螺春　碧螺春产于江苏省苏州市太湖的东洞庭山和西洞庭山，又称"洞庭碧螺春"，以芽叶细嫩，色泽碧绿，形纤卷曲，满披茸毛，为古今赞美。碧螺春茶极其细嫩，1 kg 茶有茶芽 140000 个左右，嫩摘、精剔、细制，色香味形俱佳，有"一嫩三鲜"之称。冲泡水温以 70～80 ℃ 为宜。

黄山毛峰

太平猴魁

碧螺春的
来历

碧螺春

❺ **六安瓜片** 六安瓜片产于安徽省六安地区的金寨县,品质以齐云山蝙蝠洞所产最优,故又称"齐云瓜片"。瓜片茶由柔软的单叶片制成,茶味鲜爽回甘,汤色清绿明澈。采摘鲜叶制造瓜片茶须待顶芽开展,若采摘带顶芽的,采后要将芽叶摘散(称为"扳片"),分别制造,凡是以顶芽制成品,称"攀针"或"银针"。以第一叶制成品称"瓜片"或"提片"。冲泡水温以 90 ℃为宜。

❻ **信阳毛尖** 信阳毛尖产于河南省信阳地区。"五山两潭"为其主要产地。所谓"五山两潭",即车云山、震雷山、云雾山、天云山、脊云山和黑龙潭、白龙潭。信阳毛尖外形细、圆、光、直,多白毫;内质清香,汤绿味浓,芽叶嫩匀,色绿光润。冲泡水温以 90 ℃左右为宜。

Note

六安瓜片

信阳毛尖

❼ **安溪铁观音**　安溪铁观音产于福建省安溪县。铁观音茶香馥郁持久,味醇韵厚爽口,齿颊留香回甘,具有独特的香味,也称为"铁音韵"。茶叶质厚坚实,有沉重似铁之喻。干茶外形枝叶连理,圆结成球状,色泽沙绿翠润,有"青蒂、绿腹、红镶边、三节色"之称,汤色金黄澄鲜,香高味厚,耐泡。宜用 100 ℃沸水冲泡。

安溪铁观音

⑧ **武夷山大红袍**　武夷山大红袍产于福建省武夷山九龙窠的高岩峭壁上,是武夷岩茶中的名丛珍品。其外形条索紧结,色泽绿褐鲜润,冲泡后汤色橙黄明亮,叶底有"绿叶红镶边"之特征。大红袍最异于其他名茶的特点是香气馥郁,有兰花香,香高而持久,"岩韵"明显。冲泡水温以 100 ℃为佳。

武夷山大红袍

⑨ **祁门红茶**　祁门红茶产于安徽省祁门县,属于工夫红茶,主要以优良品种槠茶种的芽叶制成,约占 70%;其次为柳叶种,约占 17%,所制红茶香气特高,汤红而味厚,带玫瑰花的甜香,滋味鲜爽。祁门红茶外形细紧纤长,完整匀齐,有锋毫,色泽乌润匀一,净度良好。冲泡水温以 100 ℃为宜。

祁门红茶

⑩ **君山银针**　君山银针产于湖南省洞庭湖中的君山岛上,属于黄茶类针形茶,有"金镶玉"之称。君山银针芽头肥壮,紧实挺直,芽身金黄,满披银毫,汤色橙黄明净,叶底嫩黄明亮,香气清鲜,滋味甜爽。冲泡时芽尖冲向水面,悬空竖立,然后徐徐下沉杯底,形如群笋出土,又像银刀直立,有"洞庭帝子春长恨,两千年来草更长"的描写。冲泡水温以 95 ℃为宜。

品评茶叶滋味时常用的术语

君山银针

任务三　中国茶文化

任务描述

　　茶自被发现并利用以来,逐渐融入人们的日常生活中,并与历代社会、经济、文化等产生了紧密的联系。千百年来,历朝历代许多文人饮茶成风,而这种饮茶风气的传承和扩大,便逐渐形成了中国的茶文化。由于各个历史时期人们饮茶风俗的不同,以及人们审美情趣的进步,作为茶文化载体的饮茶方法和茶具,也发生了相应的变化,这也为中国茶文化的发展勾勒出一条美丽的弧线。

任务目标

　　1.掌握中国饮茶方法。
　　2.了解中国茶具的历史及种类。
　　3.熟悉各民族饮茶习俗及特点。
　　4.理解中国茶道的基本内涵,感受中国茶文化的博大、厚重及独特的魅力。

任务实施

一、饮茶习俗

(一)中国饮茶方法

　　人类对茶叶的利用方式大体上经过吃、喝、饮、品 4 个阶段。"吃"是指将茶叶作为食物生吃或熟食,"喝"是指将茶叶作为药物熬汤喝,"饮"是指将茶叶煮成茶汤作为饮料饮用,"品"是指将茶叶进行冲泡作为欣赏对象来品尝。

　　❶ **煮茶法**　所谓煮茶法,是指茶入水烹煮而饮。直接将茶放在釜中熟煮,是唐代之前最普遍的饮茶法。其过程陆羽在《茶经》中已详细介绍。大体说,首先要将饼茶研碎待用。然后开始煮水,以精选佳水置釜中,以炭火烧开。但不能全沸,加入茶末。茶与水交融,二沸时出现沫饽,沫为细小茶花,饽为大花,皆为茶之精华。此时将沫饽舀出,置熟盂之中,以备用。继续烧煮,茶与水进一步融合,波滚浪涌,称为三沸。此时将二沸时盛出之沫饽浇烹茶的水与茶叶,视人数多寡而严格量入。茶

125

汤煮好,均匀地斟入各人碗中,包含雨露均施、同分甘苦之意。

❷ 煎茶法 煎茶法是指陆羽在《茶经》中记载的一种饮茶方法,其茶主要用饼茶,经炙烤、冷却后碾罗成末,初沸调盐,二沸投末,并加以环搅,三沸则止。头三碗是最适宜的,趁热饮茶,及时洁器。而煮茶法中茶投冷、热水皆可,需经较长时间的煮熬。煎茶法的主要程序有备器、选水、取火、候汤、炙茶、碾茶、罗茶、煎茶(投茶、搅拌)、酌茶。煎茶法在中晚唐很流行,唐诗中多有描述,如刘禹锡《西山兰若试茶歌》有"骤雨松声入鼎来,白云满碗花徘徊",僧皎然《对陆迅饮天目山茶 因寄元居士晟》有"文火香偏胜,寒泉味转嘉。投铛涌作沫,著碗聚生花"。

❸ 点茶法 点茶法形成于五代宋初,流行于两宋时期,鼎盛于北宋徽宗时期。宋代斗茶常用此法,茶人自己饮用也用此法。该方法不再直接将茶放入釜中熟煮,而是先将饼茶碾碎,置碗中待用。以釜烧水,微沸初漾时即冲点碗中的茶末。为了使茶末与水交融成一体,于是就发明了一种用细竹制作的工具,称为"茶筅"。从宋徽宗《大观茶论》、蔡襄《茶录》等茶书看,点茶法的主要程序有备器、洗茶、炙茶、碾茶、磨茶、罗茶、择水、取火、候汤、熁(〔xié〕,熏烤)盏、点茶(调膏、击拂)。宋人诗词中对点茶法多有描写:范仲淹《和章岷从事斗茶歌》有"黄金碾畔绿尘飞,碧玉瓯中翠涛起";苏轼《试院煎茶》有"蟹眼已过鱼眼生,飕飕欲作松风鸣。蒙茸出磨细珠落,眩转绕瓯飞雪轻"等。

❹ 泡茶法 从明代开始,中国的茶叶加工方式进行了改革,成品茶已由唐时经蒸压而成的饼茶、宋时精雕细压的团茶,改制为经炒为之的条形散茶。这样,沏茶时再用不上"炙""研""罗"等操作了,而是将散茶置入壶(碗、杯)中,直接用沸水冲泡而成,这就是人们至今常说的泡茶。这种直接用沸水冲泡散茶的沏茶方法,不仅操作简便,而且保留了茶的清香,更便于对茶的直观欣赏,可以说,这是中国饮食史上的一大创举,也为饮茶不再过多地注重形式而转为讲究情趣的变化创造了条件,所以,一直被人们沿用至今。

(二)中国茶具

由于各个历史时期人们饮茶风俗的不同,以及审美情趣的进步,饮用器具也发生了相应的变化。中国茶具历史悠久,工艺精湛,品类繁多,其发展过程主要表现为由粗趋精、由大趋小、由简趋繁、复又返璞归真、从简行事。经历了古朴、富丽、淡雅3个阶段。

❶ 陶土茶具 陶土器具是新石器时代的重要发明。最初是粗糙的土陶,以后逐步演变为比较坚实的硬陶,再发展为表面敷釉的釉陶。北宋时,江苏宜兴采用紫泥烧制成紫砂陶器,使陶制茶具的发展走向高峰,成为中国茶具的主要品种之一,明代大为流行。紫砂壶和一般陶器不同,其里外都不敷釉,采用当地的紫泥、红泥、绿泥直接焙烧而成。内部的双重气孔使紫砂茶具具有良好的透气性能,泡茶不走味,贮茶不变色,盛暑不易馊,经久使用,还能汲取茶汁,蕴蓄茶味。紫砂茶具还具有造型简练大方、色调淳朴古雅的特点,外形有似竹节、莲藕、松段和仿商周古铜器形状的。《桃溪客语》载:"阳羡(即宜兴)磁壶自明季始盛,上者至与金玉等价",可见其名贵。宜兴紫砂壶名家始于明代供春,供春的制品被称为"供春壶",造型新颖精巧,质地薄而坚实,被誉为"供春之壶,胜如金玉"。其后的四大家,即董翰、赵梁、元畅、时朋,均为制壶高手,作品罕见。

❷ 瓷器茶具 瓷器茶具的品种很多,主要有青瓷茶具、白瓷茶具、黑瓷茶具等。这些茶具在中国茶文化发展史上,都曾留下辉煌的一页。

(1)青瓷茶具:以浙江生产的质量最好。早在东汉年间已开始生产色泽纯正、透明发光的青瓷。在宋代,作为当时五大名窑之一的浙江龙泉哥窑生产的青瓷茶具已达到鼎盛,远销各地。青瓷因色泽青翠,用来冲泡绿茶更显汤色之美。不过,用它来冲泡红茶、白茶、黄茶、黑茶,则易使茶汤失去本来面目,似有不足之处。

(2)白瓷茶具:具有坯质致密透明,上釉、成陶火度高,无吸水性,音清而韵长等特点。因色泽洁白,能反映出茶汤色泽,传热、保温性能适中,加之色彩缤纷、造型各异,堪称饮茶器皿中之珍品。早在唐代,河北邢窑生产的白瓷器,"天下无贵贱通用之"。江西景德镇的白瓷彩绘茶具造型新颖、清丽

饮茶方式

如何开壶?

紫砂壶

青瓷茶具

多姿;釉色娇嫩,白里泛青;质地莹澈,冰清玉洁。其外壁多绘有山川河流、四季花草、飞禽走兽、人物故事,或缀以名人书法,颇具艺术欣赏价值。

(3)黑瓷茶具:宋代斗茶之风盛行,斗茶者们根据《茶经》认为建宝窑所产的黑瓷茶盏用来评茶最为适宜,因而驰名。黑瓷兔毫茶盏,风格独特,古朴雅致,而且瓷质厚重,保温性能较好,故为斗茶行家所珍爱。浙江余姚、德清一带也曾出现过漆黑光亮、美观实用的黑釉瓷茶具,最流行的是一种鸡头壶,即茶壶的嘴是鸡头状。

白瓷茶具

黑釉鸡头壶

❸ **竹木茶具**　采用车、雕、琢、削等工艺,将竹木制成茶具。竹木茶具轻便实用,取材容易,制作方便,对茶无污染,对人体又无害,因此,自古至今,一直受到茶人的欢迎。

❹ **玻璃茶具**　玻璃杯泡茶,可以观赏茶汤的鲜艳色泽,茶叶的细嫩柔软,茶叶在整个冲泡过程中的上下穿动,叶片的逐渐舒展等,可说是一种动态的艺术欣赏。特别是冲泡各类名茶,茶具晶莹剔透,杯中轻雾缥缈,澄清碧绿,芽叶朵朵,亭亭玉立,令人观之赏心悦目,别有一番情趣。玻璃茶具的缺点是容易破碎,传热快,易烫手。

❺ **漆器茶具**　漆器茶具始于清代,主产于福建福州一带。漆器茶具较有名的有北京雕漆茶具、福州脱胎茶具、江西鄱阳等地生产的脱胎茶具等,均具有独特的艺术魅力。漆器茶具具有轻巧美观,色泽光亮,能耐温、耐酸的特点。这种茶具更具有艺术品的功用。

竹木茶具

玻璃茶具

漆器茶具

(三)各民族饮茶习俗

❶ **藏族的酥油茶**　酥油茶是一种以茶为主,多种原料为辅的混合体,滋味多样、营养丰富,既可驱寒、充饥,又可消除疲劳、提神、补充养分。藏族人每天分早、午、晚3次饮茶,并在早茶饮过数杯后,在最后一杯中留下一半,加入一些炒熟的青稞粉,调成糊状或捏成团状食用,俗称糌粑。中午、晚上也是如此,形成一种茶饭不分的饮食风格。

❷ **蒙古族的咸奶茶**　茶在蒙古族的饮食生活中占有重要地位。以游牧业为主的蒙古族人素有每日"三茶一饭"的习惯,即早餐、中餐喝加盐的奶茶,再食些炒米、奶饼、手扒肉等,如此用茶进食,不会有饥饿感;晚餐后则慢慢饮茶,聊天娱乐,直至休息。煮咸奶茶时,应先把砖茶打碎,并将洗净的铁锅置于火上,盛2~3 kg水,至水沸腾时,放入捣碎的砖茶约25 g,待再次沸腾3~5 min后,掺入奶,用量为水的1/5左右。少顷,按需加入适量盐巴。等整锅奶茶开始沸腾时,咸奶茶就煮好了。

❸ **维吾尔族的奶茶与香茶**　居住在天山的维吾尔族,由于天山山脉阻隔,北疆以畜牧业为主,南疆则以农业为主。因此,其喝茶方式、习惯是不同的。北疆人饮用的奶茶,与蒙古族的咸奶茶相似,以茯砖茶为原料。而南疆人则多饮用香茶,同样是以茯砖茶为原料,加入胡椒、桂皮等香料制成,别具一格。南疆维吾尔族饮茶,与三餐同步进行,常常边吃馕,边饮茶,以茶代汤,以茶代菜。

酥油茶

咸奶茶

维吾尔族香茶

❹ **傣族的竹筒香茶**　　竹筒香茶是傣族别具风味的一种饮料。它是采摘细嫩的芽叶,经铁锅杀青、揉捻,然后装入生长一年的嫩甜竹(又叫香竹、金竹)筒内而制成的,既有茶叶的醇厚茶香,又有浓郁的甜竹清香。竹筒香茶外形为竹筒状的深褐色圆柱,具有芽叶肥嫩、白毫特多、汤色黄绿、清澈明亮、香气馥郁、滋味鲜爽回甘的特点。只要取少许茶叶用开水冲泡 5 min,即可饮用。竹筒香茶耐储藏,将制好的竹筒香茶用牛皮纸包好,摆在干燥处,品质常年不变。

竹筒香茶

⑤ **白族的三道茶**　三道茶,白语称"绍道兆",是白族待客的一种饮茶风俗。具体做法是由家中或族中最有威望的长辈亲自司茶。先将一只较为粗糙的小砂罐置于文火之上烘烤,待罐烤热后,随即捏取一小撮茶叶放入罐内,并不停地转动罐子,使茶叶受热均匀;等罐中茶叶"啪啪"作响、色泽由绿转黄、发出焦香时,随手向罐中注入已经烧沸的开水。少顷,主人就将罐中沸腾的茶水倾注到一种叫"牛眼睛盅"的小茶杯中。此茶是经烘烤、煮沸而成的浓汁,因此,看上去色如琥珀,闻起来焦香扑鼻,喝进去滋味苦涩,这就是第一道茶,也称"清苦之茶"。泡第二道茶时,主人会重新烤茶置水,加入红糖和核桃肉,此茶甜中带香,也称"甜茶";第三道茶是将蜂蜜和花椒放入杯中,再冲上沸腾的茶水,喝起来回味无穷,也被称为"回味茶"。

三道茶

⑥ **回族的罐罐茶**　喝罐罐茶是回族最具特色的饮茶习俗。有客进门,主人便会敬上一盅盅罐罐茶,表达最诚挚的敬意。罐罐茶通常以中下等炒青绿茶为原料,经加水熬煮而成,所以,煮罐罐茶又称熬罐罐茶。煮罐罐茶的罐子是用陶土烧制而成的,表面粗糙。由于罐罐茶的用茶量大,又经过熬煮,所以茶汁甚浓,喝到嘴里有一种苦涩感。

⑦ **客家的擂茶**　擂茶是以茶叶和花生、芝麻、大米等为原料加入生姜、胡椒、食盐等调味,放入特制的陶质擂罐内,以硬木擂棍在罐内旋转,擂磨成细粉,然后取出用沸水冲泡,调制而成。擂茶的材料因地、因人而有所增减。一般擂茶的汤色为黄白色,如象牙;新鲜绿茶或包种茶所占比例较多时,则呈绿黄色,有炒熟食香,滋味适口,风味特别。

罐罐茶

擂茶

二、中国茶艺与茶道

（一）中国茶道的基本精神

茶道是中国特定时代产生的综合性文化，带有东方农业民族的生活气息和艺术情调，追求清雅、和谐，基于儒家的治世机缘，倚于佛家的淡泊节操，洋溢着道家的浪漫理想，借品茗倡导清和、俭约、廉洁、求真、求美的高雅精神。我国茶叶界泰斗庄晚芳教授对中国茶道的基本精神理解为"廉、美、和、敬"。

（二）中国茶艺

中国茶艺早在唐、宋时期就已经发展到了相当的高度，"茶"与"艺"已密不可分。其定型与完备阶段是在唐代，精深于紧随其后的、饮茶风气旺盛的宋代，明代茶艺最重要的贡献，是饮法的定型与发展。自清代以后，各地就相继出现了富有本地区特色的茶艺表演，其中以流行于广东潮汕和福建漳泉等地区的工夫茶的风格最为独特，影响最为深远。凡是有关茶叶的产、制、销、用等一系列的过程，都属于茶艺的范围。例如，茶山之旅，参观制茶过程；如何选购茶叶，如何泡好一壶茶，如何享用杯茶；茶与壶的关系、茶文化史、茶叶经营、茶艺美学等，都属于茶艺活动的范围。

（三）茶艺、茶道与茶文化

茶文化作为一种生活文化，包括大众文化和精英文化。在茶文化中，饮茶文化是主体，茶艺和茶道又是饮茶文化的主体。茶艺无论是内涵还是外延均小于茶文化。茶艺是茶道的基础，是茶道的必要条件，茶艺可以独立于茶道而存在。茶道以茶艺为载体，依存于茶艺。茶艺重点在于"艺"，重在习茶艺术，以获得审美享受；茶道的重点在于"道"，旨在通过茶艺修身养性、参悟大道。茶艺的内涵小于茶道，茶道的内涵包容茶艺。茶艺的外延大于茶道，其外延介于茶道与茶文化之间。茶艺与茶道精神是中国茶文化的核心。

项目小结

中国茶文化源远流长，博大精深，其历史发展不仅仅是形成一种饮食文化的过程，还映射出中华民族的精神特质。从神农尝百草，到王褒《僮约》中的"烹茶尽具"，再到陆羽的《茶经》问世，中国茶文化随着历史的发展而不断前行。本项目阐述了中国茶文化的相关概念，中国茶道所倡导的基本精神，展现了中国茶文化的发展历程，介绍了不同民族的饮茶习俗，使学生能够掌握中国茶的分类方法，了解中国名茶具备的基本特征。

| 课程思政策略 |

水为茶之母,器为茶之父,中国古代陶瓷技艺创造了无数的经典,而创烧于北宋晚期的汝瓷被视为中国瓷器烧制技艺的巅峰,但仅仅存世20余年便销声匿迹,800多年来,陶瓷工匠们苦苦寻觅,试图仿制重现。中国中央电视台系列节目《大国工匠》,就为我们讲述了一位不求名利、坚守初心的当代工匠朱文立的故事。他是第三批国家级非物质文化遗产项目汝窑烧制技艺的代表性传承人,将复烧汝瓷视为毕生追求。朱文立曾在1987年烧出多件天青色瓷器,因此成为一方名匠。遗憾的是,40多年过去,他烧制的几十万件汝瓷中,只有几十件能真正呈现完美的天青色。为掌握汝窑烧制的核心技术,40多年来,朱文立跑了无数个建筑工地,只为翻寻八百年前的吉光片羽。从配釉的原料到烧制时的二次窑变,一次次试验,无数次记录,不惧山高路远,只为坚守初心。在朱文立看来,器物变形或釉色不均匀就不能算精品。不合格的瓷器,都被他悉数砸碎。他决绝的身影已不再年轻,唯有清脆的破碎声直击心灵,满地的碎渣愈发衬出其内心的完整。数千次烧制试验,一次次改良配方,近乎痴迷地反复试烧,择一事、终一生,这便是大国工匠朱文立的一生。

小组讨论:让学生分组讨论朱文立将器物变形、釉色不均匀的瓷器悉数砸碎的行为,体现了什么样的精神?作为学生我们应该从哪些方面践行"工匠精神"?

同步测试

一、判断题

1.瓷器茶具按色泽不同可分为白瓷茶具、青瓷茶具和黑瓷茶具等。(　　　)

2.泥色多变,耐人寻味,壶经久用,反而光泽美观是青瓷茶具的优点之一。(　　　)

3.白茶的品质特点是叶色油黑或褐绿,汤色深黄或褐红。(　　　)

4.十大名茶中的君山银针属于六大茶类中的绿茶。(　　　)

二、填空题

1.中国红茶种类可分为＿＿＿＿＿＿＿、＿＿＿＿＿＿＿、＿＿＿＿＿＿＿。

2.我国茶叶界泰斗庄晚芳教授认为＿＿＿＿＿＿＿、＿＿＿＿＿＿、＿＿＿＿＿＿、＿＿＿＿＿＿是中国茶道的基本精神。

3.茶叶按照＿＿＿＿＿＿＿、＿＿＿＿＿＿以及＿＿＿＿＿＿可分为绿茶、红茶、乌龙茶(青茶)、白茶、黄茶、黑茶六大类。

4.武夷山大红袍属于＿＿＿＿＿＿＿类,铁观音属＿＿＿＿＿＿＿类。

三、简答题

1.为什么说中国是世界上最早发现和利用茶叶的国家?

2.中国茶文化发展共经历了哪几个阶段?

四、实践题

主题:为家人敬奉一杯茶,道一声辛苦了。

要求:通过实践活动更好地理解中国茶道基本精神,懂得感谢父母的养育之恩。

作业:结合泡茶过程,写出泡茶心得。

扫码看答案

项目七

中国酒文化

项目描述

在人类文化的历史长河中,酒不仅仅是一种客观存在的物质,更是一种文化的象征,它渗透于经济、文学艺术和社会生活的各个领域,中国酒文化历史悠久,内涵丰富,博大精深,是中国饮食文化的有机组成部分。通过本项目的学习,了解中国酒文化的基本概念,中国酒的发展历史,不同民族的饮酒习俗;理解中国酒文化与饮食文化之间的关系,中国酒文化的发展进程;掌握中国酒的分类方法和基本特征。

项目目标

1. 了解中国酒文化的基本概念,中国酒的发展历史以及不同民族的饮酒习俗。
2. 掌握中国酒的分类方法和基本特征。
3. 熟悉中国名酒的品质特性。
4. 理解中国酒文化与饮食文化之间的关系和中国酒文化的发展演变进程。

任务一 中国酒的起源与发展

任务描述

酒是一种含酒精的具有普遍性的大众化饮料。千百年来,它与人类的日常生活密切相关。在中国悠悠五千年的文明史上,酒的酿造可谓源远流长,但关于酒的起源却是众说纷纭,这其中包含了猿猴造酒说、仪狄造酒说和杜康造酒说。

任务目标

1. 了解中国酒的起源。
2. 掌握中国酒的发展历程。

任务实施

一、中国酒的起源

中国是世界上较早开始酿酒的国家之一,考古学家证实,在遥远的新石器时代,中国就有了专用的酒器。这说明酒在中国历史悠久,而关于中国酒的起源,历来传说众多,莫衷一是,其中影响较大的是以下三种说法。

（一）民间传说

❶ **猿猴造酒说** 猿猴以采集野果为生，且有善于藏果的特性。猿猴将野果放在山洞、树洞等地，久而久之，果实腐烂，含糖量较高野果中的酵母菌发酵，生成酒精。因而有"猿猴善采百花酿酒""尝于石岩深处得猿酒"的传说。关于猿猴造酒，很多书籍中有相关记载。李日华的《紫桃轩杂缀》载：黄山多猿猱，春夏采杂花果于石洼中，酝酿成酒，香气溢发，闻数百步。《粤东笔记》也有相关记载：琼州（今海南岛）多猿，尝于石岩深处得猿酒，盖猿以稻米杂百花所造……石穴辄有五六升许，味最辣，然极难得。

❷ **仪狄造酒说** 相传夏禹时期的仪狄发明了酿酒。《吕氏春秋》中有"仪狄作酒"的说法。《战国策》进一步说明：昔者，帝女令仪狄作酒而美，进之禹，禹饮而甘之。《古史考》也说：古有醴酪，禹时仪狄作酒。但也有学者对"仪狄作酒"提出了质疑。《孔丛子》中记载了战国时赵国平原君劝酒的话："昔有遗谚，尧舜千钟"，尧、舜都是大禹以前的人物，生活年代早于仪狄，按照这种说法，在仪狄之前，就已经有酒了。

❸ **杜康造酒说** 杜康造酒的说法主要因曹操的乐府诗《短歌行》提到"何以解忧，唯有杜康"而流行。《酒诰》载：有饭不尽，委之空桑，郁积成味。久蓄气芳，本出于此，不由奇方。这是说杜康将未吃完的剩饭放置在桑国的树洞里，剩饭在洞中发酵后，有芳香的气味传出，这便是酒的原始做法。

古代酿酒图

（二）考古文献

酿酒与考古有着密切的联系，通过对酿酒史的研究，我们可以推测某个时代的许多文明的发展历程与成果，甚至可以清晰地再现原始社会的风貌。

谷物酿酒的两个先决条件是酿酒原料和酿酒容器。在对裴李岗文化时期和河姆渡文化时期的考古中，均发现陶器和农作物遗存，这说明当时便具备了酿酒的物质条件。到磁山文化时期，已有发达的农业经济。有关专家统计，在遗址中发现的粮食堆积为 100 m^2，折合重量 5 万 kg，还发现了一些形状类似于后世酒器的陶器。因此有人认为：磁山文化时期，谷物酿酒的可能性是很大的。1979年，考古工作者在山东莒县陵阳河大汶口文化墓葬中发掘到大量酒器。尤其引人注意的是，其中的一组合酒器，包括酿造发酵所用的大陶尊、滤酒所用的漏缸、储酒所用的陶瓮、煮熟物料所用的炊具陶鼎等，还有各种类型的饮酒器具 100 多件。考古人员分析，墓主生前可能是一位职业酿酒者。考古人员在发掘到的陶缸壁上还发现了一幅图，据分析是滤酒图。在龙山文化时期，酒器就更多了。国内学者普遍认为龙山文化时期酿酒行业已是较为发达的行业。考古得到的以上资料都证实：古代传说中的黄帝、夏禹时期确实存在着酿酒这一行业。

二、中国酒的发展历程

中国酒在几千年漫长的历史进程中,大致经历了五个重要的发展时期。

(一)中国酒发展的启蒙期

公元前 4000 年至公元前 2000 年,即由新石器时代的仰韶文化早期到夏朝初年,为中国酒发展的第一个阶段,经历了漫长的 2000 年,这是中国传统酒的启蒙期。用发酵的谷物来制作水酒是当时酿酒的主要形式。这一时期是原始社会的晚期,先民们无不把酒看作一种具有极大魔力的饮料。

(二)中国酒发展的成长期

从公元前 2000 年的夏王朝到公元前 200 年的汉王朝,历时 1800 年,这一阶段为中国传统酒的成长期。此期酒曲的发明,使我国成为世界上最早用酒曲酿酒的国家。醴、酒等品种的产出,仪狄、杜康等酿酒大师的涌现,为中国传统酒的发展奠定了坚实的基础。就在这个时期,酿酒业得到极大发展,并且受到重视,官府设置了专门酿酒的机构,酒由官府控制。酒成为帝王及诸侯的享乐品,"肉林酒池"成为奴隶主生活的写照。这个阶段,酒虽有所兴,但并未大兴。饮用范围主要局限于上层社会,但即使是上层社会,对酒也往往存有戒心。因为商周时期,皆有以酒色乱政、亡国、灭室者;秦汉之交又有设"鸿门宴"搞阴谋者,酒被引入政治斗争,遂被正直的政治家视为"邪恶"之物,因此酒业的发展受到一定影响。

(三)中国酒发展的成熟期

第三阶段是由公元前 200 年的汉王朝到公元 1000 年的北宋,历时 1200 年,是中国传统酒的成熟期。此时,《齐民要术》《酒法》等著作问世,新丰酒、兰陵美酒等名优酒开始涌现,黄酒、果酒、药酒及葡萄酒等酒品也有所发展,李白、杜甫、白居易、杜牧、苏东坡等酒文化名人辈出。各方面的因素促使中国传统酒的发展进入了灿烂的黄金时代。酒之大兴,始自东汉末年至魏晋南北朝时期。到了魏晋时期,酒业更加兴旺,饮酒不但盛行于上层社会,而且在民间普及。在这一时期出现的汉唐盛世以及欧、亚、非陆上贸易的兴起,使中西酒文化得以互相渗透,为中国白酒的发明及进一步发展奠定了基础。

(四)中国酒发展的提高期

第四阶段是由公元 1000 年的北宋到公元 1840 年的晚清时期,历时 840 年,是中国传统酒的提高期。其间西域的蒸馏器传入我国,从而开创了举世闻名的中国白酒。明代李时珍的《本草纲目》记载:烧酒非古法也,自元时起始创其法。又有资料提出:烧酒始于金世宗大定年间(1161 年)。那时酒精含量较高的蒸馏白酒已得到迅速普及。此后的 800 多年间,白酒、黄酒、果酒、葡萄酒、药酒五类酒竞相发展,绚丽多彩,而中国白酒则逐渐深入民间,成为人们普遍接受的饮用佳品。

(五)中国酒发展的变革期

自公元 1840 年到现在,历时 180 余年,此为第五阶段,是中国传统酒的变革期。在此期间,西方先进的酿酒技术与我国传统的酿造技艺竞放异彩,使得我国酒苑百花争艳,春色满园,啤酒、白兰地、威士忌、伏特加及日本清酒等外国酒在我国立足生根,竹叶青、五加皮、玉冰烧等新酒种产量迅速增长,传统的黄酒、白酒也琳琅满目,各显特色。

特别是在这一阶段的后期,即 1949 年后,中国的酿酒技术有了许多突破性进展,表现在五个方面:一是黄酒生产技术的发展,如用粳米代替糯米,机械化、自动化输送原料,对黄酒糖化发酵剂的革新,以及在黄酒的压榨及过滤工艺、灭菌设备的更新、储藏和包装等方面取得显著进步。二是白酒生产技术的发展,其主要特征是围绕提高出酒率,改善酒质,变高度酒为低度酒,提高机械化生产水平,降低劳动强度等方面的问题进行了一系列改革。三是啤酒工业的发展,改革开放后中国的啤酒工业进入了高速发展时期,一些现代化的外国啤酒生产设备引入国内,生产规模得到前所未有的扩大。进入 21 世纪,中国啤酒的年产量已接近 3000 万 t。四是葡萄酒工业的发展,葡萄酒在生产科研设计以及对外合作等方面都取得了非常可喜的成绩,如今中国的葡萄酒质量已接近或达到国际先进水平。五是酒精生产技术的发展,20 世纪 50 年代以前中国的酒精工业发展缓慢,技术水平落后,除酒精回收采用连续蒸馏外,其他均为间隔工艺,原料不经粉碎,糖化剂采用绿麦芽淀粉,利用率仅 60%左右。经过 70 多年的发展,中国的酒精工业早已有了翻天覆地的变化,淀粉利用率已超过 90%,与国际水平相当。

煮酒论英雄

任务二　中国酒的种类与名酒

任务描述

自古以来,酒都是国人所喜爱的饮品之一,佳节庆贺、亲朋聚会、宴飨宾客、喜庆丰收、婚丧嫁娶皆少不了它。从仪狄、杜康造酒到刘伶醉酒成仙颇具神秘色彩的传说,再到李白"斗酒诗百篇""醉草吓蛮书"的佳话;从苏轼"把酒问青天"的豪放到周宪王"醉里乐天真"的无奈……到曲艺大师侯宝林先生的《醉酒》相声段子中的调侃,都体现了中国浓厚的酒文化底蕴。日常生活中凡是含有酒精的饮料,都可以冠以"酒"的名称。中国酒品种繁多,分类方法各不相同。

任务目标

1.了解中国酒的分类方法。
2.熟悉中国常见酒类。
3.掌握中国名酒的基本特征。

任务实施

一、中国酒的分类

(一)分类标准

中国酒的品种繁多,分类方法各不相同。按照酒曲的品种可分为大曲酒、小曲酒、麸曲酒、混合曲酒;按酒精含量可以分为低度酒、中度酒、高度酒;根据酿酒原料可分为黄酒、白酒、果酒等。《中国酒经》中按照酒的酿造方法和特性把中国酒划分为以下三个类别。

❶ **发酵酒**　发酵酒是指酿酒原料被微生物糖化发酵或直接发酵后,利用压榨或过滤的方式获取酒液,经储存调配后所制得的饮料酒。发酵酒的酒精度相对较低,一般为 3～18 度,其中除酒精之外,还富含糖、氨基酸、多肽、有机酸、维生素和矿物质等营养物质。

《饮料酒术语和分类》(GB/T 17204—2021)规定,发酵酒是以粮谷、薯类、水果、乳类等为主要原料,经发酵或部分发酵酿制而成的饮料酒,包括啤酒、葡萄酒、果酒(发酵型)、黄酒和奶酒(发酵型)等。

❷ **蒸馏酒**　蒸馏酒是指酿酒原料被微生物糖化发酵或直接发酵后,利用蒸馏的方式获取酒液,经储存勾调后所制得的饮料酒,酒精度相对较高,最高约为 62 度,低度白酒为 28～38 度。酒中除酒精之外,其他成分为易挥发的醇、醛、酸、酯等呈香、呈味组分,几乎不含人体所必需的营养成分。

《饮料酒术语和分类》(GB/T 17204—2021)规定,蒸馏酒是以粮谷、薯类、水果、乳类等为主要原料,经发酵、蒸馏、经或不经勾调而成的饮料酒,包括白酒的全部类别(如大曲酒、小曲酒、麸曲酒、混合曲酒)、洋酒(如白兰地、威士忌、伏特加、朗姆酒、金酒)以及奶酒(蒸馏型)和其他蒸馏酒等。

蒸馏酒(威士忌)

❸ **配制酒**　《饮料酒术语和分类》(GB/T 17204—2021)规定,配制酒是以发酵酒、蒸馏酒或食用酒精为酒基,加入可食用的辅料和(或)食品添加剂,进行调配和(或)再加工制成的饮料酒,包括露酒的全部类别,如植物类配制酒、动物类配制酒、动植物类配制酒和其他类配制酒(营养保健酒、饮用药酒、调配鸡尾酒)等。酒精度相对较高,一般为 18～38 度。

配制酒(鸡尾酒)

(二)常见分类

按照日常生活习惯,中国酒可分为白酒、黄酒、啤酒、果酒和药酒五类。

❶ **白酒**　白酒是蒸馏酒的一种,以高粱、麦黍、玉米等粮谷为主要原料,用大曲、小曲或麸曲及酒母等作为糖化发酵剂,经蒸煮、糖化、发酵、蒸馏、陈酿、勾兑等工序制成。中国白酒与白兰地、威士忌、伏特加、朗姆酒、金酒并称为世界六大蒸馏酒。

中国白酒在工艺上比世界各国的蒸馏酒都要复杂,原料更加多样化,其具有特殊的风味,质地纯净,无色透明;香气宜人,不同香型的酒各有特色,中国白酒香气馥郁,溢香好,余香不尽;口味醇厚柔绵,甘润清洌,酒体谐调,回味悠久,中国早期白酒酒精度为 67 度、65 度、62 度,这种高度数蒸馏酒在世界其他国家是较为罕见的。根据其原料和生产工艺的不同,白酒形成了不同的香型与风格,大致分为以下五种:一是清香型。其特点是酒气清香芬芳、醇厚绵软、甘润爽口、酒味纯净。以山西杏花村的汾酒为代表,又称汾香型。二是浓香型。其特点是饮时芳香浓郁、甘绵适口、饮后尤香、回味悠长,可概括为"香、甜、浓、净"四个字。以四川泸州老窖特曲为代表,又称泸香型。三是酱香型。其特点是香而不艳、低而不淡、香气幽雅、回味绵长,杯已空而香气犹存。以贵州茅台酒为代表,又称茅香型。四是米香型。其特点是米香轻柔、幽雅纯净、入口绵甜、回味怡畅。以桂林的三花酒和全州的湘山酒为代表。五是其他香型,如药香型、凤香型、兼香型、豉香型、特香型、芝麻香型等。在中国白酒中,生产得最多的是浓香型白酒,清香型白酒次之,其余的则生产较少。

白酒质量的高低主要是依据其色泽、香气和滋味等进行评定的。一种质量优良的白酒,在色泽上应是无色透明的,瓶内无悬浮物、无沉淀现象;在香气上应具备本身特有的酒味和醇香,其香气又分为溢香、喷香和留香等;在滋味上,应是酒味醇正,各味协调,无强烈的刺激性。

❷ **黄酒**　黄酒是中国特有的传统酒品,历史悠久,可追溯到商周时期。黄酒的生产原料在北方以粟或者黍为主,在南方则以稻米为主,其是用曲类及酒母等为糖化发酵剂,经蒸煮、糖化、发酵、储存、调配、过滤、装瓶、杀菌等工序制作而成的酿造酒。黄酒的酒精度一般为 15～16 度,根据不同的发酵程度,糖分含量有所不同。自宋代开始,随着政治、文化、经济中心的南移,黄酒的生产局限于南方数省,南宋时期,烧酒开始生产,元代时烧酒开始在北方普及,北方的黄酒生产逐渐萎缩,南方人饮烧酒者不如北方普遍,黄酒生产得以保留。在清朝时期,南方绍兴一带的黄酒称雄国内外。中国黄酒生产主要集中于浙江、江苏、上海、福建、江西、广东、安徽等地,北方的山东、陕西、大连、河南鹤壁等地也有少量生产。

黄酒

根据酿造原料、工艺和风味特点的不同,黄酒可划分为三大类:一是山东黍米黄酒。它是我国北方黄酒的主要品种,最早创于山东即墨,现在北方各地已广泛生产山东黍米黄酒。山东黍米黄酒是以黍米为原料,以米曲霉制成的麸曲为糖化发酵剂酿制而成,具有酒液浓郁、清香爽口的特点,在黄酒中独具一格。即墨黄酒还可分为清酒、老酒、兰陵美酒等品种。酒精度在 12 度左右。二是江南糯米黄酒。它产于江南地区,以浙江绍兴黄酒为代表,生产历史悠久。它是以糯米为原料,以酒药和麸曲为糖化发酵剂酿制而成。其酒质醇厚,色、香、味都高于一般黄酒,存放时间越长越好。由于原料的配比不同,加上酿造工艺的变化,形成了各种风格的优良品种,主要品种有状元红、加饭酒、花雕酒、善酿酒、香雪酒、竹叶青酒等。酒精度在 13～20 度。三是福建红曲黄酒。它以糯米、粳米为原料,以红曲为糖化发酵剂酿制而成。其代表品种是福建老酒和龙岩沉缸酒,具有酒味芬芳、醇和柔润的特点。酒精度约为 15 度。

❸ **啤酒** 啤酒是古老的酒精饮料,是水和茶之后世界上消耗量排名第三的饮料。啤酒是一种以小麦芽和大麦芽为主要原料,并加啤酒花,经过液态糊化和糖化,再经过液态发酵酿制而成的酒精饮料。啤酒的酒精含量较低,含有二氧化碳、多种氨基酸、维生素、低分子糖、无机盐和各种酶。其中,低分子糖和氨基酸易被人体消化吸收,在体内产生大量热能,因此啤酒又被人们称为"液体面包"。

啤酒

啤酒的种类较多,大致有以下三种分类方法。一是根据啤酒是否经过杀菌处理,分为鲜啤酒和熟啤酒两种。鲜啤酒又称生啤酒,是指在生产中未经杀菌的啤酒,但也满足可以饮用的卫生标准,此酒口味鲜美,有较高的营养价值,但保存期较短,适于当地销售。熟啤酒则是经过杀菌处理的啤酒,可防止酵母继续发酵和受微生物的影响,保存期长,稳定性强,适于远销,但口味稍差,酒液颜色深。二是根据啤酒中原麦芽汁浓度,可分为低浓度啤酒、中浓度啤酒和高浓度啤酒三种。低浓度啤酒的原麦芽汁浓度为 7%～8%,酒精含量在 2% 左右;中浓度啤酒的原麦芽汁浓度为 11%～12%,酒精含量在 3.1%～3.8%,是中国各大型啤酒厂的主要产品;高浓度啤酒的原麦芽汁浓度为 14%～20%,酒精含量在 4.9%～5.6%。三是根据啤酒的颜色,可分为淡色啤酒、白色啤酒和黑色啤酒三种。淡色啤酒俗称黄啤酒,其酒液呈淡黄色,香气突出,口味淡雅,清亮透明;白色啤酒是以白色为主色的啤酒,酒精含量低,口味清爽;黑色啤酒又称浓色啤酒,酒液呈咖啡色或深棕红色,大多数红里透黑,有光泽,口味浓厚,并带有焦香味。

❹ **果酒** 果酒是以各种人工种植的或野生的果品的果实(如葡萄、苹果、石榴、桑葚、红枣、山楂、刺梨等)为原料,经过粉碎、发酵或者浸泡等工艺,精心调配酿制而成的各种低度饮料酒。果酒的命名常依据生产原料而定,如葡萄酒、苹果酒、枇杷酒、猕猴桃酒、樱桃酒等。

❺ **药酒** 药酒属配制酒中的一种,是以成品酒(大多用白酒)为酒基,配各种中药材和糖料,经过酿造或浸泡制成的具有不同作用的酒品。药酒是中国传统产品,品种繁多,明代李时珍在《本草纲目》中记载了 69 种药酒,有的流传至今。药酒功效各异,主要分为两大类:一类是滋补酒,如五味子酒、男士专用酒、女士美容酒等。另一类是药用酒,是利用酒精提取中药材中的有效成分,提高药物的疗效,这种酒大多在药店出售。

果酒

药酒

二、中国名酒

（一）黄酒类

❶ 绍兴加饭酒　绍兴加饭酒产于浙江绍兴，是绍兴黄酒中的上品，古称"山阴甜酒""越酒"，距今已有 2300 多年的酿造历史。史书记载，春秋战国时期绍兴即开始酿酒，南北朝时已很有名气。绍兴加饭酒顾名思义，是在酿酒过程中，增加酿酒用米饭的数量，相对来说，用水量较少，是一种半干酒，酒精度 15 度左右，糖分含量 0.5%～3%，酒质醇厚，气郁芳香。

❷ 无锡惠泉酒　无锡惠泉酒作为苏式老酒的典范，以江南地下泉水和江南优质糯米作为原料，主要采取半甜型黄酒的酿造工艺，经过数千年文化积淀和工艺完善，终于成为明代的江南名酒，直至清代的宫廷御用酒，完成了从普通民间黄酒发展成皇家御用黄酒的转变。无锡惠泉酒酒色为琥珀色，晶莹明亮，富于光泽，其味温雅柔和，甘爽上口，饮后让人怡神舒畅，回味悠长。

❸ 丹阳封缸酒　丹阳封缸酒，素以"味轻花上露，色似洞中春"闻名天下。其在南北朝时就已出名。据记载，北魏孝文帝南征前与刘藻将军辞别，相约胜利会师时以"曲阿之酒"款待百姓。曲阿即今丹阳，故丹阳封缸酒古有"曲阿酒"之称。丹阳黄酒的酿造史已有 3000 余年，它以当地所产优质糯米为原料，用麦曲作糖化发酵剂，经低温糖化发酵，在酿造中，当糖分达到高峰时，兑加 50 度以上的小曲米酒后，立即严密封闭缸口，养醅一段时间后，抽出 60% 的精液，再进行压榨，二者按比例勾配定量灌坛，再严密封口储存 2～3 年即成。其酒色棕红、明亮，香气浓郁，口味香鲜。

❹ 福建龙岩沉缸酒　福建龙岩沉缸酒产于福建省龙岩市，是我国名优黄酒的典型代表之一。沉缸酒为浓甜型，酒呈鲜艳透明的红褐色，有琥珀光泽，清香浓郁，酒味醇厚，入口甘甜，诸味和谐，酒精度为 15 度左右。福建龙岩沉缸酒有不加糖而甜，不着色而艳红，不调香而芬芳三大特点。

（二）白酒类

❶ 茅台酒　茅台酒产于贵州仁怀茅台镇，以优质高粱为原料，用小麦制成高温曲，而用曲量多于原料，具有用曲多、发酵期长、多次发酵、多次取酒等独特工艺。酿制茅台酒要经过两次加生沙（生粮）、八次发酵、九次蒸煮，生产周期长达 1 年，再储存 3 年以上，勾兑调配后再储存 1 年，使酒质更加和谐醇香、绵软柔和，方准装瓶出厂，全部生产过程近 5 年之久。茅台酒液纯净透明、醇馥幽郁，由酱香、窖底香、醇甜三大特殊风味融合而成。

❷ 董酒　董酒产于贵州遵义董公寺镇，酒精度 60 度，因厂址坐落在北郊董公寺而得名。董酒是我国白酒中酿造工艺最为特殊的一种酒品。它采用优质黏高粱为原料，以"水口寺"地下泉水为酿造用水，小曲小窖制取酒醅，大曲大窖制取香醅，酒醅和香醅串烧而成。董酒既有大曲酒的浓郁芳香，又有小曲酒的柔绵、醇和、回甜，还有淡雅舒适的药香和爽口的微酸；以酒液晶莹透明，香气幽雅

舒适,入口醇和浓郁,饮后甘爽味长为其特点,并有祛寒活络、促进血液循环、消除疲劳、宽胸顺气等功能。

❸ **汾酒**　汾酒产于山西汾阳杏花村,是我国名酒的鼻祖。我国最负盛名的八大名酒都和汾酒有着十分亲近的关系。汾酒以晋中平原的"一把抓"高粱为原料,取古井、深井的优质水为酿造水,形成清亮透明、气味芳香、入口绵绵、入口甘甜、回味生津的特色,因而被推崇为"甘泉佳酿"和"液体宝石"。汾酒酿造有一套独特的工艺:人必得其精,粮必得其实,水必得其甘,曲必得其明,器必得其洁,缸必得其湿,火必得其缓。汾酒虽为 60 度高度酒,却无强烈刺激的感觉,有色、香、味"三绝"的美称,为我国清香型酒的典范。

❹ **五粮液**　五粮液产于四川宜宾,因以五种粮食(高粱、大米、糯米、玉米、小麦)为原料酿造而得名。五粮液的发展历史可以追溯至唐代,那时它并不叫五粮液,酒的成分、质量也与今日的大不相同。宜宾曾酿造出以五种粮食为原料的酒,当时称"杂粮酒",直到 20 世纪 20 年代末才改称五粮液。现今五粮液酒厂的部分发酵酒窖,还是明清两代所建,足见其历史久远。其酿酒用水取自岷江江心,质地纯净,发酵剂用纯小麦制的"包包曲",香气独特。五粮液酒液清澈透明,开瓶时喷香突起,浓郁扑鼻;饮后余香不尽,属浓香型酒,柔和甘美、酒味醇厚、香醇甜净、风格独特。

❺ **泸州老窖特曲**　泸州老窖特曲是浓香型大曲类酒,产于四川泸州。之所以称之为老窖,是在建窖时有特殊的结构要求,经过长期使用,泥池出现红绿色彩,并产生奇异的香气,此时,发酵醅与酒窖泥接触,蒸馏出的酒也就有浓郁的香气,酒液无色晶莹,酒香芬芳浓郁,酒体柔和醇正,清洌甘爽,酒味谐调醇浓。饮后余香,荡胸回肠,香沁脾胃,味甜肌肤,令人心旷神怡,妙不可言。无论是善饮者或不常饮酒的人,一经品尝都能感到其风味之特殊。

❻ **洋河大曲**　洋河大曲现产于江苏省泗阳县洋河镇。清初已闻名于世。"闻香下马,知味停车;酒味冲天,飞鸟闻香化凤;糟粕入水,游鱼得味成龙;福泉酒海清香美,味占江南第一家",描述的就是洋河大曲。洋河大曲酒精度分 64 度、62 度和 55 度。洋河大曲具有色、香、鲜、浓、醇五种独特的风格,酒液无色透明,醇香浓郁,余味爽净,回味悠长,是浓香型大曲酒,以入口甜、落口绵、酒性软、尾爽净、回味香的特点闻名中外。

❼ **剑南春**　剑南春现产于四川省绵竹酒厂,是我国有悠久历史的名酒之一。唐代以"春"命酒,绵竹是当年剑南道上一大县,由此得名。相传唐代李白曾在绵竹"解貂续酒",留下"士解金貂,价重洛阳"的佳话。剑南春以高粱、大米、糯米、玉米、小麦五种谷物为原料,经精心酿制而成,酒精度有 62 度和 52 度两种,具有无色透明、芳香浓郁、醇和回甜、甘洌爽净、余味悠长的特点。

❽ **古井贡酒**　古井贡酒产于安徽亳州古井镇。古井酒厂现存的酿酒取水用的古井已有 1400 年历史,当地多盐碱,水味苦涩,独此井之水清澈甜美,用以酿酒,酒香浓郁、甘美醇和,该井被称为"天下名井"。此酒自明万历年间成为进贡之酒因而得名。古井贡酒选用淮北平原生产的上等高粱为原料,以小麦、大麦、豌豆为曲,采用"老五甑"传统工艺,吸取了现代科学的酿酒技术,使古井贡酒酒液清澈透明如水晶,注入杯中黏稠挂杯,香气纯净如幽兰之美,入口醇和,浓郁甘润,回味和余香悠长,具有浓香型白酒的独特风韵。其酒精度为 60 度、62 度。

(三)啤酒类

❶ **青岛啤酒**　青岛啤酒以浙江余姚的二棱大麦生产的麦芽为主要原料,以崂山脚下清澈甘甜的泉水为优质酿造用水,以优良青岛大花、青岛小花为香料,辅以德国传统酿制工艺精心酿制而成。它具有泡沫洁白、酒液清亮透明、口味香醇爽口等特点。

❷ **北京啤酒**　北京啤酒采用优质国产麦芽和新疆酒花酿造而成,泡沫洁白、细腻持久,具有幽雅的酒花香味,口味醇正、清淡爽口。

❸ **上海啤酒**　上海啤酒以优质麦芽和中国江南糯米为辅料,以新疆优质酒花为香料,用独特的水处理工艺制备的纯净水,采用传统酿造工艺酿制而成。上海啤酒具有泡沫洁白、香味醇正等特点。

任务三 中国酒文化

任务描述

博大精深的中国文化,包罗万象,中国酒文化从古至今都是不可或缺的部分。中华文明历史悠久,随着朝代的更替,酒文化也呈现出不同的发展状态,不管是饮酒作诗,还是借酒消愁;不管是众人共饮,还是月下独酌,都有独特风味。

任务目标

1. 了解酒文化在实际生活中的外在表现。
2. 熟悉酒具的类别及其名品。
3. 掌握常见的饮酒方式。

任务实施

一、中国古代酒礼与酒俗

酒具包括盛酒的容器和饮酒的饮具,甚至包括早期制酒的工具。酒具是酒文化在实际生活中的外在表现。酒具质量的好坏,往往成为饮酒者身份高低的象征之一。酒器按材质分为金属酒器、玉质酒器、瓷制酒器、陶制酒器等,商周以后,青铜酒器逐渐衰落,秦汉之际,在中国的南方,漆制酒器流行。明清时期是中国古代瓷制酒器发展的鼎盛时期。

（一）饮酒器具

①盛酒器具

（1）尊:尊是古代盛酒礼器,用于祭祀或宴飨宾客之礼,后泛指盛酒器皿。敞口,高颈,圈足。尊上常饰有动物形象。《说文解字》载:尊,酒器也。《周礼》谈六尊:牺尊、象尊、著尊、壶尊、太尊、山尊,以待祭祀宾客之礼。段玉裁注:凡酌酒者必资于尊,故引申以为尊卑字……王国维《说彝》载:尊彝皆礼器之总名也……然尊有大共名之尊(礼器全部),有小共名之尊,又有专名之尊(盛酒器之侈口者)。彝则为共名而非专名。

（2）壶:壶是古代用以盛酒浆或粮食的一种器皿,当用作酒器时,多为长颈、大腹、圆足。《周礼·秋官·掌客》载:壶四十,鼎簋十有二,牲三十有六,皆陈。郑玄注:壶,酒器也。《公羊传·昭公二十五年》载:国子执壶浆。何休注:壶,礼器。腹方圆口曰壶,反之曰方壶。有爵饰。

（3）卣:卣是古代专门用以盛放祭祀用香酒的青铜酒器。器形一般为椭圆口,深腹,圈足,有盖和提梁,有的上下一样大,像一个直筒。卣腹或圆或椭或方,也有作圆筒形、鸱鸮形甚至"虎吃人形"的。主要盛行于商朝和西周。在大祭典礼结束后,用卣把酒洒在地上,以享鬼神。

②煮(温)酒器具

（1）爵:爵是一种酒器和礼器。流行于夏商周时期,作用相当于酒杯。圆腹,也有个别为方腹,一侧的口部前端有流(倒酒的流槽),后部有尖状尾,流与口之间有立柱,腹部一旁有把手,下有三个锥状长足。夏代爵胎体轻薄,制作粗糙;椭圆形器身,流长而狭,短尾,流口间多不设柱,平底,一般没有铭文和花纹,偶见有连珠纹者。商朝早期流与口之间开始出现短柱,下腹部中空;有的透镂有圆孔,以便温酒加火时透风。商朝中期后,爵演变为圆身,圆底,流口增高,多设一柱或二柱,柱身加长并向

妇好鸮尊

凤鸟纹铜提梁卣

后移,三足粗实且棱角分明,器身加厚。商朝晚期至西周早期爵体厚重,制作精美;爵身饰有饕餮、云雷、蕉叶等精美的纹饰,上端和柱上也饰有动物形象,有少数无柱而带盖的爵,盖铸成兽首形。西周早期还有一种器表铸有扉棱的爵,往往以云雷纹作地纹,饰有两层或三层花纹,纹饰繁而精美。西周后期,爵逐渐消失。

(2)角:似爵而无柱,其两端亦无流、尾,只有两长锐之角,如鸟翼之形腹,以下与爵同,其大小亦同,可能是爵的旁支,角下有三足,且常有盖,便于置火上温酒,故与爵同为煮(温)酒器。著名品种有现藏于广州市南越王墓博物馆的南越王玉角,通高 18.4 cm,口径 5.8~6.7 cm,玉质为新疆和田青玉,局部有红褐色浸痕,杯形如兽角,口呈椭圆形,角底有长而弯转的绳索式尾,缠绕于角身的下部,造型奇特,堪称稀世之珍。

(3)盉:盉是用水调酒的器具,用以控制酒的浓度。盛行于商朝和西周初期。盉的形状一般是大腹、敛口,前面有长流,后面有把手,有盖,下有三足或四足;春秋战国时期的盉呈圈足式,很像后来的茶壶。

爵

南越王玉角

异兽形铜盉

❸ 饮酒器具

(1)觥:觥是一种盛酒兼饮酒的器具。王国维《说觥》载:是于饮器中为最大……古代酒器,初用兽角,后亦多用铜、玉、木、陶等制作。青铜制品器腹椭圆,有流及鋬,底有圈足。有兽头形器盖,也有

玉出戟方觚

整器作兽形的,并附有小勺。容五升,一说容七升。盛行于商朝及西周初期,后来多指酒器,常被用作罚酒。如《诗经·周南·卷耳》载:"我姑酌彼兕觥,维以不永伤。"欧阳修《醉翁亭记》载:"射者中,弈者胜,觥筹交错,起坐而喧哗者,众宾欢也。"

(2)觚:觚是一种长身、细腰、阔底、高圈足,腹和圈足上有棱的饮酒器,其形状多为圆形。盛行于商朝及西周初。陶制的多为随葬器物。《说文解字·角部》载:"觚,乡饮酒之爵也。一曰觞受三升者谓之觚。"

(3)杯:又写作"桮"。其形制多圆形,敞口,有平底、圈足高脚等。另有一种被称为"羽觞"的杯,其形状椭圆,两旁有弧形的耳。《觞记注》云:羽觞者,如生爵之形,有颈尾、羽翼。

(二)常见酒类的饮酒方式

① 黄酒的饮酒方式 黄酒是世界上较古老的酒类之一,其质量优良、风味独特,一直备受人们喜爱。黄酒的饮用方法多种多样,不同的饮用方法往往有不同的作用。

(1)热饮:将黄酒加温后饮用,是黄酒常见的一种饮用方式。早在三国即有曹操、刘备"煮酒论英雄"的佳话,可见黄酒热饮不仅是一种饮酒方式,更是一种文化。黄酒最传统的饮法,当然是热饮。酒中甲醇沸点为 64.7 ℃,乙醛沸点为 20.8 ℃,酒精沸点为 78.3 ℃,加热后这些物质会挥发很多,减少酒对饮者身体的毒害。热饮的显著特点是酒香浓郁,酒味柔和。热酒的方法一般有两种:一种是将盛酒器放入热水中烫热,另一种是隔火加热。一般,冬天盛行热饮,但黄酒加热时间不宜过久,否则酒精都挥发掉了,反而淡而无味。另外,酒太热,饮后会伤肺。因此热酒的温度一般以 40～50 ℃为好。

(2)冷饮:黄酒冰镇或者加冰饮用,降低了酒精度,并给人以冰爽口感。夏日炎炎,食欲不振,闷热难耐,来一杯冰镇黄酒,先是凉爽,继而畅快流汗,热汗之后,浑身轻松如同洗了个澡一般通透。冷饮黄酒可消暑解渴,清凉爽口,给人以美的享受,同时具有促进食欲的功效。

(3)其他饮用方法:黄酒还可以与其他食物或药物相组合,产生新的饮法。如将黄酒加热至 50 ℃,加入一个生鸡蛋,快速搅拌,至酒液变成乳白色即可,瞬间变成口味独特的中式鸡尾酒;黄酒还可以用来浸泡中药,泡滋补类药酒如选用糯米酿制的黄酒则效果更佳。

② 白酒的饮酒方式 白酒饮用方式较为随意,在饮酒前首先需要认真综合审视该酒的色泽、标签、瓶盖、酒瓶等方面的情况,若是无色透明玻璃瓶包装,把酒瓶拿在手中,慢慢地倒置过来,对着光观察瓶的底部,如果有下沉的物质或有云雾状现象,说明酒中杂质较多;如果酒液不失光、不混浊,没有悬浮物,说明酒的质量比较好。从色泽上看,除酱香型酒外,一般白酒应该是无色透明的。首先把酒倒入无色透明的玻璃杯中,对着自然光观察,白酒应清澈透明、无悬浮物和沉淀物;然后闻其香气,用鼻子贴近杯口,辨别香气的浓淡和香气特点;最后品其味,喝少量酒并在舌面上铺开,分辨味感的薄厚、绵柔、醇和、粗糙以及酸、甜、苦、辣是否协调,低档劣质白酒一般是用质量差或发霉的粮食作原料,工艺粗糙,喝着呛嗓、"上头"。

需要说明的是,少量饮用白酒,能刺激食欲,促进消化液的分泌和血液循环,使人精神振奋,抵御寒冷,对人体有一定益处。但是,饮用白酒不宜过量。

③ 葡萄酒的饮酒方式 葡萄酒的品种众多,不同葡萄酒有着不同的饮用方法,总体而言,有以下三步。

首先是看,摇晃酒杯,观察其缓缓流下的酒脚;再将杯子倾斜成 45°角,观察酒的颜色及液面边缘,一般而言,新酿制的白葡萄酒是无色的,但随着存放时间的增加,颜色会逐渐变为浅黄色并略带绿色反光;到成熟的麦秆色、金黄色,最后变成金铜色。若变成金铜色时,则表示已经放置过久不适合饮用了。红葡萄酒则相反,它的颜色会随着时间增长而逐渐变淡,初时是深红带紫,然后会渐渐转为正红色或樱桃红,再转为红色偏橙红或砖红色,最后呈红褐色。

其次是闻,将酒摇晃过后,再将鼻子置入杯中深吸至少 2 s,重复此动作可分辨多种气味,在杯中的酒面静止状态下,把鼻子探到杯内,闻到的香气比较幽雅清淡,是葡萄酒中扩散最强的那一部分香气。接着手捏玻璃杯梗,不停地顺时针摇晃品酒杯,使葡萄酒在杯里做圆周旋转,酒液挂在玻璃杯壁上。这时,葡萄酒中的芳香物质,大多能挥发出来。停止摇晃后,第二次闻香,这时闻到的香气更饱满、更充沛、更浓郁,能够比较真实、准确地反映葡萄酒的内在质量。

最后便是品尝,小酌一口,并以半漱口的方式,让酒在嘴中充分与空气混合且接触到口中的所有部位。当你捕捉到葡萄酒的迷人香气时,酒液在你口腔中如珍珠般圆滑紧密,如丝绸般滑润缠绵,让你不忍弃之。此时可归纳、分析出单宁、甜度、酸度、圆润度、成熟度,也可以将酒吞下,以感觉酒的终感及余韵。

❹ **啤酒的饮酒方式**　饮用啤酒时需要考虑以下四个方面:一是啤酒的醇香和麦芽香刚刚倒入杯中是很浓郁、很诱人的,若放置时间太长,香气就会挥发掉。二是啤酒刚倒入杯中时,有细腻洁白的泡沫,它能减少啤酒花的苦味,减轻酒精对人的刺激。三是啤酒倒入杯中时,杯底会升起一串串很好看的二氧化碳气泡。酒内含有的这些二氧化碳饮入口中,因有麻辣刺激感,而令人感觉爽快。尤其是在大口喝进啤酒后,容易打嗝,这就给人一种舒适、凉爽的感觉。四是比较理想的啤酒酒温为 10～15 ℃,此时饮用口感较佳。若倒在杯内的时间过长,其酒温必然升高,会产生异味,苦味会突出,失去爽口的感觉。

❺ **药酒的饮酒方式**　药酒分为治疗性药酒和保健性药酒。对于治疗性药酒,必须有明确的适应证、使用范围、使用方法、使用剂量和禁忌证的严格规定,一般应当在医生的指导下选择服用。保健性药酒虽然可以不像治疗性药酒那样严格要求,但是必须根据人的体质、年龄、对酒的耐受力以及饮酒的季节不同等而适当选择。

药酒通常应在饭前以温饮为佳,便于药物迅速吸收,较快地发挥保健或治疗作用,一般不宜佐膳饮用。饮用药酒时还必须注意饮用禁忌;用量不宜过多,应根据人对酒的耐受力,每次饮 10～30 毫升,每日早晚饮用,或根据病情、所用药物的性质及浓度而调整。此外,饮用药酒时,应避免与不同治疗作用的药酒交叉饮用。用于治疗的药酒应病愈即止,不宜长久饮用。

二、中国现代酒礼与酒俗

(一)现代酒礼

(1)安排酒会应注意的礼仪。酒会的可塑性很强,针对不同的家庭条件和经济情况,可以选择一种合适的规格。根据主办者的意愿,酒会可以办得简单也可以办得讲究。一般来说,即使是最小型的酒会,它的目标也是建立新的关系或维系那些乐于时常见面的人的感情。换言之,酒会是一种有效的社交润滑剂。

(2)不同酒会的准备。酒会可分为两个不同的类别,即正餐之前的酒会(或称鸡尾酒会)和正餐之后的酒会。后一类可能还包括跳舞,有时还可能有夜餐,也可以是一项相当正式的活动。鸡尾酒会,一般于下午 6 点或 6 点半开始,进行 2 h 左右的聚会。在这种酒会上,可以只提供一种雪利酒,或一种香槟酒,或红葡萄酒和白葡萄酒,以及一种混合葡萄酒或各种烈性酒和开胃酒。此外,至少还要提供一种不含酒精的饮料。食品从简,而且要做得使人用手吃起来方便。

鸡尾酒会的一个特点是通常有明确的时间限制,这要在请帖上写明。客人要是逗留,就显得有些失礼。鸡尾酒会的人数安排,可以是十几人至百余人。

(3)赴酒会的礼仪。在去赴酒会之前,如果想要携带一位没有被邀请的朋友,那必须要事先询问酒会主人,如果是携带多位宾客,则需要谨慎考虑。不论是在大型聚会或者非正式聚会,事先未与酒

现代酒礼

会主人商量就擅自带一位或几位朋友参加聚会是相当不礼貌的行为。因此,客人要十分注意这点。

参加品酒会,男宾必须携酒。如男女偕同赴会,则男宾携酒即可。如果女宾单独赴会,不携带酒也不会被拒之门外,但是,如果几位女宾结伴同往,一定得带些酒。

(4)倒酒亦有道。在饮酒宴上,倒酒是要有一定礼仪的。过去均以斟八分不溢为敬,而现在恰好相反,一般倒满。在倒酒程序、倒法及倒酒的量方面,主要应该注意以下几点。

倒酒程序:若是用软木塞封口的酒,在开瓶后,主人应先在自己的杯中倒上一点点,品尝一下是否有坏软木味。如果口味欠醇正,就应另换一瓶。如果是白酒,这个程序可省略。倒酒时,应先给首席客人倒酒,后给其他宾客倒酒。通常按逆时针方向,在每位客人的右侧逐一倒酒,最后给自己倒。

倒酒时注意将商标向着客人,不要把瓶口对着客人,如果倒汽酒可用右手持杯略斜,将酒沿杯壁缓慢倒入,以免酒中的二氧化碳迅速散逸。倒完一杯酒后,应将瓶口迅速转半圈,并向上倾斜,以免瓶口的酒滴至杯外。

倒酒的量:在中国习俗中"茶七酒八"的说法,正是针对茶杯、酒杯中的茶或酒应倒至何等程度而言的。白兰地只需倒三分之一杯或更少些;红葡萄酒倒至大半杯即可。评酒时有"大半式样"之说,是指倒酒至三分之二杯。

(5)宴会祝酒的礼仪。一般来说,每个酒宴总有一个核心话题,在饮第一杯酒以前,需要致辞。

祝酒

祝酒词要紧紧围绕酒宴的中心话题。例如老友聚会,可以说"此时此刻,我心里感激诸位光临。我极为留恋过去的时光,因为它有着令我心醉的友情,但愿今后的岁月能一如既往。来吧,让我们举杯相碰,彼此赠送一个美好的祝愿"。祝酒词必须简单,凝练,富有内涵。上述祝酒词会勾起彼此间温暖的回忆和向往,为后面的宴会创造美好的气氛。

祝酒词还要带一点幽默的色彩,这样有利于彼此间的对话和交流。祝酒词应略加修饰,但不可过分矫揉造作,祝酒词可以事先准备,但关键还在于临场发挥。

(二)健康的饮酒观

进入 21 世纪后,随着生活水平的提高,人们的消费心理逐渐回归到关注环保和健康等方面,细化至酒,则体现在越来越多的人开始将酒的品牌、品质放在第一位,即不但要喝酒,更要喝好酒。喝酒,已经不仅仅是一种生活习惯,更成为一种养生之道。

适量饮酒有一定的精神兴奋作用,可以令人产生愉悦感;但过量饮酒,特别是长期过量饮酒对人体健康有多方面的危害,如会使人食欲下降,食物摄入量减少,从而发生多种营养素缺乏、急慢性酒精中毒、酒精性脂肪肝,严重时还会造成酒精性肝硬化。每天喝酒的酒精量大于 50 g 的人群中,10 年后每年约有 2% 的人发生肝硬化。肝硬化死亡事件中有 40% 由酒精中毒引起。过量饮酒还会增加痛风、心血管疾病和某些癌症发生的风险。长期过量饮酒还可导致酒精依赖、成瘾以及其他严重的健康问题。

因此,把节制饮酒提高到道德观念的高度来认识,并加以实施,具有重要的理论和现实意义。要坚决制止如饮酒无度、强行劝酒和酗酒肇事等行为;提倡饮随人量,文明饮酒。

 项目小结

通过本项目的学习,学生可了解绚丽多彩的中国酒文化;掌握酒的分类标准以及中国名酒的基本特征;了解常见酒类的饮酒方式,感受到中华民族同根、同心、同行的民族共同体意识,产生民族自豪感和培养民族自信心,激发热爱祖国与热爱生活的情感。

| 课程思政策略 |

古代酒禁主要有以下四类。

第一,为强国而禁。仪狄作酒,禹饮而甘之曰:后世必有以酒亡国者。周公戒之曰:群饮,汝勿佚,尽执拘以归于周,予其杀。周公颁诰,严厉禁酒,唯恐民众败德伤性,损害元气,此为强国而禁酒。

第二,为节约谷物而禁。酿酒需要大量谷物,东晋之时,一郡禁酒一年,就省米百万斛。(《晋书》)刘备在益州任官时,曾因天旱而禁酒。(《三国志》)为节约谷物而禁酒,一般在灾荒之年实施较多,史籍屡见不鲜,但均为短期。因嗜酒自古成习,长期禁之,断难实行。

第三,为专卖而禁。《汉书·武帝传》韦昭注云:禁民酒酿,独官酒置,如道路投木为权,独取利也。似此非真禁酒,乃官府独自酿卖,以获其利,独占专利,可谓假禁。此前之禁,为民而禁;然武帝之禁,为利而禁,两者泾渭分明。后来,两晋时朝廷实行的权酤,与汉武帝的酒酿专卖制度同为一丘之貉。可见,饮酒日盛,习俗日普,国家制度随机应变,官利本位优先,古今皆然,又岂独酒俗为然欤?但民好饮酒,禁之不绝,史籍昭然。

第四,因酗酒肇事而禁。北魏文成帝太安四年,农民丰收后酗酒闹事,文成帝为此下令禁酒,诏令明言:酿、沽饮皆斩之(《魏书》)。实则民禁官不禁,明禁暗难禁。

小组讨论:作为一名学生,谈谈学生饮酒的危害。

同步测试

一、填空题

1. 全世界 3/4 的葡萄酒,在装瓶后_____年必须饮用。

2. 严格来说,在酒桌上,一般_____配红酒,_____配白酒,品酒的顺序一般是_____、_____。

3. 白酒科学的饮用方法是_____。

4. 被世人尊称为酒神的是_____。

5. 我国最早的酒是用_____酿制的,后改用_____酿酒,因当时生产力较为低下,所以十分珍贵。

6. 杜康始制秫酒,其用料为_____。

7. 酒按制作工艺可分为_____、_____和配制酒。

二、选择题

1. 下面哪一种不属于良质啤酒的标准?(   )

A. 酒色透明　　　　　B. 麦香味浓　　　　　C. 无泡沫　　　　　D. 苦味细腻

2. 我国古代早期的酒用于(   )。

A. 劳军　　　　　B. 饮用　　　　　C. 宴席　　　　　D. 祭祀

3. 以下不属于蒸馏酒的是(   )。

A. 白酒　　　　　B. 黄酒　　　　　C. 朗姆酒　　　　　D. 伏特加

4. 下列不属于我国八大名酒的是(   )。

A. 茅台　　　　　B. 五粮液　　　　　C. 即墨老酒　　　　　D. 古井贡酒

5. 下列以麦芽作主要原料制成的酒是(   )。

A. 啤酒　　　　　B. 黄酒　　　　　C. 白酒　　　　　D. 葡萄酒

三、简答题

1. 酒有何功能?

2. 请列举三个古代与酒有关的事情。

3. 世界上较为著名的六大蒸馏酒有哪些?

中国筷子文化

扫码看课件

项目描述

　　中国人每天生活都离不开两根小木棒——筷子,这小小的筷子不仅仅是餐桌上的必备之品,也架起了与世界各地的人们沟通的桥梁,世界各地的朋友用它来学习中餐礼仪,品鉴中国美食。本项目将通过筷子的演变历史让学生更深入了解中国筷子,通过掌握中国筷子文化、筷子的使用礼仪,体会中国传统的民族文化,从而加强爱国主义教育。

项目目标

　　1.了解筷子的历史。
　　2.掌握筷子的文化。
　　3.熟悉筷子的功能。
　　4.掌握使用筷子的礼仪。

任务一　筷子的起源与演变

任务描述

　　筷子是中国人餐桌上的必备之品,它在餐饮文化中起到很大的作用。了解筷子的演变历史,掌握它的文化,懂得它不仅是器物,也是不同国家、不同社会、风俗、族群的联结点。

任务目标

　　1.了解筷子的起源及其演变历史。
　　2.掌握筷子的文化。

任务实施

一、筷子的起源

（一）筷子的传说

❶ **姜子牙发明筷子**　民间有这样一个故事,传说姜子牙发明了筷子,说当时姜子牙只会直钩钓鱼,其他事一件也不会干,所以很穷困。他妻子实在无法跟他过苦日子,就想将他害死另嫁他人。有一天,姜子牙钓鱼又两手空空回到家中。妻子说:"你饿了吧? 我给你烧好了肉,你快吃吧!"姜子牙确实饿了,就伸手去抓肉。窗外突然飞来一只鸟,啄了他一口。他疼得"啊呀"一声,肉没吃成,忙去

Note

姜太公钓鱼

赶鸟。当他第二次去拿肉时，鸟又啄他的手背。姜子牙犯疑了，鸟为什么两次啄我，难道这肉我吃不得？为了试鸟，他第三次去抓肉，这时鸟又来啄他。姜子牙知道这是一只神鸟，于是装着赶鸟一直追出门去，直到一个无人的山坡上。神鸟栖在一枝丝竹上，呢喃鸣唱："姜子牙呀姜子牙，吃肉不能用手抓，夹肉就在我脚下……"姜子牙听了神鸟的指点，忙着摘了两根细丝竹回到家中。这时妻子又催他吃肉，姜子牙将两根细丝竹伸进碗中夹肉，突然看见丝竹冒出一股股青烟。姜子牙假装不知放毒之事，对妻子说："肉怎么会冒烟，难道有毒？"说着，姜子

牙夹起肉就向妻子嘴里送。妻子脸都吓白了，忙夺门而逃。姜子牙明白这丝竹是神鸟送的神竹，任何毒物都能验出来，从此每餐都用两根丝竹进餐。此事传出后，不但他妻子不敢再下毒，左邻右舍也纷纷学着用竹枝吃饭。后来效仿的人越来越多，用丝竹吃饭的习俗也就一代代传了下来。

这个传说显然是崇拜姜子牙的产物，与史料记载也不符。商纣王时代已出现了象牙筷，姜子牙和商纣王是同时代的人，既然商纣王已经用上象牙筷，那姜子牙的丝竹筷也就谈不上什么发明创造了。不过有一点却是真实的，那就是商朝南方以竹为筷。

❷ **妲己与筷子**　这个传说流传于江苏一带，说的是商纣王喜怒无常，吃饭时不是说鱼肉不鲜，就是说鸡汤太烫，有时又说菜肴冰凉不能入口。结果，很多厨师成了他的刀下之鬼。宠妃妲己也知道他难以侍奉，所以每次摆酒设宴，她都要事先尝一尝，免得商纣王觉得咸淡不可口又要发怒。有一次，妲己尝到有几碗佳肴太烫，可是调换已来不及了，因为商纣王已来到餐桌前。妲己为讨得商纣王的欢心，急中生智，忙取下头上长长的玉簪将菜夹起来，吹了又吹，等菜凉了一些再送入商纣王口中。商纣王是荒淫无耻之徒，他认为由妲己夹菜喂饭是件享乐之事，于是天天如此。妲己即让工匠为她特制了两根长玉簪用来夹菜，这就是玉筷的雏形。以后这种夹菜的方式传到了民间，便产生了筷子。

商纣王与妲己

这则传说，不像第一个传说充满着神话色彩，而比较贴近生活，有某些现实意义，但依然富于传奇性，也与史实不符。

❸ **大禹与筷子**　这个传说流传于东北地区。说的是尧舜时代，洪水泛滥成灾，舜命禹去治理水患。大禹受命后，发誓要为民清除洪水之患，所以三过家门而不入。他日日夜夜和凶水恶浪搏斗，别说休息，就是吃饭、睡觉也舍不得耽误一分一秒。有一次，大禹乘船来到一个岛上，饥饿难忍，就架起

陶锅煮肉。肉在水中煮沸后,因为烫手无法用手抓食,大禹不愿等肉锅冷却而白白浪费时间,他要赶在洪峰前治水,所以就砍下两根树枝把肉从热汤中夹出,吃了起来。从此,为节约时间,大禹总是以树枝、细竹从滚沸的热锅中捞食。这样可省出时间来制服洪水。如此久而久之,大禹练就了熟练使用细棍夹取食物的本领。手下的人见他这样吃饭,既不烫手,又不会使手上沾染油腻,于是纷纷效仿,就这样渐渐形成了筷子的雏形。

大禹与筷子

(二)筷子的演变历史

筷子的文化源远流长,先秦时代称为"梜",汉代时已称"箸"。史料记载,最早的筷子发现于距今4000多年的新石器时代,它的出现不仅是中华饮食文化的革命,更是一种人类文明的象征。筷子这个称呼起自明代,明人陆容所著《菽园杂记》一书记载:民间俗讳,各处有之,而吴中为甚。如舟行讳"住",讳"翻",以"箸"为"快儿"。原来,"箸"和"住"同音,船家最怕船抛锚停住,于是"箸"逐渐变成"筷",意思为快行。到了清代,随着南北文化的交流,"快"的说法向各地扩散并进入通语。赵翼《陔余丛考·呼箸为快》中也有"俗呼箸为快子"的记载。后来,人们处于造字的习惯定势,根据汉字以形表义的功能,增加义符而成为"筷子"。

❶ 新石器时代　1993—1996 年,南京博物院考古研究所会同扬州博物馆、盐城市博物馆及高邮市文物管理委员会组织的一支考古队,在高邮龙虬庄新石器时代遗址进行一系列的发掘工作,在完成第四次发掘时,出土了 2000 多件时代在公元前 6600 年至公元前 5500 年的器物,大多是用动物骨头制作的工具和器皿。这里共出土了 42 根骨棍。考古人员在报告中指出,它们就是骨箸,即中国最早的筷子原型。考古队长指出,这些骨棍的摆放位置有所不同,不在头部而在腰部(手的位置),并与其他陶制食器、盛器放在一起。这说明早在新石器时代,我国就已经出现了筷子并已开始使用。

❷ 先秦时期　筷子在先秦时称为"梜",《礼记·曲礼上》提及:羹之有菜者用梜,其无菜者不用梜。郑玄注释:梜,犹箸也。《史记》载:纣始为象箸。这些都说明"箸"的称呼可能最早在商朝出现。

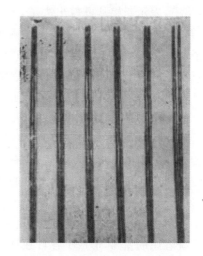

浙江长兴下莘桥出土的银箸(唐代)

151

❸ **唐宋元明清时期**　在敦煌壁画中,可以看出唐代时期餐饮文化已经非常发达,壁画中的人们面前都会整齐地摆放勺子和筷子。而盛唐社会的繁荣反映在筷子上就是筷子的材质更进一步奢侈化,当时的贵族社会非常崇尚银箸,当然也有金箸。但由于从南北朝以来,金器被皇室所垄断,所以在士大夫阶层银箸更为流行。而到了宋代,人们使用筷子也很讲究。明代开始出现了"上方下圆"样式的筷子,也就是我们如今常用的筷子式样。清代的筷子制作工艺愈加精美,《红楼梦》中就有"乌木三镶银箸"和"四楞象牙镶金箸"。

(三)中国筷子文化

❶ **中国筷子文化的意义**　一双小小的筷子,不仅仅是饮食餐具,更承载了许多传统文化,凝结了许多前人智慧。为什么明明是两根筷子,却叫一双筷子呢?这里面有太极和阴阳的理念。太极是一,阴阳是二;一就是二,二就是一;一中含二,合二为一。筷子在使用的时候,讲究配合和协调。一根动,一根不动,才能夹得稳。两根都动,或者两根都不动,就夹不住。这是中国的阴阳原理,也有西方力学的杠杆原理。

一双小小的筷子,在日复一日的执起放下中,迎来新生,送归故人,一代又一代。它展现的是中国温暖的亲缘关系,最朴素的家庭文化。我们明礼守序,我们尊道贵德,然后海纳百川,忠恕天下。我们懂得敬畏与感恩。筷子七寸六分长,代表人的七情六欲。时刻提醒着我们懂得礼义廉耻,知自别于禽兽。

一双小小的筷子,国人运用自如,从孩童开始就遵循父母的教导用筷子。许多落户于异域的华侨,为了让子女留住中华民族的根,除了中秋吃月饼、端午包粽子、除夕吃饺子外,要求合家都会使用筷子。为此,唐人街内的筷子店货如轮转,生意红火兴旺,经久不衰。

中国人的饮食实行的是合餐制,合餐制的长期流传是中国重视亲缘关系和家族家庭观念在饮食方式上的反映。许多欧美人看到东方人使用筷子,叹为观止,称赞这是一种艺术创造。实际上,东方各国使用筷子多源自中国。中国人的祖先发明筷子,确实是对人类文明的一大贡献。

❷ **中国筷子的文化**

(1)汉族婚仪筷俗:看似平淡无奇的筷子却有着丰富的文化内涵。中国人历来有讨口彩的习俗,筷子就有快生贵子、快快乐乐、五子登科等好意头。十双筷子在一起,又有十全十美的意思。

陕西的一些地方,新娘出嫁离开娘家时,要一边哭一边把一双筷子扔到地上,然后才能随着迎亲队伍出发。到了婆家之后,新娘要从地上拾起一双预先放在那里的筷子。这样一扔一捡,有三重意义:第一,表示新娘从此嫁出去了,不再在娘家吃饭了;第二,新娘从此嫁入婆家,婆家要添加一双新筷;第三,表示新娘从此之后,便要挑起在婆家烹煮的责任了。在过去扬州的婚礼中,也有丢筷子的习俗,称为"麒麟送子",因为"筷"和"快"同音,所以在婚礼举办完毕,新娘被送进洞房之后,贺客要将一双红色的筷子,戳破新娘房间的窗纸,把筷子丢进房里,祝福新郎新娘"快快诞下贵子",然后拿一双红筷子和一个碗到房里高唱"筷子筷子,快快生子",这是取"快生贵子"的口彩。

旧时山东泰安、济宁等地,结婚之日,新娘一出花轿门,夫家就用红纸包红砖、系红绳放在街门楼过梁上,砖下压两双红筷子以避"岁星"之俗。另一说,砖下置新筷两双,取粮满仓足、饮食丰富之意。流传于广东翁源一带的"呼彩",也有新婚以筷辟邪之意。

广东潮汕民间嫁娶,又有自己的特点。新郎新娘入洞房要吃桂圆汤,当陪嫁娘端来两碗桂圆汤时,发给新人一人一双新红漆筷子。这就是取"筷""桂""子"3字的谐音,以讨"快生贵子"的好兆头。

(2)少数民族婚礼筷俗:我国地大物博,人口众多,56个民族由于社会环境不同,生活情趣不同和传统思想的差异,形成了各自独具风采的婚姻习俗。虽然各族婚礼缤纷多彩,各具特色,但总缺不了筷子。尽管少数民族大多生活在边疆山区中,交通不便,可筷子依然穿插于求婚、订婚、成婚的过程中。和汉族举行婚礼离不开筷子一样,少数民族也把筷子当成吉祥物,在婚礼中形成了更富有民族特色的"箸"文化。

　　畲族新婚筷俗：对畲族同胞来说，筷子不仅是吃饭的工具，还是吉祥物，特别是在婚礼中。畲族民间交碗筷的婚俗，流传于浙江山区。新娘上轿前，由双亲或子女齐全的近亲妇女抱出房间，然后高高站在客堂中央的木凳上，兄弟姐妹在四周围着她转，转罢大家同吃"姐妹饭"。首先，新娘拿起筷子唱道：口含米饭分大小，爹娘从今托兄嫂；弟妹年少不（会）传食，拉（忙）里拉外寄辛劳。唱完即将手中的饭碗、筷子传给身边的弟妹，然后每人吃一口饭，再一个个传下去，恰似办交接仪式。新娘出嫁了，留在家中的兄嫂更要孝敬父母，照顾幼小的弟妹。福建地区的畲族，结婚时用圆木斗盛上大米，边缘再插上一双筷子，筷上再用红头绳牵连成半圆形，并以红纸围好。也有的用红纸剪成连在一起的 5 个手指贴在筷子上，斗内再摆上镜子、尺、剪刀等物，中间还点上茶油瓦灯。新婚夫妇拜完花堂后，新娘便手捧斗灯，照着新郎一齐入洞房。镜子、尺、剪刀等皆为辟邪物，而筷子、大米、斗意为粮米富足，灯为光明，这些都是民间吉祥物。洞房放筷、放斗、放灯，寓意新婚生活定会富足美满。"溜筷子"是浙江畲族婚姻风俗。新娘上轿前，鞭炮齐鸣，新娘由兄弟抱至堂屋木凳上，举行溜筷仪式。新娘从桌上拿起竹筷，双手向背后交叉，递给身后的兄长或弟弟，兄弟接过再从新娘腋下把筷子放回原处。如此来回 3 次，同时欢唱《溜筷歌》，以祝愿新婚夫妇生活幸福，传宗接代。

　　白族婚礼红筷俗：白族人对筷子特别有感情，谈情说爱、劝女出嫁、求婚、结婚，都会唱筷子歌。男女相约表达爱情时，男方会唱：有主你就快开口，无主你就跟我走。讨得金竹做筷子，碗筷相伴到白头。在上门求亲时，白族人也会唱筷子歌：你家门前有蓬竹，青枝绿叶好茂盛，讨根金竹做筷子，答应不答应？别处竹子我不要，你家竹子讨一根，讨得竹子做筷子，合作一家人。

　　❸ **东亚地区筷子文化**　筷子是东亚地区人民普遍使用的餐具，其造型设计十分适合东亚的饮食习惯。受古代汉文化的影响，日本和朝鲜半岛的居民也学会了用筷子进食。使用筷子进食是一种文化，尽管今天中、日、韩三国都有使用筷子进食的文化，但由于历史和本土化的影响，筷子在三国之中均不尽相同。日本：日本的筷子相当短，多为木质，而且筷子尖非常的锋利。日本人不像中国人一样采用圆桌就餐，他们大多实行分餐制，每人只吃眼前的食物，不需要夹取远处的食物，自然也不需要长筷子。在古代很长一段时期，日本人是被禁止食用牛肉、猪肉和鸡肉等肉类的，但并不禁止吃鱼，日本人使用的尖头筷子更方便剔除鱼刺。中国：中国的筷子很长很厚重，筷子主要是木质的，当然有些地方也会用塑料筷。韩国：筷子扁平，一般是金属筷子。一方面，韩国人认为，金属筷子可以做得很精致，使用起来更彰显身份。另一方面，韩国人酷爱烧烤，金属筷子更适合在烧烤中使用。

筷子

（四）筷子的种类

　　❶ **原始竹木筷**　最原始的筷子是竹木质的，因此人们使用最多的当数竹木筷。古代竹筷品种繁多，曾以灰褐色条纹的棕竹筷最高档，但如今已绝迹于市场。同时，紫竹筷、湘妃竹筷也是稀有品种，目前也已难觅。

　　湖南的楠竹筷放在清水中根根竖立不卧浮，有"神奇筷"之称；而西湖天竺筷也成为杭州的一大特产。竹筷还有便于雕刻的特点，四川江安竹雕筷创制于明末清初，多次在国际上获奖。木筷品种较多，红木、楠木、枣木、冬青木，皆可制筷，而质地坚硬的乌木筷身价最高。

　　❷ **闪光金属筷**　我们现在吃饭已很少使用金属筷，可古代金属筷在富豪人家餐桌上非常流行。我国最早使用的金属筷为铜筷，但铜筷中的铜在空气中易氧化变成红色的氧化亚铜，有毒，继而生成的绿色铜锈更有毒，所以铜筷不再受到欢迎。取代铜筷上餐桌的为银筷，经久耐用，色泽秀美，从唐代开始，一直被人们使用。

竹木筷   金属筷

❸ **古雅牙骨筷**   我国曾有使用象牙筷的历史,但目前世界各地禁止猎杀大象获取象牙,倡导保护环境和珍稀野生动物,因此象牙筷早已在餐桌上消失。

❹ **晶莹玉石筷**   中国人对玉有着特殊的爱好。金、玉在古代是富贵、华丽的象征,金玉制品为帝王专用。一般百姓家中根本见不到玉筷,一是经济所限;二是缺少实用价值,容易断;三是不敢用,怕无端获罪。

❺ **潇洒密塑筷**   三聚氰胺,俗称密胺,是一种热固性塑料,它耐酸、耐碱、耐油、不传热,适宜制作餐具,具有瓷的光泽但比瓷轻,不易破碎,非常实用,受到广大消费者的认可。

任务二   筷子的功能与用筷礼仪

任务描述

筷子不仅仅是每个中国人的饮食工具,也是对中华五千年文明史的文化传承,是中国文明礼仪的传递,更是一个国家的符号。每个中国人都必须掌握用筷礼仪,熟悉筷子在礼仪中的作用。

任务目标

1.熟悉筷子的功能。
2.掌握用筷礼仪。

任务实施

一、筷子的功能

古代人对筷子的功能应用较多,从最初的夹送食物起到不烫嘴的作用,演变为梳妆打扮的发簪,特殊材料的还能用来试毒、保健、治疗等,还可以做度量衡工具,用于点穴、按摩和刮痧等。

❶ **筷子的物理功能**   杠杆原理:筷子由两根硬棍组成。当夹菜时,用手握住筷子中上部,拇指在前,其他三指在后固定两根筷子,筷子张开时以拇指摁住的地方为支点,拇指、食指向上推,食指翘起,外面那根筷子便向上翘起,里面那根筷子则保持不动,当夹住食物时拇指向后拉,食指往下按,抬起的筷子便往下压,这个过程正是利用了物理学中的杠杆原理。

❷ **筷子的生理功能**   当人类手指活动时,手指的活动能刺激大脑皮层运动区,促使某些富于创造性的区域更加活跃。使用筷子时,手与手臂的 30 多个关节和 50 多块肌肉共同参与,受神经系统支配。因此,使用筷子对人的身体和智力发育具有良好的促进作用,我国成为文明古国或多或少就

有筷子的功劳。所以要想培养聪明伶俐、才智过人的儿童,不妨尽早锻炼孩子的手指活动能力。

二、筷子的规范礼仪

❶ **正确使用筷子的方法**　右手五指自然弯曲拿着筷子,筷子后方留 1 cm 长的距离,拇指、食指和中指三根手指轻轻拿住外面的一根筷子,拇指要放在食指的指甲旁,无名指的指甲垫着筷子的里面一根,拇指和食指的中间夹着筷子将食物夹起。

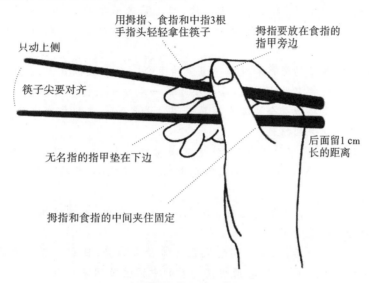

用拇指、食指和中指3根
手指头轻轻拿住筷子
拇指要放在食指的
指甲旁边
只动上侧
筷子尖要对齐
无名指的指甲垫在下边
后面留1 cm
长的距离
拇指和食指的中间夹住固定

正确使用筷子的示意图

❷ **筷子使用的礼仪和禁忌**　中国是礼仪之邦。筷子的礼仪有以下几个方面:①放置筷子时,必须平齐,不能一长一短;②拿筷子时不能翘起食指,翘起表示指人;③不能用嘴巴舔食筷子,这是极其缺乏教养的行为;④不可用筷子敲打碗盘;⑤夹菜时不能挑挑拣拣,左右翻动;⑥放筷子时要轻,切勿使筷子掉地,显得人轻浮不端庄;⑦遇到别人也夹菜时,要有意避让,谨防"筷子打架";⑧使用其他餐具时,应先将筷子放在筷子架上,不能放在杯子或盘子上,否则容易碰掉;⑨不能将筷子随便交叉放在桌上,这是对同桌其他人的全部否定,也是对自己的不尊敬,因为古代吃官司画供时才画叉。

我国自古以来就有使用筷子夹菜的传统。使用筷子作为一种习惯、一种文化,深深地影响着我们的生活。给别人夹菜,体现了家人一起吃饭的亲情或者在外待客的热情,但是其潜在的病毒传染并没有得到大多数人的重视。2020 年初新冠肺炎疫情席卷全国各地,为倡导文明健康就餐新风尚,中央文明办下发《关于开展倡导使用公筷公益广告宣传的函》的通知,倡议使用公筷、文明用餐,在全社会大力营造使用公筷的浓厚氛围,不断培育现代文明生活新风尚。

使用筷子时不能有以下行为:①举筷不定,不知夹什么好;②用筷子在盘里扒拉夹菜;③两个人同时夹菜,结果筷子撞在一起;④拿筷子指人;⑤用筷子当叉子,扎着夹菜;⑥夹有汤汁的菜后舔筷子;⑦拿筷子当刀使用,撕扯肉类菜;⑧将筷子插在饭菜上;⑨筷子上还黏着东西时夹别的菜;⑩用餐完毕,客人和晚辈先横筷子。

项目小结

本项目主要讲述了筷子的历史起源和演变、不同时期筷子文化的故事传承,也记载了古代人饮食文化的习俗、筷子的功能与用筷礼仪和禁忌,需要注意的餐桌礼节,倡导使用公筷,倡导现代文明生活方式和养成良好的卫生习惯。

| 课程思政策略 |

俗话说"民以食为天",我国自古便十分讲究吃饭礼仪。《礼记》中有"饭黍毋以箸"的说法,意思是吃米饭时不要用筷子,而要用饭勺,筷子是专门用来吃盘中菜的。《礼记》中还说"羹之有菜者用梜,其无菜者不用梜",汉代郑玄注解时认为梜就是筷子,这里说的是吃汤菜时,要用筷子夹其中的菜,如果汤里没有菜,就不需要筷子了。

古代使用筷子的习俗和礼节一直流传至今。在摆放位置上,人们总是把筷子整齐地放置于进餐者的右手边,手执筷子的一端要与桌面边缘垂直(如果是圆桌,摆放角度要与半径线重合),不要将筷子用于进食的一端朝桌外摆放,也不要将一双筷子一正一反并列摆放。

在使用筷子时,不要举筷不定,也不要旁若无人地在盘里扒拉夹菜。筷子不宜伸得过长,越过别人去夹菜是很不礼貌的。用餐完毕,要将筷子轻轻放在桌上,不可随意放置。

筷子是东亚地区人民普遍使用的餐具,日本、朝鲜、韩国等国居民都有使用筷子进餐的传统并延续至今。

公元 6 世纪以后,中日之间的文化交流往来频繁,日本使节多次前往唐朝学习中国文化。公元 608 年,以裴世清为首的中国使节团应邀访问日本。在欢迎宴会上,圣德太子按中国的方式使用箸招待了他们。

公元 8 世纪以后,箸在日本逐渐普及,那时的箸在日本被称为"唐箸",也就是说箸来源于唐朝。20 世纪 70 年代,时任日本首相的田中角荣在访华时曾对周恩来说:总理阁下,日本的用箸习俗是由中国传入的,中国的筷箸给我国带来了既文明又方便的理想餐具,我要敬您一杯,感谢你们给我国输入了良好的饮食文化。由此可以看出中华优秀传统文化的延续与发展!

小组讨论:使用筷子的礼仪有哪些? 在用筷子时有哪些注意事项?

同步测试

一、填空题

1.古人称筷子为"＿＿＿＿＿＿＿＿",它的称呼最早在＿＿＿＿＿＿代出现。

2.筷子先秦时称为"＿＿＿＿＿＿"。

3.最常用于制作筷子的材料是＿＿＿＿＿＿。

4.筷子使用了物理学中的＿＿＿＿＿＿原理。

5.手拿筷子时后方须留＿＿＿＿＿＿长的距离。

6.筷子可锻炼＿＿＿＿＿＿活动能力。

7.筷子除了夹食物,还是＿＿＿＿＿＿,可用于＿＿＿＿＿＿、＿＿＿＿＿＿、＿＿＿＿＿＿。

二、简答题

1.如何正确使用筷子?

2.使用筷子时要注意哪些礼仪?

3.中国筷子的意义是什么?

4.举例说明筷子文化有哪些。

5.筷子有哪几类?

扫码看答案

Note

主要参考文献

[1] 黄现璠.古书解读初探[M].桂林:广西师范大学出版社,2004.

[2] 李争平.中国酒文化[M].北京:时事出版社,2007.

[3] 王晴佳.筷子:饮食与文化[M].汪精玲,译.北京:生活·读书·新知三联书店,2019.

[4] 蓝翔.筷子三千年[M].济南:山东教育出版社,2017.

[5] 刘晓洁,宗耕,陈萌山,等.疫情下关于分餐制的思考与对策建议[J].中国科学院院刊,2020,35(11):1402-1407.

[6] 朱德熠.分餐制文化的历史溯源及其现实意义[J].经济研究导刊,2021(20):152-154.

[7] 赵荣光.中国饮食文化概论[M].2版.北京:高等教育出版社,2008.

[8] 熊四智,唐文.中国烹饪概论[M].北京:中国商业出版社,1998.

[9] 冯玉珠.烹饪概论[M].重庆:重庆大学出版社,2015.

[10] 徐文苑.中国饮食文化概论[M].北京:清华大学出版社,2005.

[11] 刘加凤.饮食营养与文化[M].上海:上海交通大学出版社,2017.

[12] 陈光新.烹饪概论[M].4版.北京:高等教育出版社,2019.

[13] 薛计勇,施忠贤,蔡昇.中国烹饪概论[M].武汉:华中科技大学出版社,2021.

[14] 李明晨,宫润华.中国饮食文化[M].武汉:华中科技大学出版社,2019.

[15] 陈忠明,陈澄,潘雅燕.中华饮食风俗教程[M].上海:复旦大学出版社,2011.

[16] 茅建民.中国饮食文化[M].北京:北京师范大学出版社,2010.